跨季节
埋管蓄热系统
及应用

陈萨如拉　杨　洋　著

Seasonal-Borehole
Thermal Energy Storage System
and Applications

化学工业出版社

·北京·

内容简介

本书共 7 章，首先通过对建筑能耗和建筑清洁供暖进行简要介绍讨论了蓄热技术在清洁供暖中的重要性，随后详细介绍了跨季节蓄热技术、BTES 系统单井蓄热体建模方法与性能分析、BTES 系统影响因素及敏感性分析方法、BTES 系统井群模型及性能特性，列举了 BTES 供热系统典型应用实例，最后展望并介绍了新型 BTES 技术。

本书具有较强的专业性和先进性，可供从事储能、跨季节储热、清洁供暖、可再生能源利用、余热废热回收利用、建筑节能、暖通等相关行业的工程设计人员参考，也可供高等学校环境、暖通、能源、建筑等专业相关师生参阅。

图书在版编目（CIP）数据

跨季节埋管蓄热系统及应用/陈萨如拉，杨洋著. —北京：
化学工业出版社，2022.1
ISBN 978-7-122-40177-9

Ⅰ. ①跨⋯　Ⅱ. ①陈⋯②杨⋯　Ⅲ. ①埋管-蓄热法施工-研究　Ⅳ. ①TU755.8

中国版本图书馆 CIP 数据核字（2021）第 219395 号

责任编辑：刘　婧　刘兴春　　　　　　　　　　装帧设计：史利平
责任校对：王　静

出版发行：化学工业出版社（北京市东城区青年湖南街 13 号　邮政编码 100011）
印　　装：北京建宏印刷有限公司
787mm×1092mm　1/16　印张 14½　彩插 6　字数 358 千字　2022 年 2 月北京第 1 版第 1 次印刷

购书咨询：010-64518888　　　　　　　　售后服务：010-64518899
网　　址：http://www.cip.com.cn
凡购买本书，如有缺损质量问题，本社销售中心负责调换。

定　　价：85.00 元

前言

建筑"节流"和"开源"是实现我国节能减排重大战略决策的主要任务之一，优先利用可再生能源已逐步成为解决我国建筑用能问题的不可逆趋势。 跨季节埋管蓄热技术作为连接建筑用能端与可再生能源利用的天然缓冲和中继，在源端和建筑用能端之间起到了重要的桥梁和纽带作用，因此近年来成为国内外研究热点和创新重点。 跨季节埋管蓄热技术可结合供暖地区用热特点，具备显著的节能效益且运行可靠稳定，其可复制性和可扩展性使得其可广泛应用于农业、农村、学校、城区、公共建筑等大型供暖项目，因此逐渐备受关注。 在当前超低能耗建筑如火如荼的应用推广背景下，有效利用太阳光热、电厂余热和工业废热等资源，并通过跨季节埋管蓄热技术进行有效收集蓄存，可为建筑供能和建筑"节流""开源"提供可靠的技术解决方案。

我国岩土跨季节埋管蓄热技术研究起步较晚，缺乏理论和技术支持，因此实际应用也较少。 我国建筑能耗占社会总能耗的 45%以上，其中供暖空调能耗占建筑能耗的约 55%。 在我国正面临着能源短缺与环境污染的双重压力背景下，随着建筑能耗日益增加，寻求长期有效、清洁无污染的可再生能源解决建筑供暖制冷的问题显得尤为重要，是国内外研究的重要方向。 而如何设计出基于可再生能源的节能高效的供暖制冷系统关键在于技术问题。 通过跨季节埋管蓄能井（地下蓄能体）使可再生能源储存在土壤中，并以地下蓄能体为源端解决建筑供暖、制冷和生活用热水问题，且通过优化设计使之成为高效节能的供暖制冷系统具有较强的研究价值和广阔的应用前景。

另外，我国对岩土跨季节埋管蓄热系统（borehole thermal energy storage，BTES）与埋管地源热泵系统（ground source heat pump，GSHP）没有很明显的界限划分，对其定义较为模糊。 因此，本书详细介绍了常用的地下跨季节蓄热系统，并对 BTES 系统和 GSHP 系统进行了边界划分。 此外，本书对 BTES 系统热特性以及 BTES 建筑供暖系统进行了更为深入的探索。书中的 BTES 系统理论模型、设计与研究方法以及相应成套数据可用于进一步研究 BTES 系统不同影响因素与热特性的耦合交互影响机制，并用于指导实体建筑或建筑群供暖项目总体设计以及相应热性能的优化设计，对于 BTES 的优化设计和大规模推广应用有着较为重要的理论和实践指导价值。

本书共 7 章，其中第 1~5 章由陈萨如拉编著；第 6，7 章由陈萨如拉和杨洋共同编著。

限于撰写时间及水平，书中不足与疏漏之处在所难免，敬请读者批评指正。

陈萨如拉
2021 年 6 月

目录

第 **1** 章

绪论

1.1 建筑能耗现状

  石油和煤炭等传统化石能源资源属于不可再生能源,面临未来若干年内消耗用尽等问题。同时,传统化石能源的使用过程中不可避免地会释放二氧化碳及其他有害物质,随之加剧了全球变暖和雾霾等气候环境问题。随着人口的不断增长、城镇化的不断推进,能源使用量也持续增加,这也将进一步加剧能源和环境危机。中共十九大报告中,习近平同志明确提出,要"推进能源生产和消费革命,构建清洁低碳、安全高效的能源体系","十三五"规划中明确提出确保实现 2020 年、2030 年非化石能源占一次能源消费比重分别达到 15% 和 20% 的战略目标[1]。

  事实上,城市能耗到 2030 年将占全球能耗的 3/4,而建筑能耗则将占全球能耗的近 40%,建筑能耗中约 60% 是由建筑供暖通风和空气调节引起的。建筑能耗目前已高于工业和交通两大能耗,但各个国家的建筑能耗占该国社会总能耗的比例有所不同。我国目前正处于快速城镇化的关键发展阶段,城镇化率从 2001 年的 37.7% 增长到 2019 年的 60.6%,年增长率维持在 16.2%~18.1%,而 2030 年预计将达 70% 左右[2]。快速城镇化使得建筑业规模也不断扩大,自 2014 年至今,我国民用建筑每年的竣工面积基本稳定在 40 亿平方米以上,建筑面积总量到 2019 年已达 644 亿平方米。加之人们对生活品质的不断追求,建筑终端能耗也在持续增大。根据清华大学建筑节能研究中心对于中国建筑领域用能及排放的核算结果:2019 年中国建筑建造和运行用能占全社会总能耗的 33%,与全球比例接近,但中国建筑建造占全社会能耗的比例为 11%,高于全球 5% 的比例。与之对应的建筑建造和运行相关 CO_2 排放占中国全社会总排放量的比例约 38%[3]。据估算,人均建筑终端用能量在 2040 年将达到 0.71t 标准油,年建筑终端用能量则将升至 961 百万吨标准油,而 2050 年建筑终端能源消耗比例将增加至 70%。

  除中国以外,全球其他国家或地区的建筑能耗也呈现逐年增长趋势。据统计[4,5],美国建筑终端能耗约占社会总能耗的 50.4%;韩国建筑终端能耗到 2040 年预计将增高 31%,达到约 6000 万吨标准油;俄罗斯因其领土大部分处于极端寒冷区域,建筑能耗明显高于工业和交通能耗,预计到 2040 年将增高 20%。日本同样是高建筑能耗国家,建筑能耗约占社会总能耗的 40%，其中居住建筑占 39%（4600 万吨标准油）、商业建筑占 57%（6700 万吨标准油）。但值得注意的是，日本是唯一的建筑和交通能耗正在下降的国家，预计到 2040 年其建筑能耗将下降 20%。印度的建筑能耗每年则以 2.7% 的增速增长，高出世界平均水平约 2 倍。

在此情景下，建筑节能工作应当一方面从建筑本身节流入手，产出更低（零）能耗的节能建筑控制建筑能耗的持续增长；另一方面从能源供应端的开源入手，充分利用适宜性建筑可利用工业余热废热和可再生能源资源，通过技术的不断优化探索出更加绿色、低碳、清洁的建筑能源供给技术以减少/替代传统化石能源。

1.2 建筑供暖现状与趋势

建筑节能是实现我国节能减排重大战略的主要决策之一，其中降低我国北方地区供暖能耗是首要任务。此外还需发展建筑的新能源体系，并结合对建筑本身的节流以及对建筑环境的严格控制来限制建筑能耗的持续增长。以更少的能源消耗达到良好建筑环境品质的节能建筑是建筑重点发展趋势。当前，我国"三步节能"已经得到基本普及，京津冀等地区已实施"四步节能"，近年来更是大力提倡近零能耗/超低能耗和绿色节能建筑。我国政府在 2015 年巴黎气候大会上指出，到 2020 年至少将建成 5000 座超低能耗建筑，建筑面积超过 1 亿平方米[6]，同年发布了《被动式超低能耗绿色建筑技术导则》[7]，至 2019 年全国累计建设绿色建筑面积超过 50 亿平方米，在当年城镇新建建筑中绿色建筑占比 65%，到 2022 年，要实现城镇新建建筑中绿色建筑面积占比达到 70%。2019 年《绿色建筑评价标准》和《近零能耗技术标准》相继发布并实施，该标准对于推动我国节能建筑发展起到了重要引导作用，有助于推动降低我国建筑用能水平、提高建筑能效以及可再生能源在建筑中的应用[8]。

随着低能耗及绿色建筑的逐渐推广，我国建筑节能工作取得了积极进展，但与发达国家和地区还存在较大差距。欧盟的目标是努力成为第一个碳中性大陆，其修订的能效指令要求到 2020 年所有新建建筑基本实现零能耗；北欧国家丹麦规定住宅建筑的年供暖和制冷需求在 2020 年之后应低于 20kW·h/(m²·a)，2030 年前实现二氧化碳减排 70%，2050 年将实现 100% 可再生能源；芬兰的目标则是到 2029 年弃煤，2035 年实现碳中性；德国的被动房技术已很成熟，成为我国发展推广超低能耗建筑技术的主要引进和学习对象，其目标是到 2050 年实现温室气体净零排放；美国则要求到 2030 年零能耗建筑达到技术和经济可行。在我国实现"2060 碳中和"的过程中，零能耗建筑无疑是建筑部门中长期需完成的目标，而采用可再生能源解决建筑用能是实现零能耗建筑的关键"源"。

在我国蓝天保卫战和建筑节能背景下，单位面积供暖指标也在逐渐下降。供热在建筑运行中能耗虽不是最高，但是碳排放最高。近年来，为改善燃煤供暖造成的环境问题，北方地区大规模实施了"煤改气""煤改电"工程。但"煤改电"的源端仍然以燃煤发电为主，而"煤改气"价格昂贵且由于供气输气问题居民供暖时常受到影响。因此，"煤改气""煤改电"工程目前还没有从根本上解决开源和污染物排放的问题。2017 年，国家发改委等部门印发了《北方地区清洁供暖规划（2017—2021）通知》[9]，财政部、住建部、环保部（现生态环境部）和国家能源局四部门联合推进北方地区清洁供暖试点工作，地方政府也将在未来投入 697 亿元来保障清洁供暖的改造和实施。至 2019 年年底，我国北方城镇总供暖面积 152 亿平方米，农村供暖面积约 70 亿平方米，供暖能耗约 4 亿吨（按标煤计），其中农村地区散烧煤约 2 亿吨（按标煤计），且目前供暖能源结构仍以燃煤为主（超过 80%）。不论是居住建筑还是公共建筑，采用燃煤供暖"高能低用"的现象仍然广泛存在。通常燃煤热水锅炉烟气温度高达 180～220℃，热电联产中间抽气蒸汽温度高达 150℃，而最终目的都是使冬季室温维持在 20℃左右。这不仅产生了巨大的能源品位浪费，同时也对环境产生了较大的污染和破坏。无论是燃气供暖、清洁燃煤供暖还是燃煤热电联产供暖，均存在高碳排放及污染等问题，已不适应我国碳减排、碳中和的能源转型目标，发展清洁低碳的供暖模式成为必然趋势及亟待解决的问题。

1.3 蓄热技术在清洁供暖中的重要性

　　在全球力争实现碳中和、碳减排的背景下，采用一些适宜国情的清洁低碳供热模式成为必然，也是我国当前聚焦的热点问题。欧洲国家在低碳/零碳转型中的一些战略方法有着引领性的作用，其中区域供热发达的国家已进入第四代供热技术发展阶段。中国需要从欧洲低碳发展中借鉴的主要经验就是在供热能源转型方面，注重可再生能源在供暖上的应用。收集太阳能热、回收工业余热、火电余热、核电余热、大型数据中心废热、垃圾焚烧余热等可再生能源和城镇中的低温余热资源理应成为清洁供暖的源。众所周知，太阳能潜力巨大，地球大气上界每秒能接收的太阳总辐射量折合标准煤约 6×10^6 t，每年接收的太阳能约 1.51×10^{18} kW·h[10]。工业能耗是世界三大能源消耗体之一，而大量的工业余热废热在生产中被以气、液、固体等形式排掉。有学者指出，土耳其水泥制造业 50% 以上的热量成为余热被排掉；美国金属和非金属制造业 20%～50% 的热量以余热形式排放[11]。我国相比发达国家能源利用效率低 10% 以上，且至少 50% 的能耗被以不同形式的余热废热排掉。而目前我国已超越美国成为能源消耗大国，每年工业余热废热量巨大。冬季供暖期内北方集中供暖地区的低品位工业余热量约有 40 亿吉焦，回收其中 15 亿吉焦，可解决 50 亿平方米建筑供暖能耗。电厂余热也是供暖的巨大热源，据《中国能源发展报告 2017》统计，2017 年末全国发电装机容量达 17.77 亿千瓦，其中燃煤发电装机容量为 11.06 亿千瓦[12]。而燃煤发电总发热量中只有 35% 左右转变为电能，60% 以上的能量主要通过烟气和循环冷却水散失到环境中[13]；北方现有燃煤电厂装机容量约 8 亿千瓦，其中 4 亿千瓦燃煤电厂余热可承担 120 亿平方米供热面积。据预算，我国核电可产生热量约 32 亿吉焦，回收利用其中的 80% 则可满足 120 亿平方米供热面积的热量需求。以上这些热源资源总和是每年供暖消耗能量的数万倍。因此，高效利用这些热源将是实现清洁低碳供暖的关键。

　　上述热源受昼夜、地区、季节和天气等影响，具有一定的间歇性、不稳定性、分散性以及与建筑用能端不匹配等特点，使得其在应用过程中存在一定障碍。而跨季节蓄热技术的出现正好可在上述热源利用和末端用能之间起到桥梁和中继作用。欧洲采用可再生能源的区域供暖系统中跨季节蓄热装置也是关键核心部分。事实上跨季节蓄热技术也逐渐得到国家和地方政府的高度重视，北京市发改委和市管理委 2018 年发布了《热网热源余热利用的工作方案（2018—2021 年）通知》，太阳能跨季节蓄热技术被列入北京 2018 年节能低碳技术目录关键技术[14]。河北张家口市清洁能源取暖工程已完成供暖面积 565 万平方米，其中 3000m² 的太阳能跨季节蓄热项目成为关键供暖技术，并已投入使用[15]。

参考文献

[1] 国家统计局. 中国能源统计年鉴 [M]. 北京：中国统计出版社，2020.

[2] 2019 年中国城乡人口结构、城镇化率及流动人口数量统计 [EB/OL]. (http：//www. stats. gov. cn/). 2021-01-04.

[3] 清华大学建筑节能研究中心. 2021 中国建筑节能年度发展研究报告 [M]. 北京：中国建筑工业出版社，2021.

[4] IEA. Building energy use in China-transforming construction and influencing consumption to 2050 [DB/OL]. (https：// www. iea. org). 2017-08-25.

[5] Asia-Pacific Energy Research Center. APEC energy demand and supply outlook [R]. 7th edition. Tokyo：APERC，2019.

[6] 北京市住房和城乡建设委员会. 北京市推动超低能耗建筑发展行动计划（2016—2018 年）[Z]. 2016-10-09.

[7] 住房和城乡建设部. 被动式超低能耗绿色建筑技术导则（试行）（居住建筑）[Z]. 2015-11-10.

[8] GB/T 51350—2019. 近零能耗建筑技术标准 [S]. 北京：中国建筑工业出版社，2019.

[9] 国家发展改革委员会. 北方地区清洁供暖规划（2017—2021）[Z]. 2017-12-05.

[10] 贾英洲，李根华，刘伟. 太阳能供暖系统设计与安装 [M]. 北京：人民邮电出版社，2011.

[11] 方豪. 低品位工业余热应用于城镇集中供暖关键问题研究 [D]. 北京：清华大学，2015.

[12] 电力规划设计总院. 中国能源发展报告 2017 [R]. 北京. 2018-04-11.

[13] Ebrahimi K，Jones G F，Fleischer A S. A review of data center cooling technology，operating conditions and the corresponding low-grade waste heat recovery opportunities [J]. Renewable and Sustainable Energy Reviews，2014，31：622-638.

[14] 北京市发展和改革委员会. 关于印发北京市中心热网热源余热利用工作方案（2018—2021）的通知 [Z]. 2018-07-04.

[15] 河北张家口市清洁能源取暖工程完成情况 [EB/OL]. (http：//www. zjksw. gov. cn/html/zsyz/xiangmufabu/ 590. html. 2018-11-02 2018-07-04).

第**2**章

跨季节蓄热技术

2.1 蓄热技术概述

2.1.1 蓄热方式

（1）按换热原理分类

蓄热技术根据换热原理可分为显热蓄热、潜热蓄热以及化学蓄热。

① 显热蓄热主要有地上水箱蓄热和地下蓄热两大类，相比其他两种蓄热方式其蓄热能量密度相对较小。

② 潜热蓄热是通过介质的相变来达到对热能的蓄存和释放，因此能量密度大于显热蓄热。

③ 化学蓄热则通过化学能转化热能来实现，主要有吸附和化学反应两种类型，其蓄存能量密度更大。但化学蓄热技术是一种较新型的技术，距大规模使用还有一定距离。显热蓄热技术无需相变就能升温，易控制、环境友好，并且材料费远低于其他两个，因此也是近几十年来应用最广泛的一项技术。但是由于能量密度低，需要更大的蓄热体空间。

（2）按蓄热时间分类

根据蓄热时间的长短，蓄热技术可分为短期蓄热、中期蓄热和长期蓄热。

① 短期蓄热是指当天收集的热量除供当天使用外还有剩余的热量进行储存，待遇到短期连续阴天时使用。这种蓄热方式的特点是所需的太阳能集热器面积较大，且适用于太阳能资源较好的Ⅰ、Ⅱ类地区。

② 中期蓄热则是在非供暖季进行热量收集和储存，冬季当天收集的热量供当天供暖使用，当天收集多余热量用作弥补系统的热损失，而非供暖季所蓄热量供冬季一周至几周长期阴天的耗热量。该系统所需集热器面积虽小于短期蓄热，但蓄热设施的投资较大，若用在太阳能资源较差的地区所需集热器面积就会加大，因此中期蓄热并未得到大规模推广使用。

③ 长期蓄热是指在春夏秋等非供暖季收集的热量满足整个冬季用热需求的部分或全部，通常被称为跨季节蓄热系统（seasonal thermal energy storage，STES）。相比于短期和中期蓄热，虽然 STES 蓄热设施成本较高，但能源收集端投资较小。短期和中期蓄热系统一般以

水箱蓄热为主,而满足一到两周建筑用热量需求所需的水箱体积较大,会产生建筑承重和造价等方面问题。因此,采用 STES 成为更好的选择,且 STES 在降低化石能源使用率和环境保护方面也有很好的效益[1]。

2.1.2 跨季节蓄热技术发展

在 20 世纪 70 年代的能源危机影响下,储能技术的开发和研究得到了广泛重视,并在近几十年得到大规模推广和应用。STES 技术起初主要用于区域供暖和农业温室大棚建筑的供暖,农业温室大棚建筑在冬季夜晚为维持植物生长温度而消耗的供暖能耗巨大。1977 年国际能源署(IEA)主导的太阳能供暖制冷项目(the Solar Heating and Cooling Programme of the International Energy Agency,IEA-SHC)中,IEA-SHC Task 32 即为蓄热研究项目,旨在解决太阳能供暖制冷系统中的储能问题以及为非太阳能供暖系统提供储能方案,以减少运行费用和污染物排放[2]。

瑞典在 20 世纪 80 年代率先开展了大规模跨季节太阳能蓄热的研究[3],德国政府在 1993 年规定了太阳能供暖 10 年计划(Solarthermie 2000),并对 STES 技术进行了相关研究,在 IEA 的推广下 STES 技术逐渐在其他国家和地区得到普及和应用。

由于显热蓄热能量密度相对较小而需要更大的蓄热体空间。地下空间较少受地面空间影响,近年来被大规模开发利用。采用地下蓄热也成为一种现实可行的方法,蓄热性能和投资成本与地上空间相比有了明显的优势。通过不同的蓄热介质以及换热方式使收集的热量储存到地下的方式叫地下蓄热系统(underground thermal energy storage,UTES)。这种蓄热方式与传统的供热相比,因为高效和充分利用地下空间来蓄存可再生能源的方式,展现出很强的经济性和可持续环境友好性,成为最常用的 STES 技术。

UTES 的概念在 IEA 在 1977 年建立的旨在发展蓄热技术的节能与储能项目(Energy Conservation through Energy Storage,ECES)中首次被提出。UTES 在 ECES 项目国际合作的推动下在欧洲国家得到了一定规模的应用和发展。

表 2-1 是对早期在瑞典、荷兰、德国、意大利、丹麦等欧洲国家以及加拿大和美国等国家应用和开发 UTES 供暖制冷系统典型项目进行了汇总。从表中可看出早在 1982 年 UTES 供暖系统就已投入运行。对于 STES,低成本和高热容的蓄热介质至关重要,在众多显热蓄热介质中,水、砾石、岩石、土壤等成为主要的蓄热介质。UTES 根据蓄热介质可分为水箱热水蓄热(water tanks thermal storage,WTES)、砾石-水深坑蓄热(gravel-water pit storage,GWTS)、埋管蓄热(BTES)和含水层蓄热(aquifer thermal energy storage,ATES)。表 2-1 是对这 4 种 UTES 技术开发应用的文献汇总,上述 4 种 UTES 技术的原理介绍以及相应的优缺点对比详见 2.2 部分。

表 2-1 国外 UTES 技术应用案例

蓄热类型	项目位置(国家-地区)	供暖面积	供暖需求/(GJ/a)	集热器面积/m²	蓄热体积/m³	太阳能保证率/%	运行年份/年	参考文献
WTES	德国-汉堡	14800m²	5796	3000	4500	49	1996	[4]
	德国-腓特烈港	39500m²	14782	5600	12000	47	1996	[5]
	德国-汉诺威	7365m²	2498	1350	2750	39	2000	[6]

续表

蓄热类型	项目位置(国家-地区)	供暖面积	供暖需求/(GJ/a)	集热器面积/m²	蓄热体积/m³	太阳能保证率/%	运行年份/年	参考文献
WTES	德国-慕尼黑	12000m²	8280	2900	5700	47	2008	[7]
	丹麦-Rise	115栋建筑		3575	5000	—	1996	[7]
	丹麦-马斯塔	1300间房屋	104400	26000	70000	29	1998	[8]
	丹麦-赫勒夫	—	4520	1025	3000	35	2000	[9]
	丹麦-奥特鲁帕德	—	1630	560	1500	16	2000	[9]
	丹麦	—	—	—	500		2000	[10]
	瑞典-英格尔斯塔德	50间房屋		1320	5000		1985	[11]
	瑞典-兰博霍夫	50间房屋		2700	10000		1985	[11]
	瑞典	—		4320	100000		1998	[7]
	瑞士-纳沙泰尔	办公楼		1120	1000			[7]
	意大利-卡拉布里亚	1750m²	111	91.2	500	28.2	1998	[12]
	荷兰-利斯	农业		1200	1000			[13]
	美国-查尔斯敦	历史公园		5700				[14]
ATES	德国-罗斯托克	7000m²	1789	1000	20000	62	1999	[15]
	德国-柏林	—	57600	—		77	1999	[16]
	德国-拉施塔特	—	18345	6780	23000	41	1998	[8]
	德国-纽布兰登堡					46	2005	[17]
	荷兰	—	2MW	2900	—	—	1985	[7]
	英国-韦斯特维灯塔	130套公寓						[7]
	美国-理查德-斯托克顿	7000人学校	供冷					[7]
	土耳其-巴尔卡利	医院	50400				2000	[18]
	土耳其-库库洛瓦	360m²温室		温室用于集热			2006	[19]
	比利时-安特卫普	医院	—	—		81	2010	[20]
GWTS	德国-切姆尼茨	4680m²	4450	2000	8000	42	2000	[21]
	德国-斯泰因福	3800m²	1170	510	1500	34	1998	[22]
	德国-斯图加特	—	360	211	1050	62	2000	[22]
	德国-奥格斯堡				6500			[23]
BTES	德国-内卡苏姆	20000m²	5987	2700	20000	50	1997	[24]
	德国-阿滕基兴	30房间屋	1386	836	500	—	2002	[25]
	德国-克赖尔斯海姆	学校和体育馆	14760	7300	37500	50	2007	[7]
	瑞典-安妮贝格	50栋居住单元	1980	2400	60000	70	2001	[26]
	瑞典-林雪平	—	3528	2500	15000	70	1998	[8]
	瑞典-孔斯巴卡	学校	1100MW·h·a	1500	85000	65	1980	[27]
	荷兰-格罗宁根			2400			1985	[7]
	加拿大-DLSC	52间房屋	—	2313	33657	80	2007	[28]
	瑞典-西格图纳	居住单元			10000		1978	[29]
	芬兰-凯拉瓦			1100	—		1985	[7]
	意大利	写字楼	80MW·h·a	—	2250	80	1982	[12]

2.2 跨季节地下蓄热及建筑供热系统

2.2.1 BTES 系统原理及建筑供热系统

2.2.1.1 BTES 系统原理

跨季节埋管蓄热（BTES）系统由源端集热模块、中间短期蓄换热模块和地下蓄热体模块三部分组成。源端的能源可以是太阳能集热、工业余热、火电余热、核电余热、大型数据中心废热、垃圾焚烧余热等回收的热资源，具体需根据当地的能源情况进行合理设计，上述热源也适用于其他三种 UTES 系统；中间短期蓄换热模块主要有短期蓄热水箱以及连接热源、短期蓄热水箱和地下蓄热体的换热器；地下蓄热体主要由闭环埋管换热器管路、埋管内的循环流体、钻孔填料和钻孔周围岩土（土壤、岩石等地下材料）四部分组成，如图 2-1 所示。

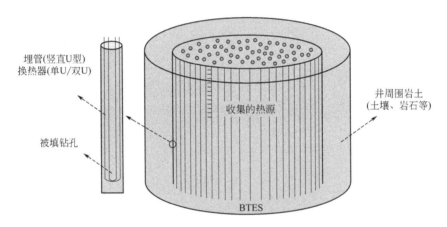

图 2-1 BTES 系统原理示意

BTES 在组成构建上与 GSHP 系统源端相同，换热原理也很相近，均是通过埋管换热器内的循环流体与周围岩土进行换热。但是二者系统运行原理则大不相同。对于 GSHP，地下岩土主要作为热源和冷源，通过埋管换热器把建筑的冷和热散到地下。而 BTES 把地下当作热"电池"，而不是散热器，当建筑末端需要热/冷的时候，热"电池"释放蓄存的能量。BTES 系统在蓄热阶段的运行条件也与 GSHP 完全不同，在取热供暖阶段根据不同工作模式其运行条件和性能也与传统 GSHP 大不相同。BTES 与 GSHP 详细对比分析及界定见本书 2.4 部分。

在整个蓄热取热过程中地下蓄热体中的埋管换热器起到关键作用，而埋管换热器的类型和布置形式也会影响系统的换热性能。根据布置形式，埋管换热器可分为水平和竖直两种，如图 2-2 所示。

（1）水平埋管布置形式

水平埋管安装深度较浅，一般在地下 1.2～2m 深处[30,31]，由于无需打井，与竖直埋管布置形式相比初始安装成本较低。

(a) 竖直埋管布置形式

(b) 水平埋管布置形式

图 2-2　竖直埋管换热器和水平埋管换热器布置形式

水平埋管根据换热器形式分为线性、排圈和螺旋式埋管[32]。线性埋管为传统的 U 型埋管水平布置方式，排圈式又分为垂直排圈式和水平排圈式，如图 2-3 所示。排圈式和螺旋式的埋管形式在单位管沟长度内的换热面积大于线性埋管式，且弯曲管道的离心力作用具有一定强化换热效果。但是当管深大于 1.5m 时，需要进行管沟护坡措施而加大了施工安装费用。此外，水平埋管受季节影响较大，换热性能不稳定且低下，从而加大了换热器长度和占地面积。因此，采用水平埋管的 BTES 系统表面散热面积远大于竖直埋管的蓄热体，造成严重的热损失，结合我国高人口用地比例条件，竖直埋管布置形式成了最为常见的形式之一。

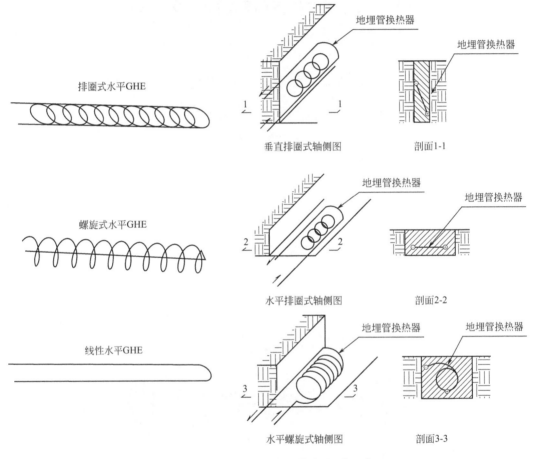

图 2-3 不同形式的水平埋管换热器[30,31]

（2）竖直埋管布置形式

该布置形式中埋管换热器一般安装于地下竖直钻孔中，通常采用原浆与其他封井材料混合的方式填实钻井中埋管换热器周围的空余部分。回填一方面能强化埋管与岩土间的热交换；另一方面可以起到密封作用。由于竖直布置形式具有占地面积小且换热性能稳定等优点，从 20 世纪 70 年代起在大规模的地源热泵项目中多数采用了竖直埋管换热器[33]。

近年来在进一步提高换热性能和节省土地面积的要求驱使下，出现了多种竖直埋管换热器形式，如图 2-4 和图 2-5 所示[33,34]。有单 U 型、双 U 型、W 型、3-U 型、套管式、螺旋式以及近几年发展的能量桩形式。套管式换热器及螺旋式换热器与 U 管式换热器相比在施工难度和造价方面有所欠缺，因此目前竖直埋管中还是以 U 型埋管换热器应用为主。

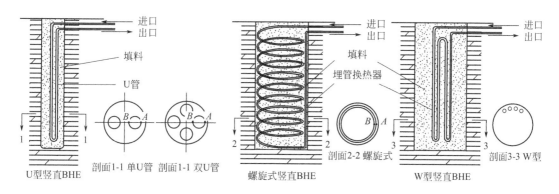

图 2-4 竖直埋管换热器形式

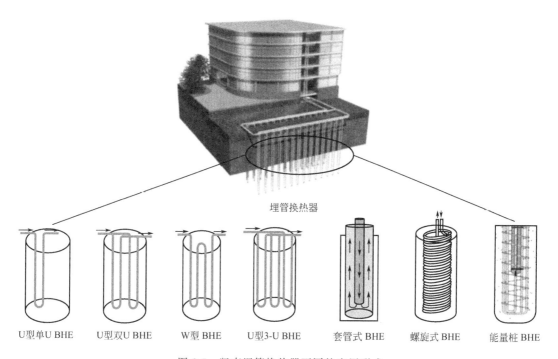

图 2-5 竖直埋管换热器不同的应用形式

在不同的运行条件下不同形式埋管换热器的换热性能有所不同，现有研究表明，在相同运行条件下，双 U 埋管的换热性能一般大于单 U 埋管，而 W 埋管的换热性能优于单 U、双 U 和 3-U 埋管[35-37]，但是单位井深所需换热器总长度也是最长的，从而成本也相对高。

在 BTES 系统的设计中对井深与井间距的要求与 GSHP 系统的设计要求有所不同。GSHP 系统需要较高的换热性能和热扩散性能，因此在地下空间允许的情况下井间距较大，井深较深有利于换热。此外较大的地下水渗流也有利于 GSHP 系统换热以及地下温度场的恢复。而对于 BTES 系统，一方面要求埋管与岩土在蓄热和取热阶段有较好换热性能；另一方面则需要收集的热量蓄积在岩土蓄热体中，尽量减少向蓄热体之外的周围岩土热扩散。因此在 BTES 的设计中太小或太大的井深和井间距均不利于蓄热体的换热和蓄热性能。此外，在设计初期很小的或无渗流的地质条件才能满足 BTES 的建设要求，一般要求水渗流速小于 1m/a。

目前在 BTES 的工程应用和理论研究中，U 型竖直埋管钻井深度为 30~200m，井间距为 1.5~6m，钻孔直径范围为 100~400mm，U 型竖直埋管公称直径范围为 20~50mm。在实际应用案例中，钻孔深度以 35~120m 为主，钻孔直径一般以 120~150mm 为常见，井间距以 2.5~4.5m 为主，埋管公称直径（外径）则以 25~32mm 为主[38-40]。上述主要参数范围与应用于 GSHP 中的 U 型竖直埋管的主要参数范围是有所区别的。

2.2.1.2　BTES 建筑供热系统原理

如图 2-6 所示，BTES 建筑供热系统主要由 BTES 系统和用能端组成，也可分为热源端、储能端和用能端。一般大型的蓄热系统会在地面上设置小型能源站，在用能端和蓄热端起到连接、热交换、缓冲和补热的作用。在收集太阳能热源时，根据所蓄温度可选择相应的集热器类型，分别有平板集热器、真空管集热器、聚光集热器以及光伏集热器。通常，源端收集的热量首先通过热源与短期蓄热水箱之间的中间热交换器储存到短期蓄热水箱中，再通过埋管换热器将热量储存到地下蓄热体中，此时地下空间作为蓄热载体，岩土作为蓄热介质。

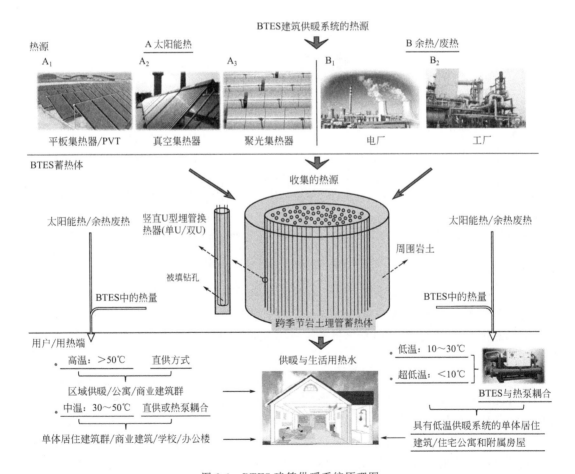

图 2-6　BTES 建筑供暖系统原理图

BTES 系统根据所蓄温度范围分为高温蓄热、中温蓄热、低温蓄热和超低温蓄热（蓄热温度指的是蓄热结束时蓄热体的平均温度），其对应蓄热温度范围分别为 >50℃、30~50℃、10~30℃ 和 <10℃[41,42]。BTES 建筑供热系统中地下空间既是蓄热体也是末端用能的热源，当蓄热温度为 10~30℃ 和 <10℃ 时地下蓄热体也可作为建筑制冷的冷源。因此，BTES 既可以供暖也可以制冷，根据其用能需求和资源条件确定蓄热温度。当建筑供暖时，根据蓄热体温度的不同可大体划分为三种不同的供热模式。如图 2-6 中用户用热端所示，当蓄热体温度大于 50℃ 时可采用直供模式；当蓄热温度处于 30~50℃ 时可采用直供＋热泵耦合模式；而当蓄热温度小于 30℃ 时采用热泵耦合模式，三种模式的具体运行方式如下。

2.2.1.3　BTES 供热系统工作模式介绍

（1）　BTES 直供模式

直供模式是欧洲和北美地区 BTES 项目的主要设计应用形式。直供模式是指：集热器当天收集的热量、短期蓄热水箱中的热量以及 BTES 蓄热体中的热量直接送到用户末端使用的运行模式，即不采用其他的辅助供暖制热也能满足建筑用热需求。三种直供模式不是独立存在的，是属于一套系统的不同设计和运行方式，其具体的运行还需结合当时的热源和设备设计连接条件。集热器直供模式主要是在冬季白天集热器当天收集热量直接用于建筑供暖和生活用热水，该模式一般在小型的储能系统中；在大型系统中通常经过中间短期蓄热水箱再送到建筑用能末端，此时属于短期蓄热水箱直供模式；集热器和短期蓄热水箱的直供模式需要与蓄热体直供模式相结合来满足全天建筑用能，并构成 BTES 直供系统。BTES 直供系统蓄热温度一般大于 50℃。可通过在非供暖季利用太阳能集热器或其他高于 50℃ 的可利用热源储存到蓄热体中待供暖季使用。该系统主要由热源收集端、地面能源站、蓄热端 BTES、建筑用能端以及供热、收集管网组成。地面能源站包含换热器或短期蓄热水箱以及辅助热源，其中短期蓄热水箱起到连接和缓冲 BTES 与供热、收集管网的作用，接收和分配所需热量。

以著名的加拿大 DLSC 项目为例，图 2-7（彩图见书后）即为该项目中 BTES 系统直供模式示意。该 BTES 直供系统共计安装了 2293m² 平板集热器，BTES 蓄热体由 144 口单 U 井组成，最终共同服务 52 栋用热单体节能房。该项目中 BTES 蓄热体深度为 35m、井间距为 2.25m、钻孔直径为 150mm。该项目中用热建筑位于小区东西两侧，建筑后面对应有连续车棚，而平板太阳能集热器则安装于这些车库顶棚上。该项目地面能源站包括板式换热器、240m³ 短期蓄热水箱、水泵以及辅助燃气锅炉。晴朗白天时，当集热器温度升高到所需集热温度时，集热管网循环启动，吸收集热器热量的乙二醇溶液通过与第一个板式换热器将热量输送到短期蓄热水箱中，在春、夏、秋季建筑用热需求较少时几乎所有收集的太阳能热均通过短期蓄热水箱储存到地下待冬季使用。冬季建筑需要供暖时，短期蓄热水箱中的热量通过第二个板式换热器将热量输送到供热管网中。当短期蓄热水箱中的热量无法满足所需热量时，则进一步将 BTES 蓄热体中蓄存热量输送至短期蓄热水箱中，然后输送到供热管网中，再由供热管网将热量输送至用热建筑末端。当出现极端天气，BTES 蓄热体中所储热量也无法满足建筑用热需求时，辅助燃气锅炉开启并加热管网中的水使之达到用热需求。该项目中，直供系统蓄高温热量并根据用热量需求变化调节流量来满足负荷要求。该系统在夏季结束时 BTES 蓄热体中心温度可达到 80℃，当室外环境温度为零下 40℃ 时供水温度可达 55℃。该系统从 2007 年运行至今，BTES 效率已由 0.06 提高至 2015 年的 0.56，太阳能保证率则从 2007 年的 55％提高到 2012 年的 97％，并一直维持该性能至今。

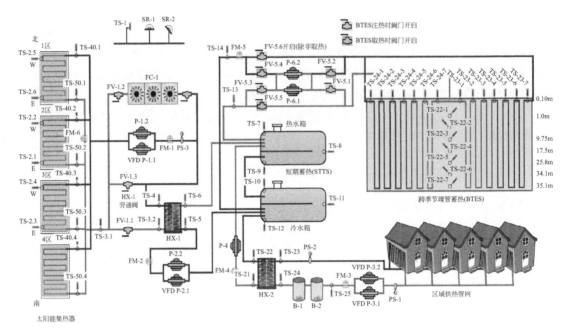

图 2-7　BTES 系统直供模式系统示意

（2）BTES 直供＋热泵耦合模式

当 BTES 蓄热温度处于 30～50℃时，一般采用直供＋热泵耦合模式。在供暖用热初期，蓄热体保持在蓄热结束时的较高品位味热量，且很少有极端天气出现。因此，在供暖初期一般采取直供方式为建筑提供热源，而当直供工作模式运行一段时间后由于不断取热造成 BTES 蓄热体中能量品位下降以致无法继续满足直供工作模式要求，此时则利用热泵提升蓄热体中热量品味，从而持续满足建筑整个冬季的用热需求。因此，BTES 直供＋热泵耦合系统总体上与 BTES 直供模式在系统组成上较为相似，在非供暖季的运行模式也相同，即在春、夏、秋季当用热需求较小时从热源处收集的热量一部分通过板式换热器直供到用热管网中，其余热量均储存到 BTES 地下蓄热体中待冬季使用。图 2-8 所示为 BTES 直供＋热泵耦合模式系统的原理示意。

以图 2-8 中所示 BTES 直供＋热泵耦合模式系统为例，简要介绍冬季供暖时具体的运行模式（板换指板式换热器）。

① 在非供暖季蓄热/供热水时，热源端的阀门 L、M、N（l、m、n）开启；蓄热端 BTES 侧阀门 A、C（a、c）和 D、E（d、e）开启向 BTES 中输送热量；用热侧阀门 O、Q（o、q）开启提供生活热水。

② 在供暖初期时，由于用热需求不大、负荷较小，此时热源当天收集当天使用。在热源端收集的热量与板式换热器进行交换，在能源站中通过板式换热器 1 使一部分热量输送到生活水箱满足用热端生活热水需求，其余输送至板式换热器 1 和 2 处的热量直接作为用热端供暖热源。此循环模式中阀门 A、B、C（a、b、c）和 D、E、F（d、e、f）均关闭，其余阀门均打开提供供暖和生活用热水。

③ 随着热负荷需求的逐渐增大，以及当热源为太阳能等间歇热源时，当天收集的热源已无法满足建筑用热需求，此时从 BTES 蓄热体中提取热量供给生活水箱和供热水箱。该循

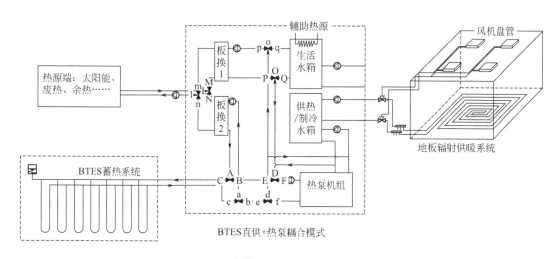

图 2-8 BTES 直供＋热泵耦合模式系统原理示意

环模式中 B、C（b、c），E、D（e、d）和 O、Q（o、q）打开，其余阀门关闭。

④ 以上两种供热模式均为直供模式，当冬季遇到极端寒冷天气或蓄热体中储存的热能品位降低时，直供模式将无法满足末端负荷需求，此时可以启动热泵，当天收集的热量和 BTES 中的热量均可作为热泵的热源，通过热泵提升热量品位后供到用热管网中满足建筑不同供热需求。该循环模式中阀门 O、P（o、p），B、C（b、c），E、F（e、f）和 O、Q（o、q）打开，其余阀门关闭。

以上①~④为 BTES 直供＋热泵耦合模式的全部循环过程，由于该系统运行控制较为复杂，国内外应用较少。

（3）BTES 热泵耦合模式

当 BTES 蓄热温度小于 30℃时一般采用 BTES 与热泵耦合模式，如图 2-9 所示。该模式是前述第二种模式的简化运行方式，即 BTES 直供＋热泵耦合模式的第 4 个循环方式，热源端收集的热量和 BTES 蓄热体均作为热泵的热源。该系统与中国严寒和寒冷地区应用较多的太阳能耦合 GSHP 系统相似。该模式采用太阳能作为热源时与太阳能耦合 GSHP 的相同点

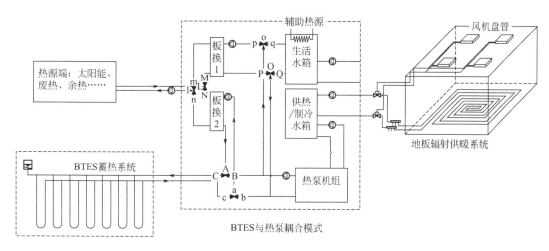

图 2-9 BTES 与热泵耦合模式系统原理图

在于系统组成中均采用了太阳能集热器。但是采用太阳能集热器的目的不同。在传统的太阳能耦合 GSHP 系统中采用太阳能集热主要是为了解决由于用能端全年冷热不平衡导致的地下土壤温度大幅下降而系统无法运行的问题，使地下温度保持在原来的温度范围内，保证GSHP 的正常运行；而在 BTES 与热泵耦合模式中土壤温度得到很大的提升，随着热泵源端温度，即 BTES 中蓄热温度的提高，热泵供暖效率会提高，该系统与传统的太阳能耦合GSHP 系统相比减少了钻井和埋管数量，从而降低了初始投资，且在严寒和寒冷地区冬季最冷月也能保持较高的运行效率。从 BTES 的设计角度考虑也有所不同，在传统的太阳能耦合 GSHP 系统中埋管根据源端最高负荷以及热泵的换热效率进行设计，而在 BTES 热泵耦合模式下的系统设计中同时考虑蓄热性能、取热性能以及热泵换热性能。因此两种系统所对应的设计埋管间距和井深也会不同，进一步详细的对比分析见 2.4 部分。

2.2.2 WTES 系统原理及建筑供热系统

2.2.2.1 WTES 系统原理

地下水坑蓄热（WTES）系统在地下设置不锈钢或钢筋混凝土制成的槽（坑），并在槽（坑）周围和顶部采取较厚的保温隔热层以减少系统的热损失，WTES 系统原理和水槽构造分别如图 2-10 和图 2-11 所示[3,23]。

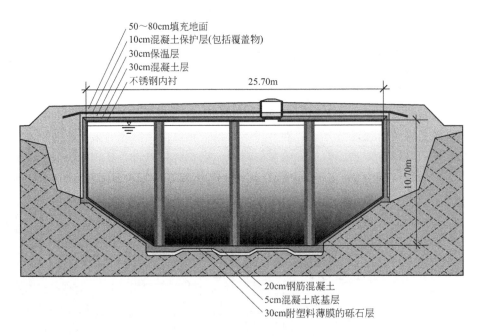

图 2-10　WTES 系统原理示意[3]

在蓄热和取热过程中，水箱中的水在垂直方向上有明显的温度分层。这种自然温度分层现象在蓄热和取热过程中有利于提高换热和用热性能。但 WTES 系统在长期运行中容易出现水箱腐蚀和泄漏等现象，也直接影响到该系统的运行寿命和维护费用，且大大增加了为减少水槽热损失和防漏所做保温措施而引起的建造成本。

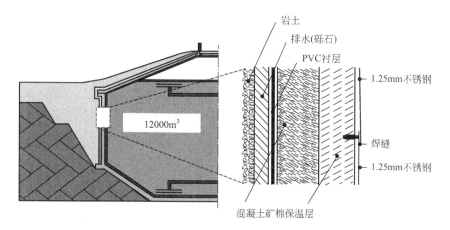

(a) 腓特烈港项目

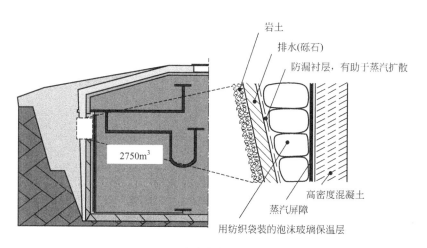

(b) 汉诺威项目

图 2-11　WTES 系统水槽构造示意[23]

2.2.2.2　WTES 建筑供热系统

WTES 技术最早在德国汉堡和腓特烈港项目中得到了商业化应用，图 2-12 即为德国汉堡和腓特烈港 WTES 建筑区域供暖和生活热水系统示意。如图 2-12 所示（彩图见书后），WTES 区域建筑供暖系统组成模块与 BTES 相同，有热源集热端、蓄热端、用能端以及中间地面小型能源站[4]。在供暖初期能源站中的换热器直接与蓄热端和建筑用能端的供暖管网进行换热，将热量输送至各个用能建筑末端。当供暖进行一段时间或遇到极端天气时，地面能源站中的辅助热源（锅炉或热泵等）启动，使地下蓄热水槽中的热量通过锅炉和热泵进一步提升后再输送到用能建筑末端。

蓄水槽顶部温度可高达 85～95℃，要想达到较高的保证率及能量的充分利用，输送到供暖管网的供回水温差不宜过小。

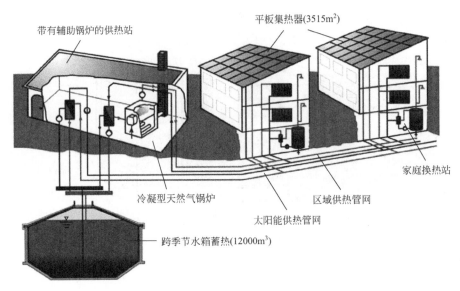

带有辅助锅炉的供热站

平板集热器(3515m²)

家庭换热站

冷凝型天然气锅炉

区域供热管网

太阳能供热管网

跨季节水箱蓄热(12000m³)

图 2-12　WTES 区域建筑供暖系统原理示意[4]

2.2.3　ATES系统原理及建筑供热系统

2.2.3.1　ATES 系统原理

含水层蓄热（ATES）通过钻井使收集的热量蓄到地下含水层结构中。含水层是地下介质（沙、砾石、岩石等）和空隙中充满水的特殊地质结构，含水层上下一般为不透水层。因此，ATES蓄热介质是地下水、砾石/岩石/沙等材料的混合。

ATES根据地下井设置的不同分为双井（doublet）和单井（mono-well）ATES系统，如图2-13所示[24]。单井ATES系统初始成本相对较低，但是由于冷热在竖直方向上分层，不利于用冷且易受到热干扰，因此单井ATES系统对较厚的含水层较适用，且主要用于高温蓄热。双井ATES系统中热井和冷井分别打在含水层中，通过水泵抽取和回灌地下水来完成热交换。ATES的打井深度根据含水层的地下位置而定，浅层深度为10～100m、中层深度为100～500m、深层深度大于500m，在已有的众多ATES项目中以20～260m较为多见[43]。

ATES技术概念可追溯到20世纪60年代中期，中国上海地区从地下水人工回灌方案中发现了在含水层蓄冷并应用于制冷的节能潜力[44]。因此一些企业将冬季冷量蓄到含水层中供夏季工业制冷[45]，到20世纪80年代在中国ATES的应用达到了顶峰时期。由于含水层流体的水化学性质、不适当的井配置、井或热交换器出现堵塞等问题，导致许多ATES系统无法持续正常运行[46]。在20世纪70年代含水层蓄热的概念在北美和欧洲的一些国家应用，随之逐渐在全球范围得到普及，并且通过国际能源署蓄能节能委员会（IEA-ECES）团队的不懈努力，目前已初步探索出防止ATES系统结垢、堵塞的措施。据统计至2017年，欧洲已正式运行的ATES项目有3000多例，其中100多例为当地提供区域供暖和制冷[47]。

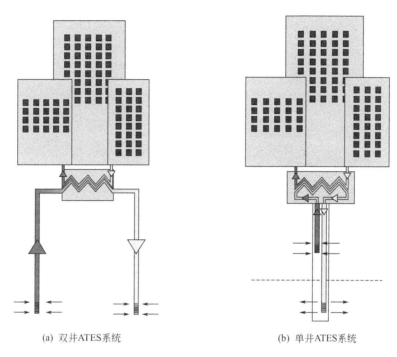

(a) 双井ATES系统　　　　　　　　(b) 单井ATES系统

图 2-13　双井 ATES 系统及原理和单井 ATES 系统[24]

2.2.3.2　ATES 建筑供能系统

如图 2-14 所示（彩图见书后），双井 ATES 建筑供能系统是最基本的系统模式。制冷季所蓄冷量通过冷井为建筑提供冷能，同时建筑的热量则通过热井蓄到含水层中，在供暖季运行过程则正好相反。如图 2-15 所示（彩图见书后），ATES 热泵耦合系统通过冬季蓄冷，含水层温度可达到直接制冷温度需求，因此在夏季为直供制冷模式，而冬季出口温度往往不能满足建筑用热端进口温度，通常需要辅助热源的间接供暖模式。

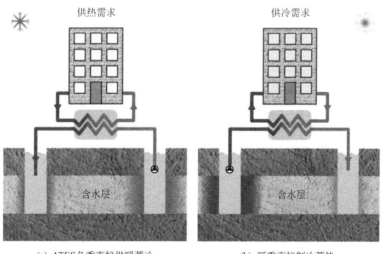

(a) ATES冬季直接供暖蓄冷　　　　　　(b) 夏季直接制冷蓄热

图 2-14　ATES 冬季直接供暖蓄冷与夏季直接制冷蓄热模式[47]

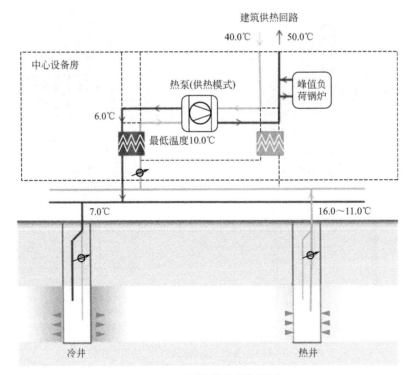

(a) ATES冬季间接供暖蓄冷模式

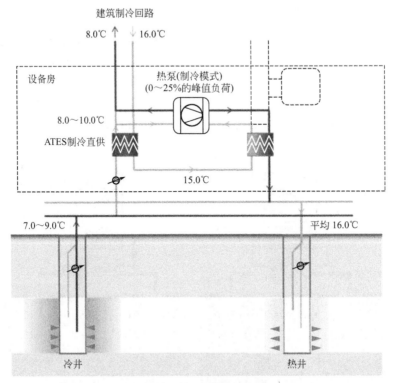

(b) ATES夏季/间接耦合制冷蓄热模式

图 2-15　ATES 不同季节运行模式示意[47]

　　ATES 在四种 UTES 类型中投资成本最低，且热容量较高，因此是地下跨季节蓄热低温供暖系统的首选。但是该系统受地质条件的限制，需要高导水率而无水渗流的饱和砂层等特殊的地质条件，因此前期需进行大量详细的地质勘查。

2.2.4　GWES 系统原理及建筑供热系统

2.2.4.1　GWES 系统原理

　　砾石-水蓄热（GWES）系统也称人造 ATES 系统，如图 2-16 所示[21]（彩图见书后）。与 WTES 相似，在地下设置槽，并对槽周围和顶部进行保温，槽最里面设置防水塑料衬底，并将水和砾石等混合物作为蓄热介质装在防水塑料衬外的槽里。因此该系统也可看成是 WTES 和 ATES 的结合。该系统与特定的水文地质条件无关，但是该系统在槽的密封、保温绝热和防漏防潮方面的建设费用较高[23]。

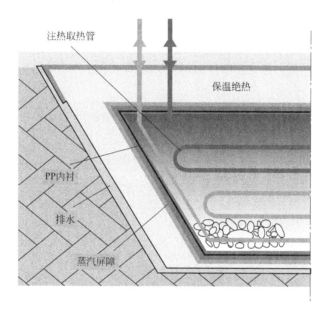

图 2-16　GWES 系统原理与结构示意[21]

2.2.4.2　GWES 建筑供热系统

　　图 2-17 所示为 GWES 为建筑供暖和生活用热水的系统。通过图 2-17 可以看出，系统有四种工作模式，分别为热电联产直接供给模式、GWES 系统间接供给模式、太阳能集热器与热泵耦合供暖模式和 GWES 与热泵耦合供暖模式。

2.2.5　四种地下跨季节蓄热系统对比分析

　　Schmidt 等[6]研究表明随着以上四种 UTES 系统的增大，单位面积投资成本会下降。如图 2-18 所示[43]，在同样的安装规模下 WTES 和 GWTS 的投资较高，其次是 BTES。

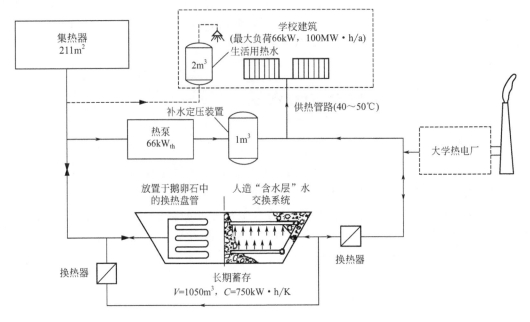

图 2-17 GWES 为建筑供暖和生活用热水的系统[22]

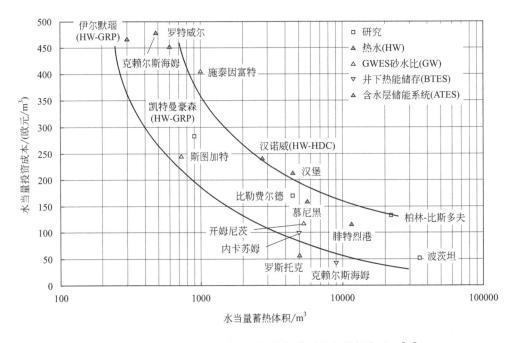

图 2-18 四种 UTES 技术在不同安装规模下的初始投资对比[43]

ATES 由于以地下原有特有结构作为蓄热体，且打井数量少，因此在这四种 UTES 类型中同样规模下初始投资最低。

表 2-2 中分别从蓄热介质的热容量、初始投资、维护费用以及地质要求等多方面对四种 UTES 系统进行了详细的对比分析，并总结出了各系统的优缺点。从表中可看出 WTES 和 GWTS 的热容量虽然高于 ATES 和 BTES，但是由于建造水槽深度远小于 ATES 和 BTES，

在相同蓄热体体积情况下需要的表面积远大于 ATES 和 BTES。从而大大增加了在水槽周围和顶部采取的保温措施和防漏措施的初始投资,难以大面积推广利用。ATES 虽在四种类型中建设费用最低,但是地质需要满足高导水率而无水渗流饱和砂层等较高的条件,且高温下地下水化学成分对设备产生腐蚀等问题,前期需做大量的地质勘查,且在高温蓄热情况下黏土矿物等地下材料膨胀易发生堵塞,加大了后期的维护费用。此外,通常含水层结构的体量较大,蓄热体体积根据含水层结构而定,因此 ATES 适于大规模建筑或区域建筑用能。相比于以上三种系统,BTES 表现出了较大的优势:在相同规模下初始投资要低于 WTES 和 GWTS 系统;对场地的要求小于 ATES,只需较低导水率和地下水渗流的可钻井场地;不同规模建筑均适用,且根据蓄热温度可用于供暖和制冷;任何类型的跨季节蓄热系统均设置辅助设备以应对极端天气条件或蓄热端热量不满足用热需求的情况,而 BTES 能与 GSHP 在埋管末端高度耦合的特点使其与其他三种系统相比大大降低了初始投资,且利于系统的后期运行。因此 BTES 系统近几年逐步成为应用和研究潜力最大的一种地下跨季节蓄热技术。

表 2-2 四种类型 UTES 系统的特点与优缺点对比分析

UTES 系统	WTES	GWTS	ATES	BTES
蓄热介质	水	水/砾石	地下材料(沙、岩/砾石、水等)	地下材料(土壤/岩石)
热容量 /(kW·h/m³)	热容量大小:*** 60~80	热容量大小:*** 30~50	热容量大小:** 30~40	热容量大小:* 15~30
蓄热体积(按水当量计)/m³	蓄热体积相对大小:* 1	蓄热体积相对大小:* 1.3~2	蓄热体积相对大小:*** 2~3	蓄热体积相对大小:** 3~5
要求空间	***	***	*	*
初始投资	***	***	*	**
维护费用	*	*	***	*
地下深度/m	5~15	5~15	20~50(含水层厚度)	30~100
地质要求	前期地质勘查:* 稳定的地下条件;最好没有水流	前期地质勘查:* 稳定的地下条件;最好没有水流	前期地质勘查:*** 较高导水率(>10⁻⁵ m/s);上下部有限制层;很少或没有地下水渗流;耐高温的化学水	前期地质勘查:** 可钻井;地下水有利;较高的比热容、导热性能;较低导水率(<10⁻¹⁰ m/s);自然地下水渗流速度<1m/a
优点	无特殊地质要求;较高的温度分层;较高的热容流量;安装方便	无特殊地质要求;相比 WTES 经济性较好;保持天然含水层	与其他三种相比初始投资低;供暖和制冷均适用;较 BTES 换热性能好;适用于大规模建筑	适用于供暖和制冷;因竖直埋管较深,所需表面积较小;不同规模建筑均适用;可模块化施工、维护费用低
缺点	较高的水坑建筑费用;较高的热损失;易漏;易腐蚀	较高投资费用;较低温度分层;易漏	需特殊地质条件;高导水率而无水渗流饱和砂层;热损失大;有堵塞情况发生,黏土矿物等地下材料会膨胀,维护费用高;前期工作量大;需大规模地质勘查	蓄热体积比其他类型大;不适用于有水渗流的地下条件;需可钻井的地质,岩石地质时钻井费用更高;需3~4年达到典型稳定性能

注:* 的个数表明对象的大小和程度。

ECES 项目的 2018 年年度报告中指出 BTES 是 ECES 的优先研究主题，此外在 IEA-SHC Task 45 的 STES 技术研究中重点开展了 BTES 的研究，并发表了 BTES 的设计和安装指导手册以及进一步研究优化和推广的报告[48]。此外，在 IEA-SHC 2016～2020 年项目计划的 Task 55 中进一步强调了 BTES 的重要性以及进一步研究和完善的必要性。

2.3 BTES 技术关键问题国内外研究现状

BTES 虽然已发展多年，但是目前还是存在热损失大、蓄热率和取热率低等问题，从而直接影响系统的初始投资和运行费用。因此实现 BTES 的大规模推广利用必须解决引起 BTES 系统热损失大、蓄热率和取热率低下的根本问题。本节对 BTES 的国内外研究现状进行了综述，从国内外的研究现状及实际应用案例的汇总分析总结出其存在的关键问题，对既有研究的成果和不足进行了总结。

2.3.1 BTES 技术应用研究现状

从 20 世纪 70 年代起，各个国家开始建立 BTES 系统示范应用和研究项目，至 90 年代末，意大利、丹麦、加拿大、荷兰、芬兰、德国和瑞典等国建立了多个 BTES 研究示范项目。表 2-3 和表 2-4 为各个国家的 BTES 项目汇总，其中德国和瑞典是应用 BTES 系统最多的国家[49]。所汇总的这些实际建设项目体量大小不一，应用建筑类型也有多种，其中 BTES 蓄热体体积为 2000～500000m³，应用建筑类型有学校、厂房、住宅、体育馆和医院等。建筑用能以供暖和生活用热水为主，同时需要供暖和制冷的应用较少。

从表 2-5 中可看出，中国应用 BTES 起步较其他国家晚，但是近几年的示范应用逐年增多，蓄热体体积为 500000m³ 的世界最大体量的 BTES 项目在中国内蒙古赤峰已成功运行，并得到了较好的供暖效果[50]。从国外实际应用案例对 BTES 的设计参数可看出井深的设计主要为 35～65m，井间距主要为 2.25～4m，国内井深以 80～120m 为主，井间距以 4～6.4m 为主。设计参数上产生较明显区别的原因在于 BTES 的功能有所不同：在国外 BTES 充当直接供能的热源端，而在国内 BTES 充当辅助热源端。从应用模式也可明显看出，国外采用 BTES 主要以供暖为主，且大多采用直供模式。而中国对 BTES 的应用主要以与 GSHP 耦合模式为主，即通过 GSHP 为建筑供暖制冷，BTES 跨季节蓄热起到补热的作用，在整个供暖制冷系统中起辅助作用。相反，在国外的应用中，在整个供暖制冷系统中以蓄热蓄冷后的 BTES 作为冷热源直接进行供暖制冷，在峰值负荷，蓄热体能量品位不够直供时，采用热泵或锅炉等辅助设备。

2.3.2 BTES 技术理论研究现状

2.3.2.1 国外理论研究现状

意大利都灵大学的 Giordano 等[49]通过实测和模拟方式研究了 BTES 系统蓄热和取热过程中地下换热特点。从 4 月初至 10 月中旬向地下蓄了长达 7 个月的热量，实测显示第一年系统热损失较大，只有总热量的 17% 蓄到蓄热体中。

表2-3 全球各个国家对BTES系统的应用研究汇总

国家	(建筑面积/m²)/(供热需求)/热源或太阳能集热器面积	井数/口,井深/m,井间距/m,体积/m³	运行年份	用途模式	释热/供暖和制冷比例
加拿大	52栋住宅[28]	144口,1.35m/s,2.25m,34000m³	2007	供暖直供	95%供暖需求
	7000kW/学校10栋楼[51]	370口,井深200m	2007	供暖制冷-热泵耦合	—
荷兰	27000m²/医院	144口,井深145m	2010	供暖制冷-热泵耦合	56%制冷和67%供暖需求
	住宅/2400m²/太阳能	23000m³	1984	供暖直供	65%
瑞典	6000m²/550MW·h·2100m²/住宅[26]	100口,井间距65m,60000m³	2003	供暖直供	70%
	厂房/废热[7]	200000m³	2010	供暖直供	3000MW·h/a
	5500m²-太阳能1100m²[52]	—	1989	区域供暖-直供	6%
	高校/废热	120000m³	1983	供暖直供	1100MW·h/a
	2700MW·h	120口,65m,4m,115000m³	1983	供暖直供	—
	500MW·h/2200m²-太阳能[6]	180000m³	1982	供暖直供	430MW·h/a,85%
	525栋/6390MW·h/30000m²	105000m³	1982	供暖直供	4160MW·h/a,65%
德国	40000m²/4100MW·h/7300m²[53]	150口,井间距55m,37500m³	2006	供暖直供	2050MW·h/a,50%
	6200m²/487MW·h/800m²[6]	9350m³	1999	供暖直供	415MW·h/a,55%
	20000m²/1663MW·h/2700m²[6]	20000m³	1996	供暖直供	832MW·h/a,50%
	5670m²/3969kW[6]	60000m³	1998	—	—
	8040m²-太阳能	2000m³	1995	区域供暖-直供	50%
意大利	住宅/2727m²/太阳能[8]	43000m³	1985	供暖直供	70%
丹麦	3600MW·h,18600m²-太阳能[54]	19000m³	2012	区域供暖-直供	7000MW·h/a,20%
	3000m²-太阳能	—	1989	区域供暖-直供	4%
	1000m²-太阳能	—	1988	区域供暖-直供	4%
中国	200000m²/140000MW·h/1002m²[55]	80m³,500000m³	2016	区域供暖-直供	2940MW·h/a,蓄热率90%
	办公建筑-654m²/太阳能[55]	66口,井深120m,井间距≤m;25口,井深50m,井间距2.5m	2018	供暖制冷-热泵耦合	蓄热率67%,取热率50%
	实验+办公建筑-4953m²[56]	148口,120m,5m	2016	供暖制冷-热泵耦合	蓄热率25%和35%
	461.7kW·h/公建-5660m²,500m²-太阳能[57]	8口蓄热,150口换热,井深120m,井间距5m和6.1m	2007	供暖制冷-热泵耦合	—

表 2-4 国外 BTES 蓄热相关研究汇总

国家、研究机构	软件	几何模型 （井数,井深,井间距,体积,布置,井群直径）	运行方案	研究内容及影响因素	研究方法	年份
美国 加州大学[58]	Comsal	5 口,深 10m,直径 10m,三角阵列布置	蓄热 90 天,120 天	输入热量,蓄热时间,土壤热系数,井间距	数值模拟	2015
瑞典 隆德大学[59]	Fluent	30 口,深 35m,直径 50m,四边形布置	—	不同土壤	实验+模拟	1991
意大利 都灵大学[49]	OpenGeoSys	蓄热体尺寸 50m×50m,正方形布置	1 年	蓄热,释热特性,循环模式	实验+模拟	2015
加拿大[28]	Trnsys	144 口,井深 35m,2.25m,34000m³	5 年	蓄热效率,蓄热释热,太阳能系统效率,保证率	实验+模拟	2007~2016
德国-斯图加特大学[23]	Trnsys	四种蓄能方式		经济性	实验+模拟	2004
德国斯图加特大学[8]		528 口,井深 30m,井间距 1.5m,63360m³	3 年	运行性能	实验	2002
瑞典-乌普萨拉大学[26]	Trnsys	模拟 66 口,井间距 4m;99 口,井间距 3m;132 口,井间距 2.5m;实验-100 口,深 65m,3m	3~4 年	井间距,运行性能	实验+模拟	2008

表 2-5 国内 BTES 蓄热相关研究汇总

研究机构	软件	几何模型 （井数,井深,井间距,体积,布置,井群直径）	运行方案	研究内容及影响因素	研究类型	年份
山东建筑大学[60]	Fluent	7 口,井深 120m,井间距 4m,正六边形布置	6 月 1 日~8 月 30 日共 3 个月	地埋管间距,进口液体的流速和温度	实验+模拟	2013
哈尔滨工业大学[61]	Fluent	井群蓄冷	2 年	土壤水迁移作用,埋管间距,蓄冷时间,土壤类型,不同含水量,室外换热器面积及运行特性	实验+模拟	2010
河北工业大学[62]	Trnsys	4 口,井深 50m,井间距 2m,正方形布置	7 月 31 日~11 月 13 日共 3 个月	不同井间距,井深,运行特性	实验	2010
哈尔滨工业大学[63]	Fluent	12 口,井深 50m,井间距 3.4m,四排并联布置	非供暖期和供暖期	集热器面积,井深,热泵容量	实验+模拟	2010
北京工业大学[64]	—	6 口,井深 10m,井间距 2m,串联布置	4 月 15 日~7 月 16 日共 3 个月蓄热,取热 23 天	土壤温度,含水量	实验	2010
山东建筑大学[65]	OpenSEES	三级串联,组与组之间并联		连接形式,井间距,土壤热物性	模拟	2011
天津大学[66]	Fluent	25 口,井深 50m,井间距 5m,四排并联布置	6~9 月 3 个月蓄热	不同土壤,不同蓄热模式	模拟	2009
天津大学[67]	Fluent	8 口,井深 100m,井间距 5m	6~9 月 4 个月蓄热;11 月,12 月取热	取热方式	实验+模拟	2007
东南大学[68]	visual	25 口,井深 100m,井间距 5m	一个循环周期为一年	土壤温度变化	实验+模拟	2008
[69]	Fluent		3 个月	同频蓄热,岩土类型	实验+模拟	2010
西安建筑科技大学[70]	Trnsys	1 口,井深 56m	全年	不同负荷比,热源侧进口温度	模拟	2014

Marcel 等[71]实测了医院 BTES 供暖系统全年的运行，得出 BTES 中所需能量的多少取决于井深、井间距和地下岩土的比热容。系统的总效率不仅取决于 BTES 蓄热系统，还与建筑用能端供回水温度有关，提高供回水温差有利于系统性能的提高。

Nußbicker 等[72]对不同埋深、井间距和不同规模的 BTES 供暖系统的蓄热特性进行了实验和模拟研究。实际项目中井深为 30m，井间距为 1.5m 和 2m，钻井回填材料由膨润土、细砂、水泥、水构成，蓄热体顶部采用 200mm 厚的聚苯乙烯保温板并覆盖 2～3m 的土壤来减少热损失和雨水的渗透。结果表明，太阳能保证率从第一年的 18％提高到第三年的 39％，预计再运行几年太阳能保证率可达 50％。较低的供回水温度和较大的温差可提高系统蓄热效率和太阳能保证率，系统经过 5～8 年的运行才达到稳定状态。

Baser 等[58]建立了拥有 5 口深 10m 的 BTES 三维瞬时模型，通过数值模拟得出不同因素，包括输入热量率、输入热量的持续时间、土壤热导率和井间距，均不同程度地影响 BTES 系统性能。

Hawes 等[8]对两个实际 BTES 建筑供暖系统的研究表明短期蓄热系统 STTS 平均满足 10％～20％的供暖需求或 50％的生活用热水需求，而跨季节 BTES 系统平均满足 50％～70％的供暖需求，且 BTES 系统比 STTS 系统经济 1/3。

Hesaraki 等[42]研究表明 BTES 热损失取决于井的尺寸、形状、平均储存温度和土壤特性等因素。

Lundh 等[26]对位于瑞典首都斯德哥尔摩的 BTES 供暖项目两年的运行性能进行实验研究。建筑供暖需求约 550MW·h，平板集热器安装面积为 2400m²，运行温度为 50℃。蓄热体体积为 60000m³、井间距为 3m、井深为 65m、井数 100 口，井群蓄热温度为 30～45℃。建筑末端设计供/回水温度为 32℃/27℃。运行结果表明，蓄热体热损失达 45％～50％，据预测系统经过 3～5 年运行才能满足设计要求。

Sibbitt 等[28]通过实际运行和模拟研究相结合的方式分析了加拿大阿尔伯塔省 BTES 供暖项目。该项目采用 2293m² 平板集热器，蓄热体积为 34000m³、井间距为 2.25m、井深为 35m、单口井直径为 150mm、井数为 144 口，夏季蓄热结束时井群最高温度可达到 80℃。经过 5 年的实际运行结果显示模拟与实际运行相符合，集热器效率始终为 33％～34％，BTES 蓄热率从 6％升高到 36％，太阳能保证率从 55％升高到 97％，高于预期值。

2.3.2.2 国内理论研究现状

国内天津大学、哈尔滨工业大学、东南大学、清华大学、西安建筑科技大学以及山东建筑大学等多个高校科研机构对以太阳能为热源的 BTES 耦合地源热泵系统进行了大量的研究，部分研究现状如下。

清华大学杨旭东等对大型的 BTES 区域供暖项目进行了实测研究，并通过模拟对场地的性能做了敏感性分析。该项目位于中国内蒙古自治区赤峰市，以铜厂废热和真空管集热器收集的太阳能热量作为 BTES 系统的热源，为 20 万平方米的建筑提供低温区域供暖。该研究以注入热量、取热率和蓄热效率作为性能评价指标。研究结果显示低温取热有利于系统性能，并且敏感性分析结果指出岩土热导率对系统性能影响最大[50]。

天津大学赵军和李新国等[67]对太阳能跨季节蓄热耦合热泵系统在不同运行模式下的性能进行了实验和模拟研究。结果表明：对 BTES 系统利用方式的不同，地下岩土温度分布及取热效果也不同。在冬季取热时采用交叉运行模式能增大取热率，更有利于地下岩土温度恢复。该课题组通过模拟与实际案例相结合的研究方法论证了天津地区进行太阳能跨季节蓄热的可行性以及土壤蓄热特性[68]。值得注意的是,该项目蓄热的目的及研究的意义在于更好地恢复地下岩土温度,而 BTES 直供系统的重点在于提高蓄热效率及供暖保证率。

山东建筑大学刁乃仁团队[73]对传统 GSHP 和 BTES 耦合热泵系统在运行 1 年和 20 年后的土壤温度变化进行了对比研究,并对 BTES 耦合热泵在不同深度下地下岩土温度随时间的变化进行了模拟和实验研究。结果表明:20 年运行结束后 GSHP 系统的地下埋管区域岩土最低温度为 12.9℃,而 BTES 耦合热泵系统的岩土最低温度为 15.51℃,两者温差达 2.61℃,并且 BTES 耦合热泵系统地下岩土温度呈上升趋势,相反 GSHP 呈下降趋势。此外还通过数值模拟研究了埋管间距、流体进口温度、速度对 BTES 耦合热泵系统供暖和制冷性能的影响。结果表明,井间距大有利于夏季蓄热和冬季取热,而进口温度的升高虽加大了蓄热量,但是没有大幅提升冬季取热量,流速不宜取过大[60]。

哈尔滨工业大学建筑节能实验室[63]对太阳能季节性土壤蓄热供暖制冷系统进行了初步的实验和模拟研究,打井 12 口,证明了在严寒地区土壤源热泵系统中进行太阳能季节性蓄热的可行性和必要性,但实验只是针对单管土壤换热器,且未通过工程实例检验。

哈尔滨工业大学王潇[74]对哈尔滨某示范楼的 BTES 耦合热泵系统的供暖性能进行了实验与模拟研究。根据实测土壤的全年温度变化显示,在蓄热阶段白天岩土温度上升,晚上又恢复到初始温度,蓄热季结束后的岩土温度仍处于初始温度左右;供暖季的土壤温度晚上低于白天 1.5℃左右,且远低于蓄热期的温度。

河北工业大学王恩宇团队[56,75,76]结合实际项目对太阳能跨季节蓄热耦合热泵系统进行了实验和模拟研究。项目应用于河北工业大学节能实验中心的供暖和制冷,建筑面积近 5000m²。该项目中设计了两组地下埋管换热器,分别用于太阳能蓄热和 GSHP 换热,成为双机系统。通过模拟和实验的方法分别对系统的两组地源侧耦合方式、地温控制策略以及整个耦合系统的控制策略进行了研究。太阳能跨季节耦合热泵系统运行性能高于独立 GSHP 系统,且节约供暖期运行费用。在合理的地温控制策略下岩土温度常年维持在平均温度左右,且表明部分直供模式的运行有利于耦合系统性能系数的提高。

东南大学的杨卫波等[69]对跨季节蓄热耦合 GSHP 系统进行了模拟研究,在同一蓄热温度 37℃和取热温度 7℃以及不同土壤类型条件下获得了系统蓄热和释热过程的地温变化。得出土壤类型对热扩散半径及速度有一定影响,并指出黏土有利于跨季节蓄热,而砂土有利于 GSHP 换热。

2.3.3 关键存在问题

从上述对 BTES 系统关键问题的应用研究和理论研究进行的综述可知,由于 BTES 系统相比于其他地下跨季节蓄热技术的优势以及应用潜力,目前国内外已经展开了一些相关研究,并取得了一定的研究成果,为 BTES 系统的设计应用提供了一定理论指导。相关研究成果如下:

(1)通过实际示范案例的实测研究以及模拟方法的理论研究,得到了在一些设计和运行条件以及运行模式下 BTES 系统蓄热率、热损失、取热率以及太阳能保证率等热特性及相关指标。

(2)采用不同的模拟软件,通过数值模拟研究的方法获得一定运行条件下 BTES 系统以及 BTES 耦合 GSHP 系统地下温度场的分布特征，并获得了一些因素对 BTES 性能的影响。

（3）对 BTES 耦合 GSHP 系统的控制策略以及地温的控制策略进行了研究，获得了在几种不同的控制策略下系统的运行性能。

在我国致力于碳中和、碳达峰的清洁供暖大背景下，BTES 建筑供热系统对于促进建筑学科尤其是建筑技术学科的发展和内涵丰富具有重要的理论研究和实践价值。然而，现有研究尚存在一定的不足和局限性，一些问题需要通过更加深入而全面的研究来进一步解答，具体如下。

① 国外对直供型 BTES 的研究和应用较多，且以实际应用研究为主、理论模拟研究为辅来指出这些案例中所存在的问题。这些研究缺乏直供模式下的蓄热和取热过程研究，在不同设计和运行条件下的蓄热体温度分布特征以及影响 BTES 的各类影响因素对系统综合性能（如蓄热量、蓄热率、取热量、取热率、热损失量、热损失率以及埋管换热器换热性能）的影响机理。

② 国内对 BTES 与热泵耦合型系统的研究和应用较多，相关的理论和实验研究是围绕提高热泵运行性能而进行的。一方面，全年地下温度场分布以及热特性是在低温蓄热条件下得到的，因此适用范围受到一定的限制；另一方面，研究所得到的优化设计参数（如井深和井间距）是在提高热泵系统性能的基础上得到的，因此这些优化值对直供型 BTES 供暖系统不适用。

③ 单井蓄热体间的热交互作用及井群蓄热体与周围传热边界的热交互也不可避免地影响井群长期热特性。对于 GSHP 系统，井间距越大越有利于换热，而对于 BTES 系统，井间距小则有利于热量的蓄积；岩土热导率越大越有利于换热和土壤温度的恢复，而对于 BTES 岩土，热导率较大会导致热损失加大，系统蓄热率降低。而现有国外和国内研究出现两极分化现象，国外研究得出的结论适用于直供型 BTES 系统，而国内研究得出的结论适用于以热泵为主、蓄热为辅的系统。尚缺乏对直供和以蓄热为主、热泵为辅的多个模式下均适用的系统性的研究。

④ BTES 系统不同类型因素与其性能间存在复杂的非线性关系，国内外虽在埋管换热器换热性能方面做了一些研究及优化，得出了对 BTES 影响较大的因素以及有利于某种限定条件下的适宜因素范围，但是尚缺同时考虑设计、运行以及岩土热导率等不同类型多个复合参数同时变化以及交互作用下对 BTES 系统综合热特性的非线性协同影响和作用机制。

2.4 BTES 系统与 GSHP 系统边界

前面对国内外 BTES 系统以及 BTES 耦合 GSHP 系统的相关研究进展进行了深入总结，提到国外与国内对 BTES 系统的使用基本出现了以不同使用模式为主的两极分化现象，即国外直接通过 BTES 系统进行供暖，而国内采用 GSHP 进行供暖，BTES 对 GSHP 的地下岩土换热部分进行补热。在国内本领域认为 GSHP 系统也属于跨季节地下蓄热，即夏季制冷时将房间热量输送到地下，属于蓄热；冬季供暖时将房间冷量输送到地下，属于储冷；而不管制热还是制冷均运行一个制热/制冷季，因此，GSHP 被普遍认为是跨季节地下蓄热。但是 GSHP 系统中冷热源是地下自身的能量，且地下作为换热空间，因此需要维持其常年的热平衡才能保证系统的持续运行；而在 BTES 系统中地下则充当"热电池"，其供暖制冷热源来自于热源处所集的热量。BTES 系统和 GSHP 系统不管是从概念上还是从系统的组成、设计及运行上都有着明显的区别。因此,本节分别将从概念边界和技术边界两个层面对 BTES 系统和 GSHP 系统进行简要对比分析和总结。

2.4.1 概念边界

图 2-19 为 BTES 和 GSHP 系统的概念边界划分示意。BTES 系统一般是以建筑周边地下岩土作为蓄热介质,以埋管换热器作为中间热交换设备,在非供暖期将适宜性建筑可利用低品位热源输送至地下空间进行收集储存,并在供暖期或建筑末端用能时对所储存热量进行提取和跨季节利用。而 GSHP 系统则采用电能驱动热泵机组的方式,使建筑冬季的冷和夏季的热散到地下空间,反过来说该系统取地下岩土的自然低品位能源,通过电能驱动的热泵机组提高能量品位后输送到建筑末端,实现建筑与地下的能量交换。

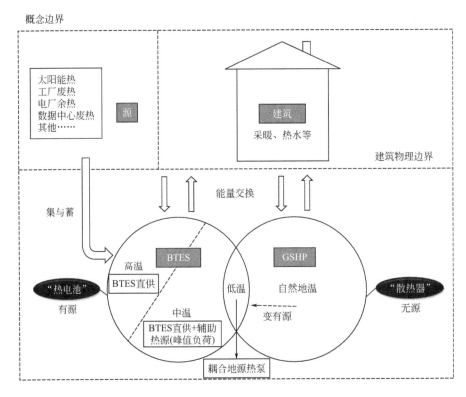

图 2-19 BTES 与 GSHP 系统的概念边界划分

从图 2-19 中可看出,BTES 系统以太阳能、电厂、工厂、垃圾焚烧、数据中心的余热废热等作为热源,把地下当作蓄热体——"热电池",从热源处收集的热量储存到"热电池"中,当用热时释放"热电池"中热量;而 GSHP 把地下当作"散热器",使建筑的冷热散到地下环境中,即 BTES 的"热电池"有源,而 GSHP 的"散热器"无源。需要指出的是,这里的有源无源是从系统范围的微观角度阐述的,毕竟宏观层面上撇开系统本身,浅层地下岩土的源来自太阳能。BTES 和 GSHP 系统概念上虽有本质性的区别,但应用上有交汇点,也是能高度耦合的区别于其他三种 UTES 的原因。当 BTES 蓄高温时采用直供的应用模式,蓄中温时首先采用直供模式，当达到峰值负荷时采用辅助热源方式。辅助热源可以是太阳能、燃煤/燃气锅炉或热泵机组。当 BTES 蓄低温时与 GSHP 有交汇，此时 GSHP 从无源变为有源，BTES 则作为 GSHP 的源，提高 GSHP 系统的供暖能效比（coefficient of performance，COP）。

2.4.2 技术边界

BTES 和 GSHP 系统的技术边界划分和对比如图 2-20 所示。技术边界分别从设计要求、运行要求以及系统性能评价指标三个方面对上述二者进行了对比划分。从图中可看出，两个系统在设计、运行和系统性能评价指标三个方面虽有部分相同之处，但存在较大的本质区别。

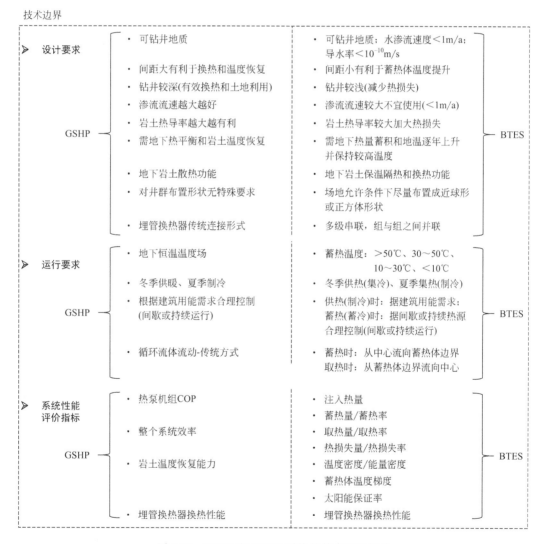

图 2-20 BTES 和 GSHP 系统的技术边界划分

首先，在设计方面，二者在地质要求、地下岩土所充当的角色和功能作用、井群的布置形式和埋管换热器连接形式上均有明显差异。在设计前期，对于 GSHP 系统，地下水渗流越大越有利于埋管的换热以及埋管周围岩土的热平衡及温度恢复；而对于 BTES，地下水渗流和导水率越小越有利于热量的储存，否则会加大蓄热体的热损失，降低系统储存效率及保证率。BTES 通常要求作为蓄热体的地质要满足最基本的可钻井、水渗流速度$<1\mathrm{m/a}$、导水率$<10^{-10}\mathrm{m/s}$，而对于 GSHP 可钻井场地基本可满足使用要求。在设计要素的考虑上，岩土的热导率越大越有利于 GSHP 系统的换热，但是对 BTES 则要兼顾两种功能，既要换热又要保温蓄温，因此并不是越大越有利，热扩散率和比热容也相同；在场地面积条件允许的情况下，较大的井间距和较深的井深有利于 GSHP 的换热及岩土温度的恢复，但是对于 BTES，较大的井深会加大蓄热体径向表面积，从而加大向径向边界的热损失；较大的井间距则不利于热量的蓄积以及中间高温逐步向蓄热体边界递减的温度梯度的形成；因此，在井群的布置形式上 GSHP 设置等间距的任何布置形式均可，而 BTES 则采用井间距从蓄热体中心区域至边界逐步扩大的、井深与蓄热体横截面直径相等的近圆形布置形式更有利于系统的性能；BTES 蓄热体上表面必须采取保温措施来避免系统的热损失过大也是与 GSHP 的明显区别，GSHP 地下埋管换热部分则需要与环境进行换热以及吸收太阳光热量以维持地下温度的平衡。

其次，二者在运行温度和模式以及循环流体的流动形式等方面的要求也均存在较大差异。GSHP 系统埋管运行温度是地下自身的温度环境，而 BTES 根据系统使用要求分为高温（$>50℃$）、中温（$30\sim50℃$）、低温（$10\sim30℃$）、超低温（$<10℃$）；GSHP 系统在地下温度热平衡条件下不同季节实现供暖制冷，而 BTES 则根据蓄热温度和系统耦合设计模式等条件决定是否可供暖、制冷还是兼具供暖制冷功能；当建筑末端用能时 GSHP 才运行，而 BTES 系统不管建筑是否用能基本都在运行，当热源处收集到可资利用品位热量时进行蓄热来提高蓄热体热量品位供建筑末端用能时使用；BTES 系统换热管中的流体在蓄热时从井群中心流向蓄热体边界，取热时则从蓄热体边界流向中心，该运行模式有利于其蓄热取热性能。

在系统性能评价指标方面，因为埋管换热器在两个系统中均充当着换热器作用，因此均可采用埋管换热器换热性能作为评价指标之一，但二者在其他评价指标上则存在较大差异。例如 GSHP 系统通常以热泵机组的 COP 作为重要评价指标，而 BTES 系统则常以蓄热率、取热率、蓄热体蓄热温度、热损失和太阳能保证率等作为重要评价指标。因此，两种系统要围绕提高上述不同的关键指标进行最优方案的设计。

参考文献

[1] Fisch M N, Guigas M, Dalenbäck J O. A review of large-scale solar heating systems in Europe [J]. Sol. Energy, 1998, 63：355-366.

[2] IEA. The IEA Technology Collaboration Programme—Energy Storage through Energy Conservation [M/CD], (https://iea-eces. org/news/annual-report-2018). 2018-07-18.

[3] Lottner V, Schulz M E, Hahne E. Solar-assisted district heating plants：Status of the German programme Solarthermie-2000 [J]. Solar Energy, 2000, 69 (6)：449-459.

[4] Xu J, Wang R Z, Li Y. A review of available technologies for seasonal thermal energy storage [J]. Solar Energy, 2014, 103：610-638.

[5] Schmidt T，Müller-Steinhagen H. The central solar heating plant with aquifer thermal energy store in Rostock-results after four years of operation [C]// The 5th ISES Europe Solar Conference. Freiburg, Germany. 2004：20-23.

[6] Schmidt T，Mangold D，Müller-Steinhagen H. Central solar heating plants with seasonal storage in Germany [J].

Sol. Energy，2004，76：165-174.

[7] http：//www. solar-district-heating. eu/SDH/LargeScaleSolarHeatingPlants. aspx.

[8] Hawes D W，Feldman D，Banu D. Latent heat storage in building materials [J]. Energy and Buildings，1993，20 (1)：77-86.

[9] Heller A. 15 Years of R&D in central solar heating in Denmark [J]. Solar Energy，2000，69 (6)：437-447.

[10] Novo A V，Bayon J R，Castro-Fresno D，et al. Review of seasonal heat storage in large basins：Water tanks and gravel-water pits [J]. Applied Energy，2010，87 (2)：390-397.

[11] Dalenbäck J O，Jilar T. Swedish solar heating with seasonal storage-design，performance and economy [J]. Int J Amb Energy，1985，6 (3)：123-128.

[12] Oliveti G，Arcuri N，Ruffolo S. First experimental results from a prototype plant for the interseasonal storage of solar energy for the winter heating of buildings [J]. Solar Energy，1998，62 (4)：281-290.

[13] Bokhoven T P，Van Dam J，Kratz P. Recent experience with large solar thermal systems in the Netherlands [J]. Solar Energy，2001，71 (5)：347-352.

[14] Breger D S，Michaels A I. A seasonal storage solar heating system for the Charlestown，Boston Navy Yard National Historic Park [C]//First EC Conference on Solar Heating. Dordrecht：Springer，1984：858-863.

[15] Sanner B，Kabus F，Seibt P，et al. Underground thermal energy storage for the German Parliament in Berlin，system concept and operational experiences [C]//Proceedings World Geothermal Congress. 2005：1-8.

[16] Seibt P，Kabus F. Aquifer thermal energy storage-projects implemented in Germany [C]//Proceedings of ECOS-TOCK 2006：Conference on Energy Storage Technology，Pomona，NJ. 2006，31.

[17] Kabus F，Wolfgramm M，Seibt A，et al. Aquifer thermal energy storage in Neubrandenburg-monitoring throughout three years of regular operation [C]//Proceedings of 11th International Conference on Energy Storage-EffStock. 2009：1-8.

[18] Paksoy H O，Andersson O，Abaci S. Heating and cooling of a hospital using solar energy coupled with seasonal thermal energy storage in an aquifer [J]. Renewable Energy，2000 (19)：117-122.

[19] Turgut B，Dasgan H Y，Abak K，et al. Aquifer thermal energy storage application in greenhouse climatization [C]//International Symposium on Strategies Towards Sustainability of Protected Cultivation in Mild Winter Climate 807. 2008：143-148.

[20] Vanhoudt D，Desmedt J，Van Bael J，et al. An aquifer thermal storage system in a Belgian hospital：Long-term experimental evaluation of energy and cost savings [J]. Energy and Buildings，2011，43 (12)：3657-3665.

[21] Pfeil M，Koch H. High performance-low cost seasonal gravel/water storage pit [J]. Solar Energy，2000，69 (6)：461-467.

[22] Hahne E. The ITW solar heating system：an oldtimer fully in action [J]. Solar Energy，2000，69 (6)：469-493.

[23] Schmidt T，Mangold D，Müller-Steinhagen H. Seasonal thermal energy storage in Germany [C]//ISES solar world congress. 2003，14 (19. 06)：2003.

[24] Fleuchaus P，Godschalk B，Stober I，et al. Worldwide application of aquifer thermal energy storage—A review [J]. Renewable and Sustainable Energy Reviews，2018，94：861-876.

[25] Reuss M，Beuth W，Schmidt M，et al. Solar district heating with seasonal storage in Attenkirchen [C]// 10th International Conference on Thermal Energy Storage，Stockton，USA. 2006：1-8.

[26] Lundh M，Dalenbäck J O. Swedish solar heated residential area with seasonal storage in rock：Initial evaluation [J]. Renewable Energy，2008，33 (4)：703-711.

[27] Chuard P，Hadorn J C. Central solar heating plants with seasonal storage：Heat storage systems：concepts，engineering data and compilation of projects [M]. Office Central Fédéral des Imprimés et du Matériel，1983.

[28] Sibbitt B，Mcclenahan D，Djebbar R，et al. The performance of a high solar fraction seasonal storage district heating system—five years of operation [J]. Energy Procedia，2012，30 (1)：856-865.

[29] Nordell B O，Hellström G. High temperature solar heated seasonal storage system for low temperature heating of buildings [J]. Solar Energy，2000，69 (6)：511-523.

[30] Habibi M，Hakkaki-Fard A. Evaluation and improvement of the thermal performance of different types of horizontal

ground heat exchangers based on techno-economic analysis [J]. Energy Conversion and Management, 2018, 171: 1177-1192.

[31] 陈金华. 竖直双 U 地埋管换热器分层换热模型研究 [D]. 重庆：重庆大学，2015.

[32] Jeon J S, Lee S R, Kim M J. A modified mathematical model for spiral coil-type horizontal ground heat exchangers [J]. Energy, 2018, 152: 732-743.

[33] Cui Y, Zhu J, Twaha S, et al. A comprehensive review on 2D and 3D models of vertical ground heat exchangers [J]. Renewable and Sustainable Energy Reviews, 2018, 94: 84-114.

[34] Li M, Lai A C K. New temperature response functions (G functions) for pile and borehole ground heat exchangers based on composite-medium line-source theory [J]. Energy, 2012, 38 (1): 255-263.

[35] Gashti E H N, Uotinen V M, Kujala K. Numerical modelling of thermal regimes in steel energy pile foundations: A case study [J]. Energy and Buildings, 2014, 69: 165-174.

[36] Li X, Chen Y, Chen Z, et al. Thermal performances of different types of underground heat exchangers [J]. Energy and Buildings, 2006, 38 (5): 543-547.

[37] Gao, Jun, Zhang, et al. Numerical and experimental assessment of thermal performance of vertical energy piles: An application [J]. Applied Energy, 2008, 85 (10): 901-910.

[38] 连小鑫，刘金祥，陈晓春，等. 垂直 U 型地埋管换热器的数值模拟分析 [J]. 太阳能学报，2012，33 (1): 48-55.

[39] Chen J, Lei X, Li B, et al. Simulation and experimental analysis of optimal buried depth of the vertical U-tube ground heat exchanger for a ground-coupled heat pump system [J]. Renewable Energy, 2015, 73: 46-54.

[40] 张志鹏，宋新南. 单 U 型与双 U 型竖直土壤换热器换热性能的对比 [J]. 太阳能学报，2012，33 (7): 1193-1198.

[41] Shah S K, Aye L, Rismanchi B. Seasonal thermal energy storage system for cold climate zones: A review of recent developments [J]. Renewable and Sustainable Energy Reviews, 2018, 97: 38-49.

[42] Hesaraki A, Holmberg S, Haghighat F. Seasonal thermal energy storage with heat pumps and low temperatures in building projects—A comparative review [J]. Renewable and Sustainable Energy Reviews, 2015, 43: 1199-1213.

[43] Schmidt T. Seasonal thermal energy storage-pilot project and experience in German [R]. 2017-09-04.

[44] Shi X, Jiang S, Xu H, et al. The effects of artificial recharge of groundwater on controlling land subsidence and its influence on groundwater quality and aquifer energy storage in Shanghai, China [J]. Environmental Earth Sciences, 2016, 75 (3): 195.

[45] Hasnain S M. Review on sustainable thermal energy storage technologies, Part I: heat storage materials and techniques [J]. Energy Conversion and Management, 1998, 39 (11): 1127-1138.

[46] Andersson O, Sellberg B. Swedish ATES applications: experiences after ten years of development [R]. SAE Technical Paper, 1992.

[47] Schmidt T, Pauschinger T, Sørensen P A, et al. Design aspects for large-scale pit and Aquifer Thermal Energy Storage for District Heating and Cooling [J]. Energy Procedia, 2018, 149: 585-594.

[48] Dirk M, Laure D. Seasonal thermal energy storage: report on the state of the art and necessary further R&D [R]. Stuttgart: IEA Task 49, 2015. http: //task45. iea-shc. org/publications.

[49] Giordano N, Comina C, Mandrone G, et al. Borehole thermal energy storage (BTES). First results from the injection phase of a living lab in Torino (NW Italy) [J]. Renewable Energy, 2016, 86: 993-1008.

[50] Xu L, Torrens J I, Guo F, et al. Application of large underground seasonal thermal energy storage in district heating system: A model-based energy performance assessment of a pilot system in Chifeng, China [J]. Applied Thermal Engineering, 2018, 137: 319-328.

[51] Kizilkan O, Dincer I. Exergy analysis of borehole thermal energy storage system for building cooling applications [J]. Energy and Buildings, 2012, 49: 568-574.

[52] Fernandez A I, Martínez M, Segarra M, et al. Selection of materials with potential in sensible thermal energy storage [J]. Solar Energy Materials and Solar Cells, 2010, 94 (10): 1723-1729.

[53] Project description of the Crailsheim BTES plant [M/CD], (www. solites. de). 2004-10-14.

[54] Bjoern H. Borehole thermal energy storage in combination with district heating [C]//Proceedings of the European

Geothermal Congress. 2013-06：3-7.

[55] 赵军. 跨季节蓄热太阳能-地源热泵组合供热方案设计及经济性评价 [D]. 天津：天津大学，2018.

[56] 陈宇朴. 太阳能-地源热泵供热空调系统的地源侧耦合方式研究 [D]. 天津：河北工业大学，2016.

[57] 韩敏霞. 太阳能土壤跨季节蓄热-地源热泵组合理论与实验研究 [D]. 天津：天津大学，2007.

[58] Baser T，McCartney J S. Development of a full-scale soil-borehole thermal energy storage system [C]// IFCEE 2015. 2015：1608-1617.

[59] Lanini S，Delaleux F，Py X，et al. Improvement of borehole thermal energy storage design based on experimental and modelling results [J]. Energy & Buildings，2014，77（77）：393-400.

[60] 韩明坤. 地埋管季节性蓄热的地下传热分析 [D]. 济南：山东建筑大学，2013.

[61] 杨涛. 严寒地区季节性自然冷源土壤蓄冷应用基础研究 [D]. 哈尔滨：哈尔滨工业大学，2010.

[62] 王恩宇，齐承英，杨华，等. 太阳能跨季节蓄热供热系统试验分析 [J]. 太阳能学报，2010，31（3）：357-361.

[63] 张文雍. 严寒地区太阳能-土壤耦合热泵季节性土壤蓄热特性研究 [D]. 哈尔滨：哈尔滨工业大学，2010.

[64] 底冰，马重芳，张广宇. 地埋管式土壤储热系统的实验研究 [J]. 工程热物理学报，2010，V31（5）：813-816.

[65] 王艳. 基于地理管的太阳能季节性蓄热的地下传热数值分析 [D]. 济南：山东建筑大学，2011.

[66] 李新国，赵军，王一平，等. 太阳能、蓄热与地源热泵组合系统的应用与实验 [J]. 太阳能学报，2009，30（12）：1658-1661.

[67] 赵军，陈雁，李新国. 基于跨季节地下蓄热系统的模拟对热储利用模式的优化 [J]. 华北电力大学学报，2007，34（2）：74-77.

[68] 崔俊奎，赵军，李新国，等. 跨季节蓄热地源热泵地下蓄热特性的理论研究 [J]. 太阳能学报，2008，29（8）：920-926.

[69] 杨卫波，陈振乾，施明恒. 跨季节蓄能型地源热泵地下蓄能与释能特性 [J]. 东南大学学报（自然科学版），2010，40（5）：973-978.

[70] 张悦. 太阳能-土壤源热泵系统组合匹配优化研究 [D]. 西安：西安建筑科技大学，2014.

[71] Marcel H，Herman V. Operational management of large scale UTES systems in Hospitals [C]// The 12th International Conference on Energy Storage，2012.

[72] Nußbicker J，Mangold D，Heidemann W，et al. Solar assisted district heating system with duct heat store in Neckarsulm-Amorbach（Germany）[C]//ISES Solar World Congress. 2003，14（19.06）：2003.

[73] 刘潇. 基于地埋管的太阳能季节性蓄热的地下传热分析及其工程应用 [D]. 济南：山东建筑大学，2016.

[74] 王潇. 季节性蓄热太阳能-土壤耦合热泵系统运行特性及优化 [D]. 哈尔滨：哈尔滨工业大学，2011.

[75] 王孟. 太阳能-地源热泵组合系统控制策略的研究 [D]. 天津：河北工业大学，2015.

[76] 张占辉. 太阳能-地源热泵组合系统地温控制策略研究 [D]. 天津：河北工业大学，2016.

第 **3** 章

跨季节埋管蓄热系统单井蓄热体模型及热特性分析

作为 BTES 系统中基本组成单元，单井蓄热体换热性能直接决定着整个 BTES 系统的性能。为此本章首先建立 BTES 系统单井理论和数学模型，并基于此对 BTES 系统单井蓄热体热特性进行分析，为后续系统性研究 BTES 系统井群热特性奠定坚实基础。本章建立了 BTES 系统单井蓄热体物理与数学模型。数学模型的准确性和适用性是研究 BTES 系统单井和井群系统的关键环节，并直接决定了本书应用参考价值和工程指导意义。为此，本章中同时采用了热响应实验数据以及沙箱实验数据对所建立数学模型进行验证。为实现上述目的，本章结合热响应实验得到的地下岩土物性参数，利用 ANSYS Workbench 软件对所建立的单井蓄热体三维瞬态传热模型进行数值求解，并进一步探究不同蓄热运行条件下 BTES 单井蓄热体瞬态热特性。

3.1 BTES 系统单井蓄热体几何模型

3.1.1 ANSYS 软件介绍

ANSYS Workbench 作为 ANSYS 公司的多物理场及优化分析平台，集成了应用最为成熟的主流计算流体力学（computation fluid dynamics，CFD）软件，包括 Fluent（Fluid Flow）。可根据实际情况建立几何模型，进行模拟计算分析，从而可对一些复杂的进行实验较为困难的实际问题进行预先优化设计，为实际应用提供可靠精确的预测方案，进而对后期的设计和运行提供可行的技术理论建议。

本章在热响应实验的基础上通过 ANSYS Workbench 中的 Design Molder 平台建立竖直双 U 型埋管换热器单井蓄热体的三维瞬态模型，并通过 Meshing 平台对模型进行网格划分，再通过求解器 Fluent 对建立的模型进行瞬态求解，得出不同运行条件下单井蓄热体的换热性能、地下岩土温度分布特性。本章的主要内容包括：确定单井蓄热体的几何参数及初始条件参数，给出建模过程中的假设条件，建立几何，划分网格，网格调试，确定网格，定义边界类型及条件，对模型进行验证，运行模型并最终分析模拟计算结果。图 3-1 为 ANSYS Workbench 软件模拟技术流程图。

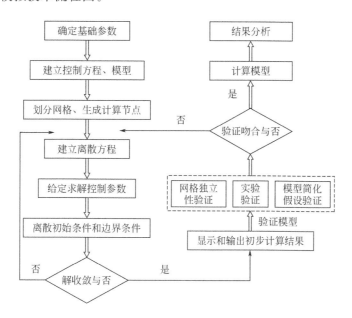

图 3-1　ANSYS Workbench 软件模拟技术流程图

3.1.2　几何模型

如图 3-2 为通过 ANSYS Workbench 中的 Design Builder 模块构建的单井蓄热体几何模型，包括地表下竖直双 U 型地埋管换热器及管内循环流体、钻孔回填材料和钻孔外的岩土四个构件。埋管换热器为 32mm 的并联双 U 管，有效埋深为 110m，井深为 112m。本章中假定双 U 型地埋管换热器在井中央对称布置，双 U 型管间距为 75mm，如图 3-2 所示。

模型的尺寸根据热响应实验的实际打井参数而定，详细的几何尺寸如表 3-1 所列。其中，模型远边界尺寸的确定需要根据热量在岩土中的扩散性能来估计，边界尺寸取值越大，边界发生热扰动的可能性越小，计算精度就越高，但同时对计算机性能和内存要求也会提高。相反，边界尺寸取值较小会导致计算结果偏离实际，因而合理确定远边界尺寸至关重要。Eskilson 等[1]的研究给出了长期运行时的模型边界尺寸确定方法：

$$r_{max} = 3(a_s t_{max})^{0.5}$$

式中　r_{max}——蓄热体模型最大半径，即远边界面与蓄热体中心的距离，m；

　　　a_s——热扩散率，m^2/s；

　　　t_{max}——系统运行最长时间，s。

Kim 等[2]在对竖直埋管换热器的数值模拟研究中即采用了该公式，且在研究结果中得到验证。华中科技大学於仲义[3]研究分析了地埋管换热器在不同运行条件下对边界尺寸的影响，通过对无穷远数值模拟边界尺寸的优化界定最终给出，在 2000～5000h 的长期运行时（1000～1500）r（r 为蓄热体模型半径，单位为 mm）的计算边界值可以满足模拟要求。热

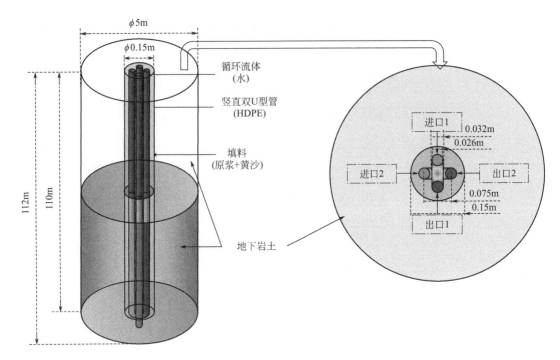

图 3-2　竖直双 U 型地埋管蓄热井几何模型示意

量的扩散与地下岩土的热物性、蓄热热流的温度以及运行时间和模式等关联。因此，根据以上理论依据结合本章运行条件，单井的模型边界，即岩土径向远边界值取 2.5m，模拟结果也验证了该取值的合理性。

表 3-1　热响应实验钻孔参数信息

测试孔参数	单位	值
钻孔深度	m	112
钻孔直径	mm	150
埋管形式		双 U 型
埋管有效埋深	m	110
埋管外径（内径）	mm	32(26)
埋管间距	mm	75
岩土半径	m	2.5

3.1.3　网格划分

如上，竖直双 U 型管模型中换热器有效埋深（110m）与壁厚（3mm）的比例达到了 3.7×10^4，这极大增加了数值模拟中网格划分难度。本书在几何模型中简化了 U 型管的壁厚，并在 Fluent 求解器中对 U 型管进行边界条件设置时赋予该壁厚。如图 3-3 所示，在径向方向上采用了局部网格控制方法中的边缘尺寸（edge sizing）方法，分别对 U 型管、井和岩土边界进行了网格划分，网格从换热井中心至岩土边界是由密到疏的渐变分布方式；在轴向方向采用扫略（sweeping）网格划分方法，扫略间距为 0.5～1.0m。与四面体或六面体等网格划分方法相比，该方法不仅提高了网格质量还降低了网格数量，网格纵横比（aspect ratio）最小值为 1.63，偏斜比（skewness）最小值为 0.007，最大值为 0.70，单元质量（element quality）最大值达到 1。以上网格划分的尺寸是经过网格独立性验证确定的，详细介绍见 2.3.1 部分。单井蓄热体网格划分结果如图 3-4 所示。

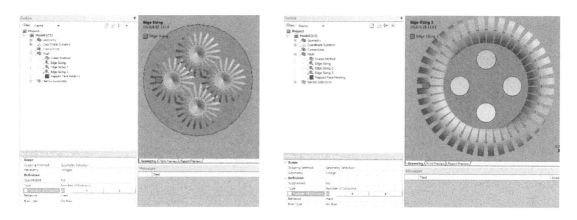

图 3-3　BTES 系统单井蓄热体径向方向网格划分

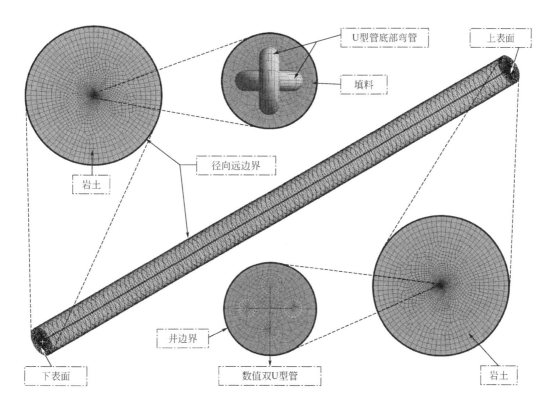

图 3-4　BTES 系统单井蓄热井实体网格划分

3.2 BTES 系统单井蓄热体数学模型

3.2.1 单井传热过程

如图 3-5 中标记的 (1)~(9) 所示，BTES 系统单井蓄热体传热过程包括：循环换热流体与 U 型管内表面热对流 (1)；U 型管管壁热传导 (2)；U 型管外壁面与回填材料的热传导 (3)；回填材料自身的热传导 (4)；回填材料外壁面（即井外壁面）与周围岩土的热传导 (5)；周围岩土热传导 (6)；井下表面与周围岩土的热传导 (7)；径向远边界与无穷远边界的热传导 (8)；单井蓄热体上表面与环境热对流和热辐射 (9)。

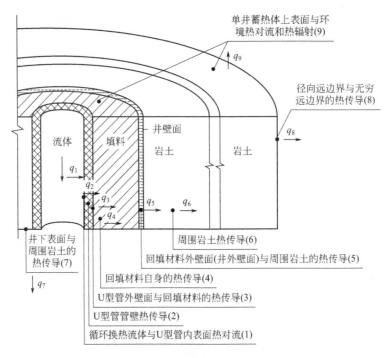

图 3-5　BTES 系统单井传热过程示意

上述 BTES 系统单井蓄热体传热过程对应蓄热阶段和取热阶段不同，传热过程中热流方向有所不同。

① 蓄热阶段：埋管内循环水在水泵驱动下与源端收集的热量进行热交换吸收热量，换热温度提高后的循环流体从 U 型管进口进入埋管换热器中并与 U 型管管壁进行对流换热释放热量至周围岩土中，产生温降后的循环流体从 U 型管出口流出并再次吸取源端所收集热量。

② 取热阶段：埋管内循环水在水泵驱动下与取热端流体进行热交换释放热量，换热温度降低后的循环流体从 U 型管进口进入埋管换热器中并与 U 型管管壁进行对流换热从周围岩土中吸收热量，产生温升后的循环流体从 U 型管出口流出并再次向取热端流体释放热量。

通常将 U 型管外壁与回填料的接触面以及填料与周围岩土的接触面厚度视为无限小，

即 U 型管外壁面与填料内壁面温度一致，填料外壁面与填料接触的岩土面温度一致。而在实际工程中，填料和岩土均含一定比例的水分，且地下岩土一般为非均匀的多相多孔介质。由于地下岩土多孔介质传热传质问题的复杂性，国际上已有的传热模型多数采用纯导热模型，忽略了多孔介质中对流的影响，并被证明可以满足理论研究和工程设计要求。开始蓄热后，蓄热体中的 U 型管管壁、回填料和岩土的温度随着时间一直发生变化，且随着时间的推移受影响的岩土范围不断扩大，整个埋管蓄热体会形成带有温度梯度蓄热体。因此，不管蓄热进行还是停止，由于温度梯度的存在，蓄热体内传热过程一直进行，埋管蓄热体的传热属于非稳态传热过程。

3.2.2 钻孔内部传热模型

根据 3.2.1 部分中 BTES 系统单井传热过程，可将其传热过程划分为钻孔内部传热和钻孔外部传热，目前，钻孔内部传热模型主要分为一维导热模型、二维导热模型和准三维导热模型三种[1,4-9]。

3.2.2.1 钻孔内部一维导热模型

由于钻孔的几何尺寸和热容量相对很小，因此钻孔内部的换热过程按稳态考虑。根据对埋管换热器传热过程的分析可知，U 型管的上升管和下降管中的循环水存在一定的温差，上升管和下降管之间会产生传热和热扰动，即热短路现象。对于单 U 型管，理论上 U 型管的上升管和下降管在钻孔中心两边或对称布置；而对于双 U 型管或 3-U 型管则以钻孔中心为原点有不同的布置方式。因此，建立传热模型和求得解析解变得更加复杂。在工程上为了便于计算，一般将钻孔内的换热简化为当量单管，该方法称为当量直径法[6]。将 U 型管的几个上升管和下降支管当成一个当量管子，使垂直于钻孔轴向的二维导热问题简化为一维导热问题。当量管直径等于 $\sqrt{n}$ 倍的 U 型管外直径，其中 n 为钻孔中 U 型埋管支管数量，即单 U 型管时 $n=2$、双 U 型管时 $n=4$，如图 3-6 所示[4]。

则钻孔内部的热阻包括以下几部分。

U 型管内壁与管内循环流体之间的对流换热热阻：

$$R_{\mathrm{f}} = \frac{1}{2\pi r_{\mathrm{i}} h_{\mathrm{f}}} \tag{3-1}$$

对于圆管内的湍流流动状态：

$$Nu = 0.023 Re^{0.8} Pr^{\frac{1}{3}} \left(\frac{\mu}{\mu_{\mathrm{w}}}\right)^{0.14} \tag{3-2}$$

对于圆管内流动过度区间的流动状态：

$$Nu = 0.116(Re^{\frac{2}{3}} - 125) Pr^{\frac{1}{3}} \left[1 + \left(\frac{d_{\mathrm{i}}}{l}\right)^{\frac{2}{3}}\right] \left(\frac{\mu}{\mu_{\mathrm{w}}}\right)^{0.14} \tag{3-3}$$

对于圆管内层流流动状态：

$$Nu = 1.86 Re^{\frac{1}{3}} Pr^{\frac{1}{3}} \left(\frac{d_{\mathrm{i}}}{l}\right)^{\frac{1}{3}} \left(\frac{\mu}{\mu_{\mathrm{w}}}\right)^{0.14} \tag{3-4}$$

根据流动状态算出对应的努塞尔数 Nu 后，可得表面对流传热系数 h_{f}：

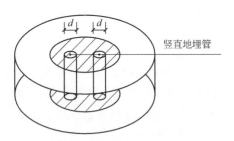

(a) 单U型地埋管实际布置示意

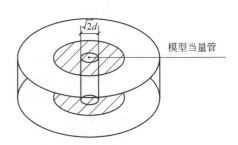

(b) 单U型当量管简化示意

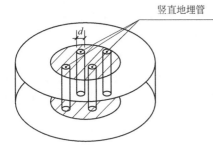

(c) 双U型地埋管实际布置示意

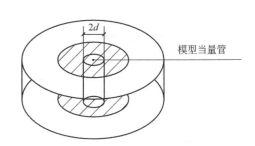

(d) 双U型当量管简化示意

图 3-6　单 U 型管与双 U 型管的当量管简化示意[4]（d 为直径）

$$h_f = Nu \frac{\lambda}{d_i} \tag{3-5}$$

U 型管管壁的导热热阻：

$$R_P = \frac{1}{2\pi\lambda_P} \ln \frac{\sqrt{n}\, r_o}{\sqrt{n}\, r_o - (r_o - r_i)} \tag{3-6}$$

钻孔内部回填料的导热热阻，即 U 型管外壁到钻孔壁的热阻：

$$R_b = \frac{1}{2\pi\lambda_b} \ln \frac{d_b}{d_e} = \frac{1}{2\pi\lambda_b} \ln \frac{r_b}{\sqrt{n}\, r_o} \tag{3-7}$$

则，钻孔内的总热阻为：

$$R_Z = R_f + R_P + R_b \tag{3-8}$$

式中　　R_f——管壁与管内循环流体的对流换热热阻，m・℃/W；

R_P——U 型管管壁的导热热阻，m・℃/W；

R_b——钻孔内部回填料的导热热阻，m・℃/W；

R_Z——钻孔内的总热阻，m・℃/W；

h_f——表面对流传热系数，W/(m² ・℃)；

μ——按流体平均温度计算的流体动力黏度，Pa・s；

μ_w——按壁面温度计算的流体动力黏度，Pa・s；

l——埋管长度；

r_o, r_i, r_b——U 型管外半径、内半径和钻孔半径，m；

d_i, d_b, d_e——钻孔内直径、钻孔外直径和 U 型管的当量直径，m；

λ, λ_P, λ_b——流体、U 型管管材和填料的热导率，W/(m・℃)。

3.2.2.2　钻孔内部二维导热模型

在钻孔内的二维导热模型中考虑了垂直于钻孔轴线的横截面中 U 型管支管引起的径向导热问题，而钻孔深度远大于钻孔直径，轴线的温度变化与径向相比很小，因此在二维导热模型中忽略了轴向的导热。

瑞典的 Eskilson 和 Hellström 两位研究者在 20 世纪 80～90 年代提出了叠加原理的方法[8,9]。在常物性假定条件下的导热问题中导热微分方程是线性的，使复杂的导热问题分解为若干个简单问题解的叠加。在钻孔内的二维导热模型中每个钻孔中 U 型管的 n 个支管热流在该处作用产生过余温度场的叠加，对于多个钻孔为每个钻孔壁面边界引起的温度场的叠加。一般钻孔壁面温度不均匀，该模型中以钻孔壁平均温度作为过余温度的零点。

则对于单 U 型埋管换热器是 U 型管两个支管热流作用产生的过余温度的叠加，设 U 型管两条支管热流分别为 q_1 和 q_2，则：

$$\left.\begin{array}{l} T_{f1}-T_b = R_{11}q_1 + R_{12}q_2 \\ T_{f2}-T_b = R_{12}q_1 + R_{22}q_2 \end{array}\right\} \tag{3-9}$$

根据求得复合区域内的线热源解可得出钻孔内的热阻：

$$R_{11}=\frac{1}{2\pi\lambda_b}\left(\ln\frac{r_b}{r_o}+\frac{\lambda_b-\lambda_s}{\lambda_b+\lambda_s}\cdot\ln\frac{r_b^2}{r_b^2-D^2}\right)+\frac{1}{2\pi\lambda_b}\ln\left(\frac{r_o}{r_{pi}}\right)+\frac{1}{2\pi r_i h_f} \tag{3-10}$$

$$R_{12}=\frac{1}{2\pi\lambda_b}\left(\ln\frac{r_b}{2D}+\frac{\lambda_b-\lambda_s}{\lambda_b+\lambda_s}\cdot\ln\frac{r_b^2}{r_b^2+D^2}\right) \tag{3-11}$$

式中　T_{f1}，T_{f2}——U 型管两个支管管内循环流体温度，℃；

　　　R_{11}，R_{22}——U 型管两个支管管内循环流体与钻孔壁之间的热阻，m·℃/W；理论上 U 型管在钻孔中心对称布置，因此热阻 $R_{11}=R_{22}$；

　　　R_{12}——U 型管两个支管之间的热阻，m·℃/W；

　　　λ_s——岩土热导率，W/(m·℃)；

　　　$2D$——U 型管两个支管管间距，m。

对式(3-9)进行线性变换可得：

$$\left.\begin{array}{l} q_1=\dfrac{T_{f1}-T_b}{R_1^\Delta}+\dfrac{T_{f1}-T_{f2}}{R_{12}^\Delta} \\[3mm] q_2=\dfrac{T_{f2}-T_b}{R_2^\Delta}+\dfrac{T_{f2}-T_{f1}}{R_{12}^\Delta} \end{array}\right\} \tag{3-12}$$

式中，$R_1^\Delta=\dfrac{R_{11}R_{22}-(R_{12})^2}{R_{22}-R_{12}}$，$R_2^\Delta=\dfrac{R_{11}R_{22}-(R_{12})^2}{R_{11}-R_{12}}$，$R_{12}^\Delta=\dfrac{R_{11}R_{22}-(R_{12})^2}{R_{12}}$。

上面提到理论对称布置情况下 $R_{11}=R_{22}$，则：

$$\left.\begin{array}{l} R_1^\Delta=R_2^\Delta=R_{11}+R_{12} \\[2mm] R_{12}^\Delta=\dfrac{R_{11}^2R_{22}-R_{12}^2}{R_{12}} \end{array}\right\} \tag{3-13}$$

该模型忽略了轴向方向上的温度变化，因此进一步假设 $T_{f1}=T_{f2}$，$q_1=q_2$，则钻孔内的总热阻 R_b 为：

$$R_b = \frac{R_{11}+R_{12}}{2} = \frac{1}{2\pi\lambda_b}\left(\ln\frac{r_b}{r_o}+\ln\frac{r_b}{2D}+\frac{\lambda_b-\lambda_s}{\lambda_b+\lambda_s}\ln\frac{r_b^4}{r_b^4-D^4}\right) \tag{3-14}$$

从以上求得钻孔内总热阻所进行的假设可知，钻孔内的二维导热模型忽略了支管之间的热扰现象，假设其为均匀热流，但与一维导热模型相比考虑了横截面的二维导热，更加接近实际传热过程。

3.2.2.3 钻孔内部准三维导热模型

钻孔内的一维和二维模型忽略了 U 型管支管之间的热扰动现象，且未考虑钻孔内轴向温度变化，而实际传热过程中各支管之间存在温差，因为轴向方向上也与地下岩土进行换热，也存在温度变化，因此在二维模型考虑横向温度变化的基础上轴向温度也需要考虑。在准三维导热模型中考虑了 U 型管内流体在轴向方向上的温度变化，而为了保持模型的简明仍忽略了钻孔内固体部分的轴向导热。

单 U 型管内的两个支管下降管和上升管内的能量平衡方程分别为：

$$\left.\begin{aligned}-m_f c_f\frac{\partial T_{f1}(z)}{\partial z} &= \frac{T_{f1}(z)-T_b}{R_1^{\Delta}}+\frac{T_{f1}(z)-T_{f2}(z)}{R_{12}^{\Delta}}\\ m_f c_f\frac{\partial T_{f2}(z)}{\partial z} &= \frac{T_{f2}(z)-T_b}{R_2^{\Delta}}+\frac{T_{f2}(z)-T_{f1}(z)}{R_{12}^{\Delta}}\end{aligned}\right\} \quad 0\leqslant z\leqslant H \tag{3-15}$$

双 U 型管内的两个下降管和两个上升管支管内的能量平衡方程分别为：

$$\left.\begin{aligned}\pm m_f c_f\frac{\partial T_{f1}(z)}{\partial z} &= \frac{T_{f1}(z)-T_b}{R_1^{\Delta}}+\frac{T_{f1}(z)-T_{f2}(z)}{R_{12}^{\Delta}}\\ &\quad+\frac{T_{f1}(z)-T_{f3}(z)}{R_{13}^{\Delta}}+\frac{T_{f1}(z)-T_{f4}(z)}{R_{12}^{\Delta}}\\ \pm m_f c_f\frac{\partial T_{f2}(z)}{\partial z} &= \frac{T_{f2}(z)-T_{f1}(z)}{R_{12}^{\Delta}}+\frac{T_{f2}(z)-T_b}{R_1^{\Delta}}\\ &\quad+\frac{T_{f2}(z)-T_{f3}(z)}{R_{12}^{\Delta}}+\frac{T_{f2}(z)-T_{f4}(z)}{R_{13}^{\Delta}}\\ \pm m_f c_f\frac{\partial T_{f3}(z)}{\partial z} &= \frac{T_{f3}(z)-T_{f1}(z)}{R_{13}^{\Delta}}+\frac{T_{f3}(z)-T_{f2}(z)}{R_{12}^{\Delta}}\\ &\quad+\frac{T_{f3}(z)-T_b}{R_1^{\Delta}}+\frac{T_{f3}(z)-T_{f4}(z)}{R_{12}^{\Delta}}\\ \pm m_f c_f\frac{\partial T_{f4}(z)}{\partial z} &= \frac{T_{f4}(z)-T_{f1}(z)}{R_{12}^{\Delta}}+\frac{T_{f4}(z)-T_{f2}(z)}{R_{13}^{\Delta}}\\ &\quad+\frac{T_{f4}(z)-T_{f3}(z)}{R_{12}^{\Delta}}+\frac{T_{f4}(z)-T_b}{R_1^{\Delta}}\end{aligned}\right\} \quad 0\leqslant z\leqslant H \tag{3-16}$$

式中　T_{f1}，T_{f2}，T_{f3}，T_{f4}——双 U 型管内的两个下降管和两个上升管支管内循环流体温度。

将能量平衡方程（3-15）进行无量纲化，令 $\Theta_1=\dfrac{T_{f1}(z)-T_b}{T_{in}-T_b}$，$\Theta_2=\dfrac{T_{f2}(z)-T_b}{T_{in}-T_b}$，

$Z=\dfrac{z}{H}$，$R_1^*=\dfrac{m_f c_f R_1^\Delta}{H}$，$R_2^*=\dfrac{m_f c_f R_2^\Delta}{H}$，$R_{12}^*=\dfrac{m_f c_f R_{12}^\Delta}{H}$，则：

$$\left.\begin{array}{l}-\dfrac{\partial\Theta_1}{\partial Z}=\dfrac{\Theta_1}{R_1^*}+\dfrac{\Theta_1-\Theta_2}{R_{12}^*}\\[3mm]\dfrac{\partial\Theta_2}{\partial Z}=\dfrac{\Theta_2}{R_2^*}+\dfrac{\Theta_2-\Theta_1}{R_{12}^*}\end{array}\right\}\tag{3-17}$$

对双 U 型管的能量方程（3-16）进行无量纲化，R_1、R_{12}、Z、Θ_1 和 Θ_2 与单 U 型管相同，令 $\Theta_3=\dfrac{T_{f3}(z)-T_b}{T_{in}-T_b}$，$\Theta_4=\dfrac{T_{f4}(z)-T_b}{T_{in}-T_b}$，$R_{13}^*=\dfrac{m_f c_f R_{13}^\Delta}{H}$，则能量方程可转换为：

$$\left.\begin{array}{l}-\dfrac{\partial\Theta_d}{\partial Z}=\dfrac{\Theta_d}{R_1^*}+\dfrac{R_{12}^*+R_{13}^*}{R_{12}^*R_{13}^*}(\Theta_d-\Theta_u)\\[3mm]\dfrac{\partial\Theta_u}{\partial Z}=\dfrac{R_{12}^*+R_{13}^*}{R_{12}^*R_{13}^*}(\Theta_u-\Theta_d)+\dfrac{\Theta_u}{R_1^*}\end{array}\right\}\tag{3-18}$$

式中　c_f——管内循环流体比热容，$J/(kg\cdot℃)$；

　　　T_{in}——U 型管进口流体温度，℃；

　　　m_f——管内循环流体质量流量，kg/s。

能量平衡方程方程（3-15）的定解条件为：$z=0$，$T_{f1}=T_{in}$；$z=H$，$T_{f1}=T_{f2}$。

式（3-17）的无量纲定解条件分别为 $\Theta_1(0)=1$，$\Theta_1(1)=\Theta_2(2)$；

式（3-18）的无量纲定解条件分别为 $\Theta_d(0)=1$，$\Theta_d(1)=\Theta_u(1)$，其中 $\Theta_u(0)=\Theta_3=\Theta_4$，$\Theta_d(0)=\Theta_1=\Theta_2$。

上式常微分方程可通过拉普拉斯变换求解，因此在式（3-17）两边对坐标变量 Z 进行拉普拉斯变换，并把定解条件代入，令 $\alpha=\dfrac{1}{2}\left(\dfrac{1}{R_2^*}-\dfrac{1}{R_1^*}\right)$，$\beta=\sqrt{\dfrac{1}{4}\left(\dfrac{1}{R_1^*}+\dfrac{1}{R_2^*}\right)+\dfrac{1}{R_{12}^*}\left(\dfrac{1}{R_1^*}+\dfrac{1}{R_2^*}\right)}$，则可得：

$$\left.\begin{array}{l}\overline{\Theta}_1(P)=\dfrac{\left(P-\dfrac{1}{R_2^*}-\dfrac{1}{R_{12}^*}\right)\Theta_1(0)}{(P-\alpha)^2-\beta^2}+\dfrac{\dfrac{1}{R_{12}^*}\Theta_2(0)}{(P-\alpha)^2-\beta^2}\\[6mm]\overline{\Theta}_2(P)=\dfrac{\left(P+\dfrac{1}{R_1^*}+\dfrac{1}{R_{12}^*}\right)\Theta_2(0)}{(P-\alpha)^2-\beta^2}-\dfrac{\dfrac{1}{R_{12}^*}\Theta_1(0)}{(P-\alpha)^2-\beta^2}\end{array}\right\}\tag{3-19}$$

对式（3-19）进行拉普拉斯反变换并通过拉普拉斯变换表可得式（3-20）：

$$\left.\begin{array}{l}\Theta_1(Z)=e^{\alpha Z}ch(\beta Z)\cdot\Theta_1(0)-\dfrac{1}{2\beta}\left(\dfrac{1}{R_1^*}+\dfrac{1}{R_2^*}+\dfrac{2}{R_{12}^*}\right)e^{\alpha Z}sh(\beta Z)\cdot\Theta_1(0)\\[4mm]\qquad+\dfrac{1}{\beta R_{12}^*}e^{\alpha Z}sh(\beta Z)\cdot\Theta_2(0)\\[4mm]\Theta_2(Z)=-\dfrac{1}{\beta R_{12}^*}e^{\alpha Z}sh(\beta Z)\cdot\Theta_1(0)\\[4mm]\qquad+\left[ch(\beta Z)+\dfrac{1}{2\beta}\left(\dfrac{1}{R_1^*}+\dfrac{1}{R_2^*}+\dfrac{2}{R_{12}^*}\right)sh(\beta Z)\right]e^{\alpha Z}\end{array}\right\}\tag{3-20}$$

令 $f_1(Z) = e^{\alpha Z} \left[ch(\beta Z) - \dfrac{1}{2\beta} \left(\dfrac{1}{R_1^*} + \dfrac{1}{R_2^*} + \dfrac{2}{R_{12}^*} \right) sh(\beta Z) \right]$，$f_2(Z) = \dfrac{1}{\beta R_{12}^*} e^{\alpha Z} sh(\beta Z)$，

$f_3(Z) = e^{\alpha Z} \left[ch(\beta Z) + \dfrac{1}{2\beta} \left(\dfrac{1}{R_1^*} + \dfrac{1}{R_2^*} + \dfrac{2}{R_{12}^*} \right) sh(\beta Z) \right]$，并将无量纲定解条件 $\Theta_1(0) = 1$ 代入

式(3-20) 可得式(3-21)：

$$\left. \begin{array}{l} \Theta_1(Z) = f_1(Z) + f_2(Z)\Theta_2(0) \\ \Theta_2(Z) = -f_2(Z) + f_3(Z)\Theta_2(0) \end{array} \right\} \tag{3-21}$$

将定解条件 $\Theta_1(1) = \Theta_2(2)$ 代入式(3-21) 可得：

$$\Theta_2(0) = \frac{f_1(1) + f_2(1)}{f_3(1) - f_2(1)} \tag{3-22}$$

将式(3-22) 代入式(3-21) 可得循环流体在 U 型管下降管和上升管中温度变化的无量纲表达式：

$$\left. \begin{array}{l} \Theta_1(Z) = f_1(Z) + f_2(Z)\Theta_2 \dfrac{f_1(1) + f_2(1)}{f_3(1) - f_2(1)} \\[2mm] \Theta_2(Z) = -f_2(Z) + f_3(Z)\Theta_2 \dfrac{f_1(1) + f_2(1)}{f_3(1) - f_2(1)} \end{array} \right\} \quad 0 \leqslant Z \leqslant 1 \tag{3-23}$$

3.2.3 钻孔外部传热模型

如图 3-5 所示，钻孔外部一般可认为是一个无限大地下空间，在竖直地埋管换热井中钻孔直径通常为 120～150mm，而钻孔深度则通常达到几十米甚至几百米，井深与井直径在几何尺度上差 10^4 数量级，因此钻孔径向尺度常常可忽略。目前常用的钻孔外部岩土非稳态传热简化模型有：Kelvin 无限长线热源模型、有限长线热源模型和无限长圆柱面热源模型[10-13]。

3.2.3.1 Kelvin 无限长线热源模型

在 Kelvin 无限长线热源模型中，钻孔外的岩土作为初始温度均匀的无限大介质，钻孔被看作放置在这无限大介质中均匀发热的无限长热源或线热汇。该模型中大地具有常物性，初始温度和热物性均匀，与钻孔内一维导热模型相同，也忽略了钻孔轴向传热，只考虑径向一维传热，忽略钻孔上表面与环境的换热以及地下水流动，并且线热源热流不随时间变化。

在无限大介质中瞬时点源引起的温度响应的解称作无限大介质中瞬时点源的格林函数，其在直角坐标系中可表示为[10]：

$$G(x,y,z,\tau;x',y',z',\tau') = \frac{\exp\left[-\dfrac{(x-x')^2 + (y-y')^2 + (z-z')^2}{4a(\tau-\tau')} \right]}{8\left[\sqrt{\pi a(\tau-\tau')} \right]^3} \tag{3-24}$$

式中 (x', y', z')——点源的坐标；

τ'——瞬时点源作用的时刻；

(x, y, z)——无限大介质中任意一点的坐标；

τ——时间；

a——热扩散率，m^2/s。

设位于 z 坐标上的线热源单位长度的传热强度为 q_1，单位为 W/m，岩土初始温度为 t_0，则通过无限大介质中瞬时点源的格林函数式（2-24）可得出无线热源引起的过余温度场：

$$\theta(r,\tau)=t_0-\frac{q_1}{\rho_s c_s}\int_0^\tau \frac{1}{4\pi a_s(\tau-\tau')}\exp\left[\frac{-r^2}{4a(\tau-\tau')}\right]d\tau'$$

$$=t_0+\frac{q_1}{4\pi a_s\rho_s c_s}\int_{\frac{r^2}{4a_s\tau}}^\infty \frac{\exp(u)}{u}du \tag{3-25}$$

则无线长线热源模型在 τ 时刻的温度分布为：

$$t(r,\tau)=t_0+\frac{q_1}{4\pi\lambda_s}Ei\left(\frac{r^2}{4a_s\tau}\right) \tag{3-26}$$

式中　$Ei\left(\dfrac{r^2}{4a_s\tau}\right)$——指标积分函数，$Ei\left(\dfrac{r^2}{4a_s\tau}\right)=\displaystyle\int_{\frac{r^2}{4a_s\tau}}^\infty \frac{\exp(-u)}{u}du$ ；

$\qquad\dfrac{r^2}{4a_s\tau}$——积分变化，$r=\sqrt{x^2+y^2}$，$u=\dfrac{-r^2}{4a(\tau-\tau')}$；

$\qquad\theta(r,\tau)$——岩土中任何一点在 τ 时刻的温度响应；

$\qquad t_0$——周围岩土初始温度，℃；

$\qquad r$——任一点径向坐标；

$\qquad\lambda_s$——岩土热导率，W/(m·℃)；

$\qquad a_s$——岩土热扩散系数，m²/s；

$\qquad\rho_s$——岩土密度，kg/m³；

$\qquad c_s$——岩土比热容，J/(kg·℃)。

则任意时刻的温度分布无量纲表达式为：

$$\theta(r,\tau)=\frac{4\pi\lambda_s}{q_1}[t(r,\tau)-t_0]=Ei\left(\frac{r^2}{4a_s\tau}\right) \tag{3-27}$$

$\dfrac{a_s\tau}{r^2}$ 是傅里叶数 Fo，是非问题传热过程的无量纲时间，因此无量纲温度式（3-27）为无量纲时间 Fo 的函数，则式（3-27）可近似解为：

$$\left.\begin{array}{l}Ei\left(\dfrac{r^2}{4a_s\tau}\right)=\ln\left(\dfrac{4a_s\tau}{r^2}\right)-0.57722-\dfrac{1}{4}\left[\dfrac{r^2}{a\tau}-\left(\dfrac{r^2}{4a\tau}\right)\right],\dfrac{r}{\sqrt{a\tau}}\geqslant 0.5 \\[4mm] Ei\left(\dfrac{r^2}{4a_s\tau}\right)=\ln\left(\dfrac{4a_s\tau}{r^2}\right)-0.57722,\dfrac{r}{\sqrt{a\tau}}\geqslant 3\end{array}\right\} \tag{3-28}$$

当 $-\dfrac{r^2}{4a_s\tau}\geqslant 5$ 时，式（3-28）的误差小于 2%。

3.2.3.2　有限长线热源模型

在实际工程项目中，埋管换热器全年向地下岩土释放和提取的热量很难达到平衡。尤其是在严寒和寒冷地区，普通居住建筑和一般建筑的用热量远大于用冷量，而在夏热冬暖地区正好相反。对于跨季节蓄热系统，所蓄热量与建筑冬季用热量也很难达到完全匹配，地下岩土温度全年也会发生波动。系统在运行几年后，地下热堆积或冷热堆积将达到平衡趋势。在无限长热源模型中忽略了地下换热系统上表面与环境的换热，考虑到以上实际情况，将埋管换热器当作有限长热源模型更加符合实际。钻孔深度是有限热源长度，周围地下岩土为半无限大介质。

该模型中大地是初始温度和热物性均匀的半无限大介质，具有常物性，且热物性不随岩土温度和时间变化[5]。如图 3-7 所示，设半无限大介质初始温度均匀并为 t_0，采用第一类边界条件，设半无限大介质上表面，即 $z=0$ 的表面维持恒定温度为 $t_0=$ 常数。利用虚拟热源法在与线热源关于边界对称位置设置虚拟线热汇，其热源强度与线热源相同，在对称边界两边分别有均匀的有限长热源和线热汇，其强度分别为 q_1 和 $-q_1$，长度均为 H。在常物性假设条件下，根据线性叠加原理可知，线热源和线热汇在柱坐标上的点 $M(\rho，z)$ 处产生的过余温度是线热源和线热汇各微元段 dh 在该点产生的过余温度的叠加。则通过瞬时点源的格林函数法可得式（3-29）[11]：

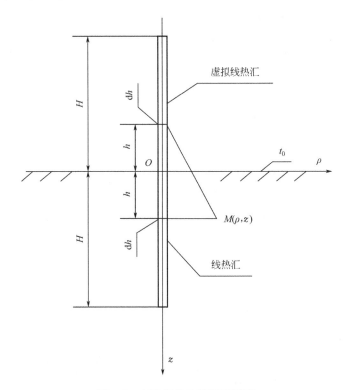

图 3-7　有限长线热源模型原理

$$\theta=\frac{q_1}{4\pi\lambda_{\mathrm{s}}}\int_0^H\left\{\frac{erfc\left[\dfrac{\sqrt{\rho_{\mathrm{s}}^2+(z-h)^2}}{2\sqrt{\alpha_{\mathrm{s}}\tau}}\right]}{\sqrt{\rho_{\mathrm{s}}^2+(z-h)^2}}-\frac{erfc\left[\dfrac{\sqrt{\rho_{\mathrm{s}}^2+(z+h)^2}}{2\sqrt{\alpha_{\mathrm{s}}\tau}}\right]}{\sqrt{\rho_{\mathrm{s}}^2+(z+h)^2}}\right\}\mathrm{d}h \tag{3-29}$$

式中，$\theta=t-t_0$，$erfc(z)$ 是余误差函数，如式（3-30）所示：

$$erfc(z)=1-\frac{2}{\sqrt{\pi}}\int_0^z\exp(-u^2)\mathrm{d}u \tag{3-30}$$

对式（3-29）进行无量纲化：令 $Z=\dfrac{z}{H}$，$H'=\dfrac{h}{H}$，$R=\dfrac{\rho}{H}$，$Fo=\dfrac{\alpha\tau}{H^2}$，$\Theta=\dfrac{4\pi\lambda_{\mathrm{s}}(t-t_0)}{q_1}$，可得：

$$\Theta = \int_0^1 \left[erfc \frac{\dfrac{\sqrt{R^2+(Z-H')^2}}{2\sqrt{Fo}}}{\sqrt{R^2+(Z-H')^2}} - erfc \frac{\dfrac{\sqrt{R^2+(Z+H')^2}}{2\sqrt{Fo}}}{\sqrt{R^2+(Z+H')^2}} \right] dH' \tag{3-31}$$

由式(3-31)可见,无量纲化 Θ 是无量纲化变量 Z、R、Fo 的函数,即 $\Theta = f(Z, R, Fo)$。

3.2.3.3 无限长圆柱面热源模型

无限长圆柱面热源模型将钻孔和埋管看作与钻孔半径等同的无限长圆柱,这是与无限长线热源的不同点[13]。该模型中把管内流体的热流瞬时施加到钻孔壁上,其他条件假设与无限长线热源相同。在 τ 时刻 $r=r_0$ 的圆柱面上有单位面积的恒定热流 q_1,单位为 W/m^2,则用积分变换法求解的在 τ 时刻的温度响应解为[14]:

$$\theta(r,\tau) = \frac{q_1}{2\pi\lambda_s} \left[-\frac{1}{r_0} \cdot \frac{2}{\pi} \int_0^\infty (1-e^{-au^2\tau}) \frac{J_0(ur)Y_1(ur_0) - Y_0(ur)J_1(ur_0)}{u^2[J_1^2(ur_0)+Y_1^2(ur_0)]} \right] \tag{3-32}$$

式中 J_0,J_1,Y_0,Y_1——零阶和一阶的第一类和第二类贝塞尔函数。

在上式中含有贝塞尔函数及无穷积分,求值过于复杂,实际应用上一般采用近似解。Hellstrm[15]推荐采用的近似数值计算公式为:

$$\left. \begin{aligned} \theta(r,\tau) &= \frac{q_1}{2\pi r_0\lambda_s} \sum \frac{V_j}{j} \cdot \frac{K_0(\omega_j r)}{\omega_j K_1(\omega_j r_0)} \\ \omega_j &= \sqrt{\frac{j\ln 2}{\alpha\tau}} \\ V_j &= \sum_{k=\ln t[(j-1)/2]}^{\min(j,5)} \frac{(-1)^{j-5}k^5(2k)!}{(5-k)!(k-1)!k!(j-k)!(2k-j)!} \end{aligned} \right\} \tag{3-33}$$

由于该模型把埋管换热器的热流瞬时施加到钻孔的圆柱面上,因此当时间较短时与实际产生的误差较大。当加热时间 $\tau < \dfrac{10r_0}{a}$,即 $Fo < 10$ 时无限大线热源和圆柱面热源所得到的过余温度差别显著,圆柱面热源模型计算得到的温升大于无限大线热源模型的解。当无量纲时间 $Fo > 10$ 时,以上两种模型计算得到的过余温度的相对误差小于 5%,时间越长误差则越小。要想得到更可靠的温度响应,则应该采用 U 型管、填料和岩土的具体的几何配置和物性等参数。

除以上几种最常用的基础模型外,目前已有的解析解模型有以 Kelvin 线热源模型和无限长线热源模型为基础计算得到的 Ingersoll 线热源模型、Hart 和 Couvillison 方法、国际地源热泵协会(International Ground Source Heat Pump Association,IGSHPA)模型和以柱热源的解作为精确解得到钻孔周围岩土的温度分布的 Kavanaugh 模型以及工程设计半经验公式法。工程设计半经验公式法在工程设计应用中影响最大,该方法由美国俄克拉荷马州立大学(Oklahoma State University)提出,国际地源热泵协会(IGSHPA)和美国供热制冷和空调工程师协会(American Society of Heating,Refrigerating and Air-Conditioning Engineers,ASHRAE)曾共同推进该方法。该方法根据建筑冷热负荷、气象条件以及地下岩土的热物性等初始条件计算出所需埋管总长度。该方法计算效率较高,因此工程设计中应用较广泛,但是该方法仅能得出平均估算值,无法得到地下岩土瞬时传热特性。

3.2.4 单值性条件

3.2.4.1 假设条件

由于埋管蓄热体传热问题所涉及的空间和几何配置尺度较大、时间跨度较长，采用三维瞬态传热模型求解将大幅提高对计算机性能的要求和计算时间，如果考虑对流换热则更为困难。为此，本章进行了如下合理简化假设：

① 岩土被近似为无穷大均匀饱和多孔介质，采用纯导热模型[5]，忽略多孔介质中对流的影响，综合热导率通过热响应实验测试得到；

② U 型管内的循环流体为不可压缩牛顿流体；

③ U 型管内的循环流体、U 型管、填料和岩土为常物性，热物性不随温度的变化而改变；

④ 对于 BTES 系统要求地质条件满足水渗流＜1m/a，该流速界限是在对 BTES 性能影响较小的条件下确定的[16]，已有研究表明该条件下可忽略渗流对埋管换热器换热性能的影响[17]，因此本章忽略了地下水渗流的影响；

⑤ 根据简化假设验证得到 U 型管底部弯管换热与整个 U 型管相比很小，且已有相关研究也采取了该简化方法[4]，因此忽略了 U 型管底部与轴向远边界的换热，这部分验证过程详见 3.3.2 部分。

3.2.4.2 初始条件

单井蓄热体模型初始时刻温度分布及每种组成材料属性即为初始条件。如图 3-8 所示，实测的岩土，平均温度为 19.1℃。通过热响应实验得出的岩土和填料综合热导率分别为 1.71W/(m·℃) 和 1.74W/(m·℃)，填料为原浆和黄沙的混合，含水量为 25.0%。U 型管换热器为高密度聚乙烯（high density polyethylene，HDPE）材料，材料热物性参数如表 3-2 所列。

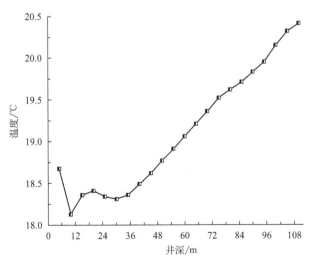

图 3-8　地下岩土初始平均温度随深度变化

表 3-2　BTES 单井蓄热体材料热物性参数

材料	热扩散率/(m²/s)	比热容/(J·kg/℃)	热导率/[W/(m·℃)]	密度/(kg/m³)
岩土	4.46×10^{-7}	2030	1.71	1890
回填材料	7.60×10^{-7}	1168	1.74	1960
HDPE	1.60×10^{-7}	2300	0.35	952
水	1.44×10^{-7}	4182	0.6	998.2

3.2.4.3　边界条件

图 3-5 中下表面（7）、径向远边界（8）和上表面（9）分别是蓄热体的轴向和径向边界。其中下表面和径向远边界分别是井周围岩土体的轴向和径向远边界，上表面则为蓄热体上表面与环境接触的部分。除此之外求解瞬态三维模型的其他边界条件还有流体进出口条件、U 型管内外表面换热条件以及各接触面条件。边界条件和初始条件构成导入微分方程的定解条件。常见的边界条件可归纳为三类[18]。

（1）第一类边界条件——狄里克莱边界条件（Dirichlet boundary condition）

已知物体边界上各时刻的温度值，如式（3-34）所示：

$$\tau>0 \text{ 时} \quad T_w=f(\tau) \tag{3-34}$$

式中　T_w——边界面上给定的任意时刻的温度值；

　　　τ——任意时刻。

该边界条件最典型的例子是边界温度为常数，即恒定壁温，$T_w=T_{constant}$。

在 BTES 蓄热体中蓄热体轴向远边界和径向远边界设置为固定壁面，采用第一类边界条件，对应温度为热响应实验中所测得的岩土温度平均温度，为 19.1℃。

（2）第二类边界条件——诺依曼边界条件（Neumann boundary condition）

已知物体边界上各时刻的热流密度值或温度变化情况，如式（3-35）所示：

$$\tau>0 \text{ 时} \quad q_w=f(\tau) \text{ 或} -\left(\frac{\partial t}{\partial n}\right)_w=\frac{f(\tau)}{\lambda} \tag{3-35}$$

式中　q_w——边界面上给定的任意时刻的热流密度值；

　　　λ——热导率；

　　　n——边界面的法线方向。

该边界条件最典型的例子是边界上的热流密度为定值的导热问题，即 $q_w=q_{constant}$。对于热流密度值随时间变化的非稳态导热过程，则 $q_w=f(\tau)$。

（3）第三类边界条件——洛平边界条件（Robin boundary condition）

已知各时刻物体边界上与周围流体间表面传热系数 h 以及边界周围流体的温度 T_f 分布情况，由牛顿冷却定律和傅里叶定律求得 q_w 分别式（3-36）和式（3-37）所示：

$$q_w=-h(T_w-T_f) \tag{3-36}$$

$$q_w=-\lambda\left(\frac{\partial T}{\partial n}\right)_w \tag{3-37}$$

则第三类边界条件可表示为式（3-38）：

$$-\lambda\left(\frac{\partial T}{\partial n}\right)_{\mathrm{w}}=h\left(t_{\mathrm{w}}-t_{\mathrm{f}}\right) \tag{3-38}$$

稳态导热时对流换热系数 h 以及边界周围流体的温度 T_{f} 为已知常数。非稳态导热时，h 和 T_{f} 是已知时间的函数。竖直 U 型埋管换热器管内循环流体与 U 型管内壁产生对流换热，进口条件为速度进口，循环流体的流速为 0.1m/s、0.3m/s 和 0.5m/s。换热性能受流体流动状态、流体物理属性（密度、动力黏度、比热容、热导率）的影响。根据雷诺数 Re 大小可知管内循环流体的流动状态为管内湍流强制对流，水力直径为 U 型管的内径，如式 (3-39) 所示：

$$Re=\frac{vd_{\mathrm{i}}}{v} \tag{3-39}$$

式中　Re——雷诺数；

$\quad\quad v$——管内循环流体流速；

$\quad\quad d_{\mathrm{i}}$——U 型管内径，mm，取 26mm；

$\quad\quad v$——不同温度对应的饱和水的运动黏度，$\mathrm{m^2/s}$；

湍流强度为 $3.3\times10^3\sim1.4\times10^5$。

根据管内湍流强制对流传热关联式 Dittus-Boelter，

$$Nu=0.023Re^{0.8}Pr^{n} \tag{3-40}$$

式中　Nu——努塞尔数。

流体为加热流体，n 取 0.4；管内循环流体进口温度分别为 30℃、40℃ 和 50℃，通过式 (3-41) 可求出管内强制对流换热系数 h_{f}：

$$h_{\mathrm{f}}=\frac{\lambda}{d_{\mathrm{i}}}Nu \tag{3-41}$$

管内湍流模型采用标准 $k\text{-}\varepsilon$ 模型，其流体的质量守恒、动量守恒和能量守恒方程以及标准 $k\text{-}\varepsilon$ 湍流模型控制方程为式 (3-42)～式 (3-43) 和式 (3-44)～式 (3-46)。

$$\frac{\partial(u_{\mathrm{i}})}{\partial x_{\mathrm{i}}}=0 \tag{3-42}$$

$$\frac{\partial}{\partial t}(\rho u_{\mathrm{i}})+\frac{\partial}{\partial x_{\mathrm{j}}}(\rho u_{i}u_{j})=\frac{\partial p}{\partial x_{\mathrm{i}}}+\frac{\partial}{\partial x_{\mathrm{j}}}\left[(\mu+\mu_{\mathrm{T}})\frac{\partial u_{\mathrm{i}}}{\partial x_{\mathrm{j}}}\right] \tag{3-43}$$

$$\frac{\partial}{\partial t}(\rho T)+\frac{\partial}{\partial x_{\mathrm{j}}}(\rho Tu_{\mathrm{j}})=\frac{\partial}{\partial x_{\mathrm{j}}}\left[\left(\frac{\mu}{Pr}+\frac{\mu_{\mathrm{T}}}{\sigma}\right)\frac{\partial T}{\partial x_{\mathrm{j}}}\right] \tag{3-44}$$

$$\frac{\partial}{\partial t}(\rho k)+\frac{\partial}{\partial x_{\mathrm{i}}}(\rho ku_{\mathrm{i}})=\frac{\partial}{\partial x_{\mathrm{j}}}\left[\left(\mu+\frac{\mu_{\mathrm{T}}}{\sigma_{\mathrm{k}}}\right)\frac{\partial k}{\partial x_{\mathrm{j}}}\right]+\mu_{\mathrm{i}}\frac{\partial u_{\mathrm{i}}}{\partial x_{\mathrm{j}}}\left(\frac{\partial u_{\mathrm{i}}}{\partial x_{\mathrm{j}}}+\frac{\partial u_{\mathrm{j}}}{\partial x_{\mathrm{i}}}\right)-\rho\varepsilon \tag{3-45}$$

$$\frac{\partial}{\partial t}(\rho\varepsilon)+\frac{\partial}{\partial x_{\mathrm{i}}}(\rho\varepsilon u_{\mathrm{i}})=\frac{\partial}{\partial x_{\mathrm{j}}}\left[\left(\mu_{\varepsilon}+\frac{\mu_{\mathrm{T}}}{\sigma_{\varepsilon}}\right)\frac{\partial\varepsilon}{\partial x_{\mathrm{j}}}\right]+C_{1}\mu_{\mathrm{i}}\frac{\varepsilon}{k}\frac{\partial u_{\mathrm{i}}}{\partial x_{\mathrm{j}}}\left(\frac{\partial u_{\mathrm{i}}}{\partial x_{\mathrm{j}}}+\frac{\partial u_{\mathrm{j}}}{\partial x_{\mathrm{i}}}\right)-C_{2}\rho\frac{\varepsilon^{2}}{k} \tag{3-46}$$

式中　ρ——流体密度；

$\quad\quad p$——压力；

$\quad\mu,\mu_{\mathrm{T}}$——分子黏度和湍流黏度；

$\quad\quad T$——管内循环流体温度；

k，ε——湍流动能和湍流耗散率；

σ_k，σ_ε——k 和 ε 的普朗特数，取值分别为 1.0 和 1.2；

C_1，C_2——经验常数。

U 型管壁为纯导热换热过程，壁厚为 3mm，其能量守恒方程如式（3-47）和式（3-48）所示，下标 P 表示 U 型管。

$$\frac{\partial T_P}{\partial t}=\frac{\partial}{\partial x}\left(\alpha_P\frac{\partial T_P}{\partial x}\right)+\frac{\partial}{\partial y}\left(\alpha_P\frac{\partial T_P}{\partial y}\right)+\frac{\partial}{\partial z}\left(\alpha_P\frac{\partial T_P}{\partial z}\right) \tag{3-47}$$

$$\alpha_P=\frac{\lambda_P}{\rho_P c_P} \tag{3-48}$$

U 型管外壁与填料交接面为固定壁面，边界条件如式（3-49）～式（3-51）所示，在 Fluent 中设置为"Coupled"耦合传热。

$$\lambda_P\left(\frac{\partial T_P}{\partial x}\right)_P=\lambda_b\left(\frac{\partial T_b}{\partial x}\right)_b \tag{3-49}$$

$$\lambda_P\left(\frac{\partial T_P}{\partial y}\right)_P=\lambda_b\left(\frac{\partial T_b}{\partial y}\right)_b \tag{3-50}$$

$$T_P|_{x,y}=T_b|_{x,y} \tag{3-51}$$

填料和岩土的换热也是纯导热过程，填料为井中除 U 型管的填充部分，岩土为从井边界至径向无穷远边界的岩土，其能量守恒方程分别如式（3-52）～式（3-53）及式（3-54）～式（3-55）所示。

$$\frac{\partial T_b}{\partial t}-\frac{\partial}{\partial x}\left(\alpha_b\frac{\partial T_b}{\partial x}\right)+\frac{\partial}{\partial y}\left(\alpha_b\frac{\partial T_b}{\partial y}\right)+\frac{\partial}{\partial z}\left(\alpha_b\frac{\partial T_b}{\partial z}\right) \tag{3-52}$$

$$\alpha_b=\frac{\lambda_b}{\rho_b c_b} \tag{3-53}$$

$$\frac{\partial T_s}{\partial t}=\frac{\partial}{\partial x}\left(\alpha_s\frac{\partial T_s}{\partial x}\right)+\frac{\partial}{\partial y}\left(\alpha_s\frac{\partial T_s}{\partial y}\right)+\frac{\partial}{\partial z}\left(\alpha_s\frac{\partial T_s}{\partial z}\right) \tag{3-54}$$

$$\alpha_s=\frac{\lambda_s}{\rho_s c_s} \tag{3-55}$$

与 U 型管外壁与填料交接面相同，填料与岩土交界面设为固定壁面，边界条件设置为"Coupled"耦合传热方式，见式（3-56）～式（3-58）。

$$\lambda_b\left(\frac{\partial T_b}{\partial x}\right)_b=\lambda_s\left(\frac{\partial T_s}{\partial x}\right)_s \tag{3-56}$$

$$\lambda_b\left(\frac{\partial T_b}{\partial y}\right)_b=\lambda_s\left(\frac{\partial T_s}{\partial y}\right)_s \tag{3-57}$$

$$T_b|_{x,y}=T_s|_{x,y} \tag{3-58}$$

式中 下标 b，s——回填材料和岩土；

α_b，α_s——回填材料和岩土的热扩散系数，m^2/s；

α_P——U 型管的热扩散系数，m^2/s；

T_P，T_b，T_s——U 型管、回填材料和岩土温度，℃；

λ_P，λ_b，λ_s——U 型管、回填材料和岩土热导率，W/(m·℃)；

ρ_P，ρ_b，ρ_s——U 型管、回填材料和岩土密度，kg/m³；

c_P，c_b，c_s——U 型管、回填材料和岩土比热容，J/(kg·℃)；

下标 f，P——流体、U 型管。

由于实验中实验台到地埋管换热器的连接管以及上表面采用了 200mm 厚的橡塑保温材料，因此在模型中忽略了该部分的热损失，其井上表面边界条件设置为绝热壁面条件，即 $q_w=0$。

U 型管出口设置为"压力出口"，通过迭代计算得到相应的出口温度值，出口温度在本章是监测值，监测到的数据与实验出口温度值进行对比验证。在实验验证中的进口温度由实际的实验进口温度而定，通过编写用户自定义函数（user defined function，UDF）来实现。该内容将在 3.3.3 部分中进行详细介绍。此外，对进出口边界条件设置为"湍流求解法"，其中湍流参数采用"湍流强度和水力直径"，水力直径为 U 型管的内直径。由此，Fluent 求解器中的传热模型可自动计算出对应的湍流动能和湍流耗散率。

3.3 BTES 系统单井蓄热体模型验证

传热模型的准确性和适用性是研究 BTES 系统单井和井群蓄热体热特性的关键环节，并直接决定了本书的应用参考价值和工程指导意义。本节分别对含有竖直双 U 型管的 BTES 单井蓄热体模型进行了网格独立性验证、模型简化假设验证、热响应实验验证和单井沙箱实验验证。

3.3.1 网格独立性验证

网格精细化会减小计算结果的离散误差（差分方程的截断误差及求解区域的离散误差），可以更好地反映流场的细节。但实际中，由于离散点数量增多，计算结果的舍入误差也随之加大，所以细小的网格工况并不一定产生精确的计算结果。另外，网格越细，所占计算机内存越大，计算时间越长。需要把网络控制在一个合理的范围，才能做到满足计算的精确性和高效性。

在 BTES 单井蓄热体模拟中主要是观察在不同的流速、蓄热温度和蓄热时间下蓄热体不同位置的温度分布特性来分析其热特性。因此，本章进行了瞬态网格独立性验证，选出计算时间短且不影响结果准确性的网格划分。

图 3-9(a) 和 (b) 为 BTES 单井蓄热体横向和纵向上不同监测点的示意。在瞬态网格独立性验证中，对比分析了 7 种不同网格，网格数 n 分别为 1.15×10^5、1.19×10^5、2.13×10^5、2.98×10^5、3.25×10^5、4.71×10^5 和 6.85×10^5。网格数的差别主要由径向边界网格数或轴向扫描间距加密或稀疏而引起。7 种不同网格的独立性验证中，径向方向上分别对比了同一深度 $z=35$m，4 个不同半径处 [(0，0，35m)、(0.0535m，0，35m)、

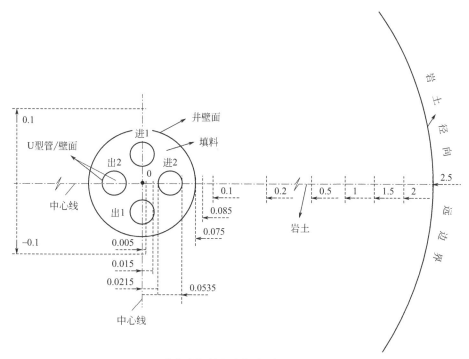

(a) BTES单井地温测点径向布置示意

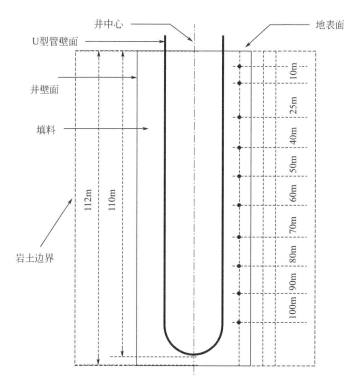

(b) BTES单井地温测点轴向布置示意

图 3-9　BTES 单井地温测点布置

（0.075m，0，35m）、（0.2m，0，35m）] 的温度分布。该 4 个点分别是井中心、U 型管外壁面、井壁面和岩土某一半径处的点，其对比结果如图 3-10 所示（彩图见书后）；轴向方向上分别对比了相同半径 0.1m，4 个不同深度 [（0.1m，0，5m）、（0.1m，0，25m）、（0.1m，0，50m）、（0.1m，0，90m）] 的温度分布，对比结果如图 3-11 所示（彩图见书后）。

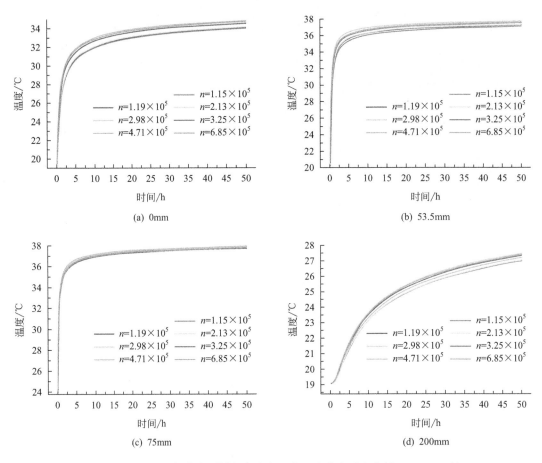

(a) 0mm

(b) 53.5mm

(c) 75mm

(d) 200mm

图 3-10　不同网格划分在不同径向方向上的温度分布对比分析（$z=35$m 处）

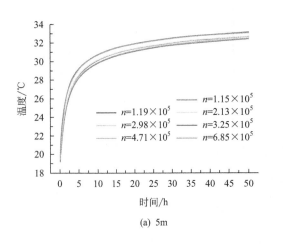

(a) 5m

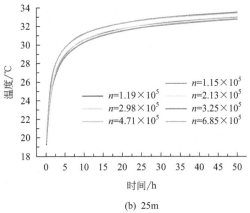

(b) 25m

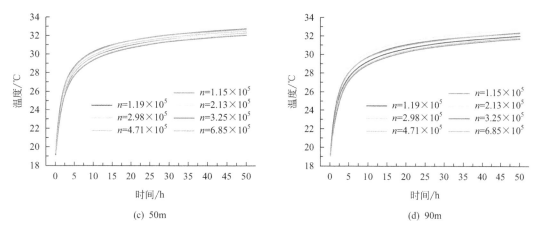

图 3-11 不同网格划分在不同深度方向上的温度分布对比分析 ($r=0.1\text{m}$)

7 种网格中前 6 种网格与网格数量最大的 6.85×10^5 进行对比，用最大绝对误差和最大相对误差表明不同网格对应的计算结果之间的差别，其计算式如式（3-59）和式（3-60）所示：

$$AE = \max|T_{\text{ref}} - T_{\text{other}}| \tag{3-59}$$

$$RE = \frac{\max|T_{\text{ref}} - T_{\text{other}}|}{T_{\text{ref}}} \times 100\% \tag{3-60}$$

式中　AE，RE——绝对误差和相对误差的绝对值；

$\qquad T_{\text{ref}}$——计算约定值，即网格 6.85×10^5 计算得出的结果；

$\qquad T_{\text{other}}$——其他网格计算得出的结果。

最大绝对误差和最大相对误差计算结果如表 3-3 和表 3-4 所列，从图和表可看出，径向方向上的最大绝对误差出现在井中心，沿着径向方向温度梯度逐渐降低，因此误差也减小，最大绝对误差为 2℃，最大相对误差为 7.4%，对应的网格数量为 1.15×10^5。随着网格数量的增加，误差逐渐减小，当网格数量增加到 4.71×10^5 时，井中心处最大绝对误差仅为 0.2℃，最大相对误差仅为 0.5%。由于轴向方向上温度分布较均匀，温度梯度较小，因此不同网格对应的误差之间相差不大。最小网格数量 1.15×10^5、最大网格数量 4.71×10^5 和网格数量 2.98×10^5，这三种网格的绝对误差值和相对误差值在 5m，25m 和 90m 处均类似。而在径向方向上网格数量从小到大，尤其网格数量较小的前三种网格对应的误差值明显大于后面三种网格数量对应的误差值。而随着网格数量的增加，计算时间急剧增大。因此，在不影响计算结果的准确性并且节省计算时间的综合分析下选择 2.98×10^5 作为模型的计算网格。

表 3-3　不同网格数量对应的不同径向位置上温度分布的误差

径向位置/m	误差	网格数量					
		1.15×10^5	1.19×10^5	2.13×10^5	2.98×10^5	3.25×10^5	4.71×10^5
0	AE/℃	2.0	1.4	1.3	0.8	0.1	0.2
	RE/%	7.4	5.0	4.6	2.6	0.5	0.5
0.0535	AE/℃	0.3	0.2	0.3	0.4	0.1	0.4
	RE/%	1.2	0.7	1.1	1.3	0.3	1.1

径向位置/m	误差	网格数量					
		1.15×10^5	1.19×10^5	2.13×10^5	2.98×10^5	3.25×10^5	4.71×10^5
0.075	AE/℃	1.4	1.3	1.3	0.3	0.4	0.2
	RE/%	4.3	5.1	4.9	1.3	1.4	0.6
0.2	AE/℃	0.5	0.4	0.4	0.1	0.1	0.3
	RE/%	1.8	1.8	1.8	0.2	0.3	1.1

表 3-4　不同网格数量对应的不同轴向位置上温度分布的误差

轴向位置/m	误差	网格数量					
		1.15×10^5	1.19×10^5	2.13×10^5	2.98×10^5	3.25×10^5	4.71×10^5
5	AE/℃	1.2	0.8	0.8	1.2	0.1	1.2
	RE/%	4.5	3.1	3.2	4.5	0.3	4.5
25	AE/℃	1.1	0.7	0.7	1.1	0.1	1.1
	RE/%	4.2	2.8	2.8	4.1	0.2	4.2
50	AE/℃	1.1	0.7	0.6	1.0	0.1	0.4
	RE/%	4.2	2.6	2.4	3.8	0.2	1.4
90	AE/℃	1.0	0.5	0.6	0.8	0.1	0.9
	RE/%	3.9	2.2	3.6	3.0	0.2	3.5

3.3.2　模型简化假设验证

由于 U 型管换热器弯管底部的换热面积远小于上升管和下降管换热面积，因此在相关研究中为了简化模型将其忽略。陈金华[4] 所建立的井深 100m 的 9 口竖直双 U 型埋管换热井三维模型中忽略了弯管部分的换热，并通过实验验证了模拟结果。张志鹏等[19] 通过瞬态竖直模拟对井深 100m 的单 U 型和双 U 型埋管换热器在不同流量和温度下的换热性能进行了对比研究，该研究中对模型也进行了一些必要的假设，其中一项假设为忽略底部弯管的换热，并通过实验进行验证。

基于此，本章中的竖直双 U 型埋管的单井和井群的蓄热体三维瞬态模拟计算忽略了 U 型管底部弯管与轴向远边界的换热。虽有前人已经对忽略 U 型管底部换热进行了验证，但考虑与本章研究条件有所不同，本章对忽略 U 型管底部弯管与轴向远边界的换热是否会对模拟计算结果产生不可忽略影响进行了对比分析。在流速为 0.1m/s、0.3m/s 和 0.5m/s，蓄热温度为 30℃、40℃ 和 50℃ 运行条件下分别对考虑 U 型管底部弯管换热与忽略 U 型管底部弯管换热两种情况进行对比，分析了常规模型与简化模型之间的换热差别，如图 3-12 所示，用换热量的最大相对误差表征所存在的差别大小，换热量的最大相对误差公式为：

$$RE=\frac{\max|Q_o-Q_s|}{Q_o}\times100\%\qquad(3-61)$$

式中　Q_o，Q_s——常规模型和简化模型获得的换热量，W/m。

从图 3-12 中可明显地看出，常规模型的换热量大于简化模型的换热量，且随着流速与

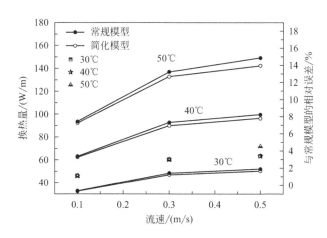

图 3-12　不同运行条件下 U 型管简化模型与常规模型的平均换热量对比及相对误差

蓄热温度的增加差别逐渐增大。这是由于随着流速的增加弯管部分的湍流增加而加强了弯管部分的换热，因此与常规模型之间的差别也加大。相对误差范围为 $1.0\%\sim4.5\%$，最大相对误差 4.5% 出现在循环流体流速 $0.5\mathrm{m/s}$、蓄热温度 $50℃$ 时。因此与前人研究结果一致，在本章的运行条件下 U 型管的弯管部分与轴向远边界的换热可忽略。

3.3.3　热响应实验验证

3.3.3.1　热响应实验介绍

热响应实测钻孔及测试时间为 8 月 23 日～9 月 10 日，本章对稳态运行 $50\mathrm{h}$ 的性能进行分析。通过本次的热响应实验可获取岩土的热导率、岩土材料属性和原始温度分布等地质参数以及地埋换热孔换热量。这些参数除作为模拟时的初始条件外，通过埋管换热器换热性能及循环流体进出口温度也可对 BTES 单井蓄热体数学模型进行验证。

如图 3-13 所示为热响应测试装置系统原理图。该闭式加热循环系统集温度流量传感器、电加热水箱和 DN32 竖直双 U 型埋管换热器于一体。循环流体（水）在电加热水箱中加热到一定温度后，在循环水泵驱动下以一定流速通过竖直双 U 型埋管换热器并与岩土进行热交换。通过温度传感器和流量计测得进出口温度及流量。埋管换热器有效埋深为 $110\mathrm{m}$，井深为 $112\mathrm{m}$。在岩土中 $5\sim110\mathrm{m}$ 范围以 $5\mathrm{m}$ 为间隔布置温度传感器来测试岩土原始温度，共布置 22 组。温度传感器使用铂电阻温度传感器。使用之前对所有温度传感器和所用流量计进行标定与校正，校正温度区间为 $0\sim40℃$，其中测试进出口温度的传感器误差不大于 $\pm0.15℃$，测试土壤原始温度的传感器精度为 $0.01℃$。流量计采用电磁流量计，测量误差不大于 $\pm0.1\%$，最佳流速范围为 $0.3\sim0.6\mathrm{m/s}$。该实验中从试验台到地埋管换热器的连接管包裹壁厚 $20\mathrm{mm}$ 的橡塑保温材料以减少连接管道可能造成的热损失。

3.3.3.2　热物性参数确定

埋管换热器中循环水与周围岩土的换热假设为钻孔中的一根无限大热源与周围岩土的换热，则循环水平均温度与无穷远处的岩土温度关系如式（3-62）所示。该公式作为求热物性

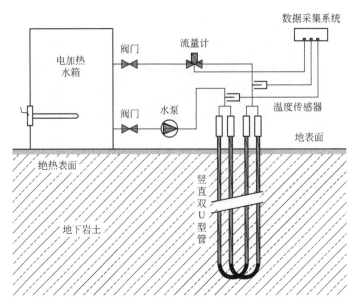

图 3-13 热响应测试装置系统原理图

参数的传热模型。具体求解步骤如图 3-14 所示。对比通过传热模型计算得出的土壤温度与实验测到的土壤温度，直到二者数值相等计算停止，此时的热物性参数即为系统真实的参数。

$$T_f = T_{ff} + q_1 \cdot \left[R_b + \frac{1}{4\pi k_s} \cdot E_i \left(\frac{d_b^2 \rho_s c_s}{16 k_s \tau} \right) \right] \tag{3-62}$$

式中　d_b——井直径，m；

c_s——埋管周围土壤比热容，J/(kg·℃)；

E_i——基本偏差计算；

k_s——埋管周围土壤热导率，W/(m·℃)；

q_1——地埋井每延米换热量，W/m；

T_f——循环水平均温度，℃；

T_{ff}——无穷远处岩土温度，℃；

R_b——热阻，m·℃/W；

ρ_s——埋管周围土壤密度，kg/m³；

τ——时间，s。

3.3.3.3　热响应实验测试工况及结果

U 型管换热器安装到井中再对井进行回填，回填后再静置 48h 以上使之恢复到初始温度。循环水进口水温控制在 35℃左右，测试 DN32 双 U 型管在串并联两种不同运行工况下的换热性能，流速分别为并联 0.3m/s、串联 0.6m/s，蓄热时间持续 48h 以上。图 3-15 为两种运行工况下 U 型管换热器循环流体进出口温度变化，表 3-5 为通过实验所得到的物性参数及实验结果。实验结果表明在运行工况并联、流速为 0.3m/s 时的换热量大于运行工况串联、流速为 0.6m/s 时的换热性能。通过两组运行工况得到的岩土的平均综合热导率为

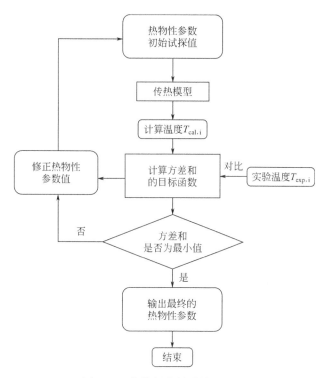

图 3-14 热物性参数计算流程图

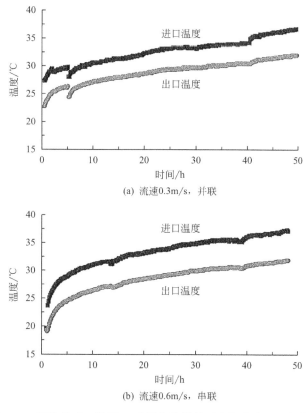

(a) 流速0.3m/s，并联

(b) 流速0.6m/s，串联

图 3-15 两种运动工况下 U 型管换热器循环流体进出口温度变化

1.71W/(m·℃)，回填材料由原浆和砂构成，其平均综合热导率达到1.74W/(m·℃)，该地区的土壤导热性能较好，有利于U型管的换热运行。

表 3-5　岩土体热物性参数及实验结果

流速 /(m/s)	类型	热扩散率 /(10⁻⁶m²/s)	比热容 /[10⁶J/(℃·m³)]	热导率 /[W/(m·℃)]	孔内热阻 /(m·℃/W)	每延米换热量 /(W/m)
0.3	并联	1.067	2.030	2.165	0.021	46～50
0.6	串联	0.605	2.273	1.376	0.041	44～47

流速 /(m/s)	类型	延米换热量 /(W/m)	总放热量(井深110m) /kW	初始温度 /℃	综合热导率/[W/(m·℃)]			
					岩土	回填材料	HDPE	水
0.3	并联	46～50	5.06～5.50	19.11	1.71	1.74	0.35	0.6
0.6	串联	44～47	4.84～5.17					

3.3.3.4　热响应实验验证结果与分析

根据 DN32 双 U 型管在并联、流速为 0.3m/s 实验运行工况下的条件，建立并运行了 BTES 单井蓄热体三维瞬态模型，如图 3-16 为瞬态模拟出口温度与实验对比结果。由图 3-16 的实验记录结果可看出 U 型管中循环流体进口温度随时间逐渐升高。为了提高模拟的精确度，模拟运行时的蓄热温度为实验实际的进口温度条件，通过 UDF 编程程序实现，UDF 程序见本书附录 3。从图 3-16 中可看出模拟出口温度与实验出口温度变化趋势相同。模拟出口温度与实验出口温度的最大绝对误差为 0.24℃，最大相对误差仅为 0.76%，误差在可忽略范围内。从两条对比线也可看出模拟出口温度起初低于实验出口温度，但到后期模拟出口温度大于实验出口温度。模拟出口温度起初低于实验出口温度主要与模拟开始时刻的初始化温度与岩土真实的温度不同以及模拟运行初期未达到稳定换热状态等因素有关。而其大于实验出口温度则表明模拟换热量低于实验换热值，因此在同一进口温度条件下出口温度高于实验出口温度。这主要是由于在实际的实验中虽然 U 型管采取保温措施，但上表面以及管子与环境进行一部分换热，而在单井的 BTES 模型保温材料上表面采取了绝热边界条件。此外，换热量的最大绝对误差和相对误差为 83W 和 1.2%。在热响应实验中出口和换热量的验证中误差均在可忽略的范围内。因此本书的三维瞬态 BTES 模型可以用于研究瞬态传热性能。

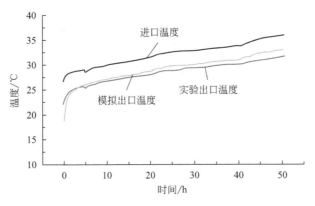

图 3-16　DN32 双 U 型埋管换热器在并联、流速为 0.3m/s 工况下出口温度验证结果

3.3.4　单井沙箱实验验证

3.3.4.1　沙箱实验介绍

为进一步验证数学模型的准确性和可靠性，本节采用已被诸多知名科研机构在理论模型验证时采用的沙箱实验进行再次验证。本节中所对比公开实验数据来自美国俄克拉荷马州立大学 Richard A. Beier 教授团队发表于国际权威地热能学术期刊 *Geothermics* 上的沙箱实验文章[20]。

该实验过程全部在该校一处可精确控制室内环境参数的沙箱实验室中完成。木质沙箱长、宽、高尺寸分别为 18.3m、1.8m 和 1.8m。木制框架与沙之间用塑料隔开，以保持沙中水分不流失。图 3-17 为该沙箱实验部分实物照片。实验前向箱中的沙中加水使其成为饱和沙，水通过特制的五条平行的多孔管线流入沙中，较低流速的水流沿着每条管线在横向和纵向均匀渗入沙子中。最后将上表面木质盖子合上。该沙箱实验采用单 U 型铝管模拟地埋管，如图 3-17(c) 所示。考虑到沙箱模型尺寸虽大，填充的砂子量足，但也会受到周围环境温度变化影响。因此，Beier 教授等为准确模拟恒定地下温度，进一步在沙箱外围制作了更

(a) 木质沙箱

(b) 装填完沙子

(c) 铝制单U型管

图 3-17　沙箱实验部分实物照片[19]

大的木制箱子,使得除地面以外沙箱的每个表面都与环境空气隔开,并通过热泵系统维持沙箱周围木箱内恒定的空气温度。

该实验中的温度测点布置如图 3-18 所示,Beier 教授在沙箱中径向方向分别布置了 5 个温度测点,在轴向方向上每间隔 5.5m 长度均匀平行布置了相同径向位置的 5 个监测点。此外,在 U 型管进出口也布置了温度计和流量计。所采用的温度计和流量计测量误差分别为 ±0.03℃和±5%。通过数据采集仪每分钟记录一次数据。U 型管中循环水被功率为 1056W 的电加热器加热后进入 U 型管与沙子进行换热,加热时间持续 52h。沙箱实验的其他详细尺寸和物理性质参数如表 3-6 所列。

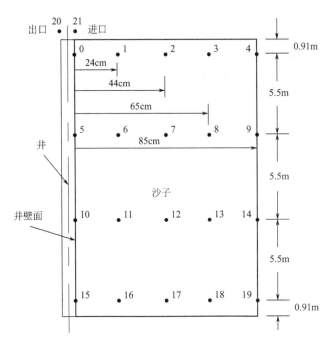

图 3-18　沙箱实验中相关温度监测热电偶布置示意[19]

表 3-6　沙箱实验详细参数

参数	单位	数值
井直径(铜管内径)	mm	126
铝管壁厚	mm	0.002
钻孔长度	m	18.32
井壁厚	mm	2
U 型管长度	m	18.3
U 型管外径(内径)	mm	33.4(27.3)
U 型管管间距	mm	53
U 型管(HDPE)热导率	W/(m·℃)	0.39
沙子(湿)热导率	W/(m·℃)	2.82
填料热导率	W/(m·℃)	0.73
循环流体比热容	J/(kg·℃)	4200
循环流体流速	L/s	0.197
无穷远处温度	℃	22
电加热功率	W	1056

3.3.4.2 沙箱实验验证结果与分析

基于上述沙箱实验参数,本章建立了以 18.4m×2.0m×2.0m 作为尺寸边界的模拟模型。模拟进口温度为实际实验进口温度,其他相关参数也均与实验一致,瞬态条件通过 UDF 编程程序实现。本章分别对比验证了出口温度和轴向方向上的第一个 5.5m 深的径向分布的 5～8 四个岩土温度分布点。图 3-19 和图 3-20 所示为出口温度和不同位置处的岩土温度分布点的实验与模拟对比分析图。

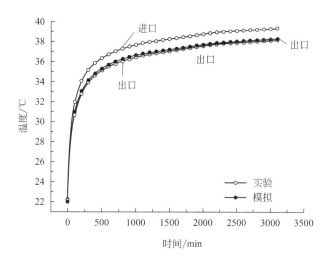

图 3-19 U 型管换热器出口温度对比

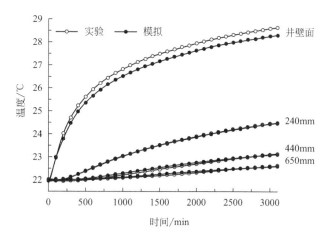

图 3-20 沙箱径向方向不同温度监测点温度对比

从两张图可看出出口温度和岩土不同位置处的温度变化趋势均与实验一致。出口温度和岩土温度的最大绝对误差为 0.43℃和 0.34℃,其最大相对误差仅为 1.43% 和 1.19%,因此该模型是可靠的。岩土温度分布最大的误差出现在井壁,即监测点 5 处的温度变化,最大绝对误差和相对误差为 0.43℃和 1.19%。此外,从图中可看出模拟的岩土温度稍大于实验值,产生这个现象可能是由于几何尺寸上的简化(U 型管厚度)和忽略水渗流等条件。其余监测点 6～8 的最大绝对误差和相对误差均小于 0.07℃和 0.3%。因此该模型在岩土温度分布的模拟分析中也是可靠的。

3.4 BTES系统单井蓄热体热特性分析

3.4.1 不同运行条件下换热性能分析

单井蓄热体换热性能用 U 型管总换热量和每延米换热量的大小衡量。总换热量为竖直双 U 型埋管换热器通过 U 型管壁面向周围填料和岩土释放的热量,每延米换热量指每延米井深换热量,是总换热量除以有效埋井深度,其总换热量计算如式(3-63)~式(3-65) 所示。

$$Q = 2nc_f m_f(T_{in} - T_{out}) \tag{3-63}$$

$$m_f = \rho V \tag{3-64}$$

$$V = \frac{\pi d^2 v}{4} \tag{3-65}$$

式中　　Q——U 型管总换热量,W;

　　　　c_f——循环流体比热容,J·kg/℃;

　　　　m_f——循环流体质量流量,kg/s;

　　　　v——管内循环流体流速,m/s;

　　　　V——循环流体体积流量,m³/s;

　　　　$2n$——总的 U 型管数量;

　　　　n——井数;

T_{in},T_{out}——循环流体进出口温度,℃。

图 3-21 所示为 U 型管在蓄热温度 30℃、40℃、50℃和流体流速 0.1m/s、0.3m/s、0.5m/s 时的总换热量变化。该运行条件下的平均每延米换热量和平均总换热量如表 3-7 所列。从图 3-21 可看出换热量随时间先急剧下降,在前 5~10h 下降幅度较大,随后降幅减缓,减缓幅度随进口温度升高而增高。进口温度 50℃、流体流速为 0.3m/s 和 0.5m/s 时的地埋换热井的换热量比其他模拟工况较大,同时从表 3-7 可知该两种模拟工况的平均每延米

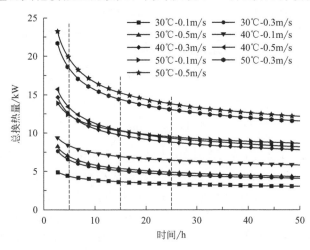

图 3-21　模拟条件下单井埋管换热器总换热量随时间变化

换热量和总换热量分别为 142.3W/m、132.9W/m 和 15.7kW、14.6kW，相差较小，仅为 6.6%。并且此差值随着进口温度的降低而减小，当进口温度为 30℃ 时，换热量变化曲线几乎重叠。因此，不同进口温度条件下流体流速不宜取太大。

表 3-7 不同进口温度和流速下井的每延米平均换热量和总换热量

V/(m/s)	T_{in}/℃	每延米换热量/(W/m)	单井总换热量/kW
0.1	30.0	32.9	3.6
	40.0	63.0	6.9
	50.0	93.2	10.3
0.3	30.0	48.3	5.3
	40.0	92.6	10.2
	50.0	137.0	15.1
0.5	30.0	52.0	5.7
	40.0	99.6	11.0
	50.0	149.1	16.4

当进口温度为 50℃、流速为 0.1m/s 时，换热井换热量在运行初期低于进口温度为 40℃、流速为 0.3m/s 和 0.5m/s 工况下的换热量；同时在 40℃、0.1m/s 工况下，换热井换热量在整个运行过程中均高于进口温度为 30℃ 工况下的换热量，可知蓄热温度对换热量的影响较大。

3.4.2 不同运行条件下瞬态温度分布

3.4.2.1 径向方向上温度分布

如图 3-22 为在 40℃ 和 0.3m/s 下岩土在径向方向上 13 个不同位置的瞬态温度变化，具

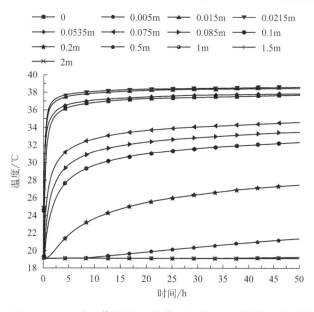

图 3-22 40℃、0.3m/s 时，井深 35m 处岩土径向方向不同半径处瞬态温度变化

体位置可在图 3-9(a) 中查看。从图中可看出井内（$r<0.075$m）岩土温度在蓄热初期 5h 内迅速提高，尤其被 U 型管包围（$r<0.0535$m）的填料温度更高，随后就一直保持较高的温度。由于岩土初始温度和蓄热温度温差较大，从而蓄热起初换热量较大。而 U 型管外岩土的热扩散能力远小于流体，因此大量的热量堆积在 U 型管周围岩土中，这会大大减小流体与岩土的换热温差，严重影响 U 型管的换热性能。此外，在 U 型管壁面（内壁面 $r=0.0215$m 和外壁面 $r=0.0535$m）、井壁面（$r=0.075$m）和大于 0.5m 远处的温度存在明显的温度分层。在 U 型管内壁面 $r=0.0215$m 处岩土温度提高 19.6℃，然而在 0.5m 处岩土温度蓄热 15h 才开始提高，到蓄热 50h 后才提高了 1.1℃，而 $r=1$m 远处的岩土温度蓄热结束时都没有明显的变化。

图 3-23 为在蓄热温度为 30℃、40℃、50℃和流体流速为 0.1m/s、0.3m/s、0.5m/s 运行条件下井深 35m 和 $r<0.1$m 范围内的岩土温度分布云图。从图中可看出：同一流速、不同进口温度条件下，相同半径处土壤温度随进口温度升高逐渐升高。在同一流速条件下随着蓄热温度增加岩土径向方向上同一半径处温升幅度可达 4.0~9.6℃。同样，在同一进口温度、不同流速条件下，相同半径处土壤温度随流速升高而升高，且随着流速的增大热扩散半

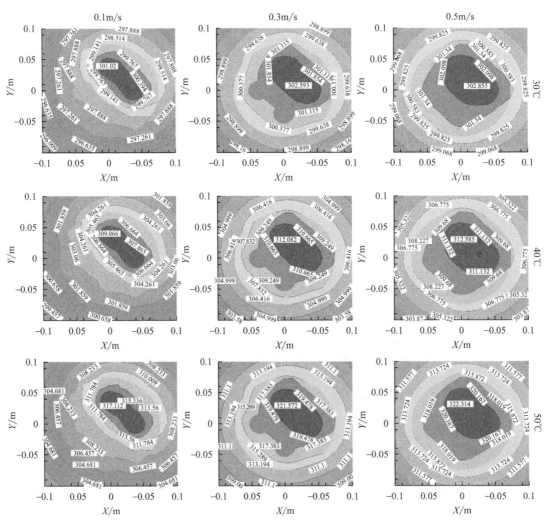

图 3-23　不同温度和流速条件下井深 35m 处半径 0.1m 内温度云图

径也逐渐增大。流速 0.1m/s 和 0.3m/s 下同一半径处，蓄热温度为 30℃、40℃ 和 50℃ 时的温差值分别为 1.5～2.9℃、2.8～5.6℃ 和 4.1～8.3℃。而相同条件下流速为 0.3m/s 和 0.5m/s 时的温差值差别不是很明显，仅达到 0.7℃、1.4℃ 和 1.2℃。从以上分析可进一步得出流速 0.3m/s 是本章模拟条件下较好的流速。

从图 3-24（彩图见书后）也可明显看出，温升幅度随径向半径的扩大而减小。如在流速为 0.3m/s 时，半径 0、0.1m 和 0.5m 处的温升幅度分别为 8.9℃、6.3℃ 和 1.1℃。同一流速、不同蓄热温度条件下的温升幅度远大于同一蓄热温度、不同流速下的温升幅度。从以上模拟结果分析可得出，当蓄热运行时间长达 50h 时、U 型管周围 1m 范围内的岩土温度变化中蓄热温度起到关键作用，而流速太小时换热性能较差、温度提升小，流速过大会导致运行费用的增加。因此，对于 BTES 系统的运行存在较适合的流速范围，而蓄热温度则可根据热源以及末端用户用热需求确定合适蓄热温度范围。

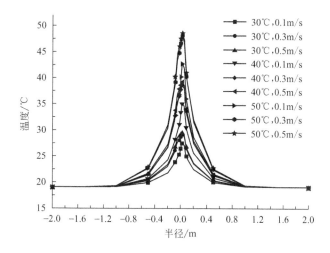

图 3-24　不同温度和流速条件下井深 35m 处半径 2m 内岩土温度分布

近几年低温供暖技术得到广泛的应用，供热温度一般低于 55℃。如丹麦的区域供暖已从第三代供暖（供回水温度为 80℃/40℃）步入第四代供暖（供回水温度为 50～55℃/25℃），且规划到 2035 年完全实现可再生能源供暖[21]。我国建筑节能已进入四步节能，且在建筑节能技术手册上规定低温供暖供水温度为 35～45℃[22-24]。因此低品位的可再生能源有巨大的应用潜力。此外，以地下作为蓄热体的 BTES 系统，其较高的蓄热温度会对地下生态环境和地下材质产生一定的影响[12]。从低品位热能的高效利用和保护地下生态环境角度综合考虑不推荐蓄较高温热量到地下。

图 3-25 显示了持续蓄热运行 50h、100h 和 200h 后在蓄热温度 40℃ 和流体流速 0.3m/s 运行条件下井深 35m 处 −2～+2m 范围内的岩土温度分布。分别持续蓄热 50h、100h 和 200h 后 U 型管周围（$r<0.0535$m）的填料温度和 $r>1.5$m 远处的岩土温度变化很小。而半径在 0.1～1.5m 区域内的岩土温度变化较明显，尤其 0.3～1.2m 区域的岩土温度通过持续的蓄热后又明显增温。为了进一步分析不同蓄热时间下岩土温度变化情况，从图 3-25 温度分布图中分别选择径向方向上的三个不同位置 0.1m、0.2m 和 0.5m，分析该三个位置在不同持续蓄热时间下温度变化，如图 3-25 中温度变化局部放大图所示。从图中可看出从位置 0.1m 到 0.5m 岩土温度提升幅度逐渐变大，到 0.5m 处时温升幅度最大。文献 [25] 中

也出现过类似现象，即当热流量从 5W/m² 增大到 30W/m²、蓄热时间从 90d 到 120d 时井中心温度仅提高 1℃。该现象进一步说明在持续蓄热条件下 U 型管周围的热堆积会一直存在，这会严重影响换热性能，同时降低了岩土温度的提升和热量的储存，并会在温度分层之间产生较大的温度梯度，加大 BTES 的热损失。因此，可采取间歇运行蓄热的方式适当地减小热堆积，提高换热性能。在 3.4.1 部分的分析中也可看出，蓄热起初 5h 产生热堆积，此后换热量迅速降低并维持较低水平缓慢地下降最终趋于稳定。此外，在持续蓄热 50～200h时主要的热扩散半径为 1～1.5m，热扩散半径随蓄热时间的增加缓慢扩大。文献［26］的研究显示，在 12h 的短期换热条件下，其主要热扩散半径达到 0.4m。在本章的持续蓄热50h、100h 和 200h 下热扩散半径分别为 0.5m、1m 和 2m。根据不同蓄热时间其热扩散半径也不同，而热扩散半径的大小直接决定了 BTES 井群的井间距，从而提高热量的蓄积以及温度的提升。在实际情况中由于热源的间歇性、不稳定性以及用能的间歇性，BTES 系统实际运行应以间歇运行为主。因此，在不同间歇运行模式和蓄热温度条件下进一步深入分析热扩散半径以及为 BTES 的设计提供理论参考很有必要。

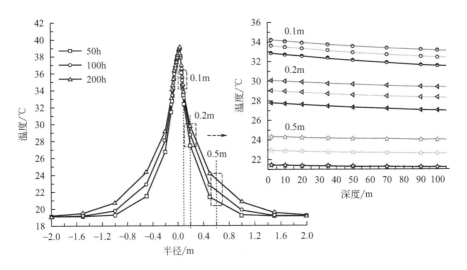

图 3-25　不同蓄热时间、40℃和 0.3m/s 条件时井深 35m 处±2m 半径内岩土温度分布

3.4.2.2　轴向方向上温度分布

图 3-26 为在不同蓄热温度和流速条件下井轴向方向上岩土温度变化。从图中可明显看出，流速为 0.1m/s 时轴向方向上的温度梯度明显，且随着温度上升沿井深方向的温度提高更加明显。该现象一方面表明了当流速较小时随着井深增大换热量明显降低；另一方面表明了明显的温度梯度会增大轴向方向热损失。相反的，当流速为 0.3m/s 和 0.5m/s 时，轴向方向 2～105m 井深范围内岩土没有明显的温度梯度，温度变化较平缓。持续蓄热 50h 后 2～105m 范围内的温度波动仅为 0.37～1.9℃，而当流速为 0.1m/s 时温度波动达到 7.1℃。从轴向方向温度变化可进一步证明较小的流速不利于 U 型管与岩土的换热，而流速 0.3～0.5m/s 是该模拟条件下较好的流速。此外，较小的蓄热温度也不利于岩土温度的提升和总换热性能，因此进一步研究不同蓄热温度是必要的。

为了进一步分析 U 型管在轴向方向上的换热性能，对 U 型管的上升管（出水管）和下

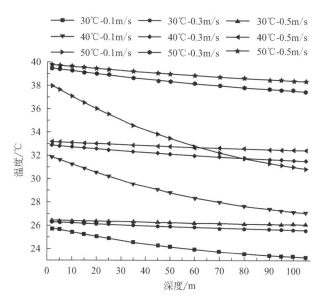

图 3-26 不同蓄热温度和流速条件下井轴向方向上岩土温度变化

降管（进水管）内的水温变化进行了详细分析。图 3-27 所示为 40℃ 和 0.3m/s 运行条件下不同蓄热时间段的 U 型管上升管和下降管内的水温随井深的变化。从图中可看出，U 型管上升管和下降管内的水温在不同蓄热阶段的变化和下降幅度有所不同。在蓄热持续 5h 时下降管内的水温降低了 4.4℃，水温降幅随蓄热时间而降低，当蓄热持续到 50h 时下降管内的温降为 2.8℃，且在 55m 以下该现象更加明显。上升管内的水温由于管子之间的热扰以及下降管内一部分换热，其温降与下降管相比较小。持续蓄热 5h 和 50h 时管内温降为 1.9℃ 和 1.2℃，且在上升管 55～110m 区间的换热明显高于管子上部 55m 以上的部分。此外，不同持续蓄热段之间的最大温差出现在 5h 和 15h 之间，这表明蓄热起初 5h 的换热性能最佳，随后换热性能逐渐降低。这表明 U 型管周围岩土的热堆积在蓄热 5h 后逐渐加重。从 U 型管内

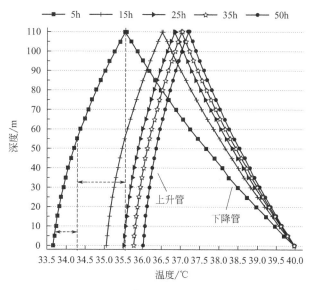

图 3-27 40℃、0.3m/s 时 U 型管换热器上下管内流体温度随时间的变化

水温的变化情况可看出其换热性能优劣，进一步可判断出井深对 U 型管换热性能产生的效果。因此在 BTES 的设计中确定合理的井深对于系统的性能影响也是关键的。

3.5 本章小结

① 分析跨季节埋管蓄热系统单井蓄热体传热过程并建立瞬态三维传热模型，提出了适用于单井蓄热体模型的网格划分方法，并通过热响应实验和沙箱实验共同验证了该模型用于研究单井蓄热体热特性的可靠性和准确性。

② 随着蓄热过程的进行埋管换热器换热性能逐渐下降并最终趋于平缓，换热初期埋管换热器周围岩土温度急剧上升后一直维持在较高温度，产生热堆积现象，严重降低了流体与岩土的换热温差，影响了埋管换热器换热性能。

③ 在相同流体流速下，随着蓄热温度的增大换热量增加幅度大且相同，而在相同的蓄热温度下，随着流体流速的增加换热量增加幅度则大大减小。蓄热温度对于单井蓄热体换热性能以及岩土温度变化的影响最大，而循环流体流速取临界流速上下值时在换热性能和运行经济方面较为合适。

④ 在不同蓄热运行条件（蓄热温度、循环流体流速和蓄热时间）下，地下岩土在径向方向上的温度梯度远大于轴向方向温度梯度。因此单井蓄热体蓄热过程中的热损失主要通过径向远边界散失。随着换热的进行，径向方向上的热扩散半径虽持续变大，但不同运行条件下相同蓄热时间的热扩散半径相差不大。因此热扩散半径主要随运行时间变化，且随运行时间的变长热扩散速度趋于缓慢。

⑤ 单井蓄热体热特性的研究为井群蓄热体数学模型的建立奠定了基础，同时也为井群蓄热体几何模型的径向远边界范围的确定、井群蓄热系统间歇运行模式的选取、因素的选取以及流体流速的设定提供了数据参考。

参考文献

[1] Eskilson P. Thermal analysis of heat extraction boreholes [D]. Lund：University of Lund，1987.

[2] Kim E J，Roux J J，Rusaouen G，et al. Numerical modelling of geothermal vertical heat exchangers for the short time analysis using the state model size reduction technique [J]. Applied Thermal Engineering，2010，30（6）：706-714.

[3] 於仲义. 土壤源热泵垂直地埋管换热器传热特性研究 [D]. 武汉：华中科技大学，2008.

[4] 陈金华. 竖直双 U 地埋管换热器分层换热模型研究 [D]. 重庆：重庆大学，2015.

[5] 刁乃仁，方肇洪. 地埋管地源热泵技术 [M]. 北京：高等教育出版社，2006.

[6] 郭敏. 基于温度场均匀原则的蓄热式地埋管换热器传热分析与优化 [D]. 济南：山东建筑大学，2017.

[7] 陈雁. 地热井下换热器的模拟实验与理论研究 [D]. 天津：天津大学，2009.

[8] 余乐渊. 地源热泵 U 型埋管换热器传热性能与实验研究 [D]. 天津：天津大学，2004.

[9] Hellström G. Ground heat storage：thermal analyses of duct storage systems [D]. Lund：Lund University，1991.

[10] Carslaw H S，Jaeger J C. Conduction of heat in solids [M]. Oxford：Oxford Science Publications，1959.

[11] Zeng H Y，Diao N R，Fang Z H. A finite line-source model for boreholes in geothermal heat exchangers [J]. Heat Transfer—Asian Research，2002，31（7）：558-567.

[12] Stephen P K，Kevin R. Ground-source heat pump design of geothermal systems for commercial and institutional buildings [M]. ASHRAE. Inc，Atlanta，2002.

[13] 柳晓雷，王德林，方肇洪. 垂直埋管地源热泵的圆柱面传热模型及简化计算 [J]. 山东建筑工程学院学报，2001，

56（1）：47-51.

［14］ 张悦. 太阳能-土壤源热泵系统组合匹配优化研究［D］. 西安：西安建筑科技大学，2014.

［15］ Hellstrm G. Thermal analysis of duct storage system［C］. Sweden：Department of Mathematical Physics，University of Lund，1991.

［16］ Shah S K，Aye L，Rismanchi B. Seasonal thermal energy storage system for cold climate zones：A review of recent developments［J］. Renewable and Sustainable Energy Reviews，2018，97：38-49.

［17］ Beck M，Bayer P，Paly M D，et al. Geometric arrangement and operation mode adjustment in low-enthalpy geothermal borehole fields for heating［J］. Energy，2013，49（1）：434-443.

［18］ 杨世铭，陶文铨. 传热学［M］. 北京：高等教育出版社，2006.

［19］ 张志鹏，宋新南. 单 U 型与双 U 型竖直土壤换热器换热性能的对比［J］. 太阳能学报，2012，33（7）：1193-1198.

［20］ Beier R A，Smith M D，Spitler J D. Reference data sets for vertical borehole ground heat exchanger models and thermal response test analysis［J］. Geothermics，2011，40（1）：79-85.

［21］ Yang X，Li H，Svendsen S. Energy，economy and exergy evaluations of the solutions for supplying domestic hot water from low-temperature district heating in Denmark［J］. Energy Conversion & Management，2016，122：142-152.

［22］ 民用建筑热工设计规范 GB 50176—2016［S］. 北京：中国建筑工业出版社，2016.

［23］ 辐射供暖供冷技术规程 JGJ 142—2012［S］. 北京：中国建筑工业出版社，2012.

［24］ 地源热泵系统工程技术规范 JGB 50366—2009［S］. 北京：中国建筑工业出版社，2009.

［25］ Hawes D W，Feldman D，Banu D. Latent heat storage in building materials［J］. Energy and Buildings，1993，20（1）：77-86.

［26］ Santamouris M，Balaras C A，Dascalaki E，et al. Passive solar agricultural greenhouses：a worldwide classification and evaluation of technologies and systems used for heating purposes［J］. Solar Energy，1994，53（5）：411-426.

第**4**章

BTES系统影响因素及敏感性分析方法

　　BTES 系统性能受设计、运行和材料物性等多类因素的影响，本章采用文献调研和统计方法从不同类型因素中素筛选出总计 7 个关键因素。采用拉丁超立方抽样设计方法设计出 50 个组合模式，并通过皮尔逊相关系数法对抽样组合进行了相关性分析，从而在不同全局敏感性分析原理基础上根据因素间的相关性选出适合本书的全局敏感性分析方法，并介绍了敏感性分析结果的表达方式。

4.1 影响因素筛选与范围的确定

4.1.1 影响因素筛选

　　BTES 系统性能受多个因素的影响，所有因素可整体分为设计类因素、运行类因素和材料物性类因素三类，每类因素中包含多个参数。设计类因素包括井间距、井深、井数、井群布置形式和埋管换热器连接形式（并联、串联、串并联混合）。运行类因素包括循环流体流速、蓄热温度、持续注入热量时间、放置时间、间歇运行时间间隔和循环流体流动模式（从井群中心往边界流动、从井群边界往中心流动、局部流动等）。材料物性类因素包括蓄热体每一个组成结构的材料物性，有岩土、埋管换热器、填料以及顶部保温材料的热导率、热扩散系数和比热容等。三类因素的具体关键作用与影响可详见本书 2.4 部分。考虑到选择所有因素会导致工作量庞大，因此要从上述三类因素中选择对 BTES 性能、投资成本及运行成本均影响较大的关键因素。

　　BTES 应用中最为关键的两个问题是热损失大和初始投资较高。如图 4-1 所示，在 BTES 的初始投资中埋管换热器的钻井安装费用占据了总投资的 72%，因此设计类因素中合理设计井深、井间距至关重要。只有充分了解井深和井间距对 BTES 性能的影响特征才能在设计初期对井深和间距进行合理设计，从而在提高系统性能的同时降低投资费用。

　　第 3 章单井蓄热体的研究表明了运行类因素中流体流速对系统性能的影响特征，且已有研究也表明流体流速不宜取太大，当超过临界值时，流速变大反而降低系统性能且造成运行

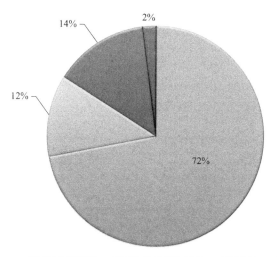

图 4-1　BTES 系统初始投资中不同成分的所占的比例[1]

费用的浪费[1,2]。此外通过前文的研究还得到蓄热温度对蓄热体影响很大，而具体如何影响 BTES 系统的不同性能指标有待研究。大量研究表明，间歇蓄热有利于地源热泵系统中地下温度的恢复以及热泵系统性能提升[3-8]。但是间歇蓄热运行对 BTES 系统性能产生的影响还尚未研究。

　　BTES 蓄热体的热损失大是导致系统蓄热率低的重要原因之一，因此在工程建设中系统的保温设置受到重视，且从图 4-1 可知，在初始投资中保温措施是除钻井埋管外占比最大的一项。此外，在材料物性类因素中岩土热导率起到两种功能：一是传热功能；另一个则是保温隔热功能。虽然岩土热导率大有利于换热，但是影响系统的蓄热性能；岩土热导率太小效果则相反。关于热导率与其他因素同时影响的特征规律尚未得到研究。

　　综上，本章从三类影响因素中筛选出了 7 个关键因素，设计类因素有井深和井间距，运行类因素有间歇运行间隔（蓄热和停止间隔），材料物性因素有岩土热导率和顶部保温材料热导率。

4.1.2　影响因素范围

　　一些学者进行了关于输入因素的范围对敏感性分析结果影响的研究。Tong 和 Graziani 等[9]研究表明输入因素的范围对输出的敏感性有显著的影响。Shin 等[10]指出降低或扩大输入因素的范围会影响敏感性指数，从而会导致不敏感的参数变得敏感，反之亦然。因此，参数的敏感性受到输入参数范围强烈影响，因此使用合理的参数集以及范围很重要。

　　本书通过对国内外案例的总结分析以及参考文献的研究，确定了与实际应用参数范围相符的取值范围，如表 4-1 所列。其中顶部保温材料的热导率是根据蓄热井群顶部保温层的构造确定的综合热导率，蓄热体顶部保温层构造如图 4-2 所示，表 4-1 分别给出了顶部综合热导率以及单独保温材料的热导率。

表 4-1　BTES 井群模型输入因素及范围

变量	简称	范围	范围	单位	参考文献
井间距	Sp	1.5～5	1.5～6	m	[11-16]
井深	Dp	30～100	30～200	m	[2,17-23]
蓄热时间	CT	5～25	CT/HT:0.6,0.7,1.4,1,2,3	h	[2-8]
停止时间	HT	5～25		h	
蓄热温度	Ti	40～70	30～80	℃	[11,20,23-26]
岩土热导率	Sc	0.66～3.84	0.15～4.0	W/(m·℃)	[27-39]
顶部综合/保温材料热导率	Uc	0.08～0.82 0.03～0.80	0.08～0.82/0.03～0.80	W/(m·℃)	[1,6-8,21,40,41]

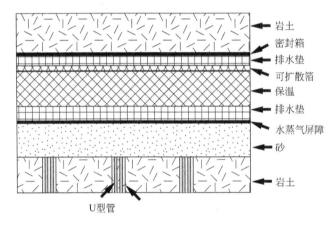

图 4-2　BTES 井群顶部保温层的构造示意[1]

4.2 抽样设计

4.2.1 抽样设计方法

全局敏感性分析（global sensitivity analysis，GSA）能够在整个模型输入空间内探索模型输出的变化。因此通过不同的抽样算法从预先定义的输入空间中提取参数集，即输入变量的不同组合，每个输入变量组合对应一个输出模型。抽样设计的目的是为选定的 GSA 方法提供参数设计组合，当进行敏感性分析时通过机器学习方法建立对应选定 GSA 方法的抽样设计组合与输出模型之间的函数关系，通过该函数关系组合确定因素间的影响排序以及交互作用。因此，选择合适的抽样设计方法对于 GSA 很关键[42]。

正态分布和均匀分布在实践中经常被使用。对于大多数 GSA，定义了模型参数的概率分布后，需要实施抽样策略来生成样本，一方面能提高样本的覆盖率；另一方面能减少均值估计的方差以减少计算量。在基于回归和元模型中通常采用拉丁超立方抽样（latin hypercube sampling，LHS）方法。LHS 是基于分层抽样的思想提出的一种从多维分布中生成参数值的近似随机抽样的方法，具有高效分层特性[42,43]。在统计抽样中，将样本以横向和纵向进行随机区组排列，当每个行区组和列区组中都有且只有一个样本，则包含这个样本的正方形网格是拉丁方[44]。拉丁超立方是将此概念扩展到任意数量的维度，其中每个样本是包含它的每个轴对齐超平面中的唯一样本。当对 N 个变量进行抽样，每个变量的范围被分成 M 个等概率区间，则被分的 M 个样本点放置于拉丁超立方格中，这使每个变量的 M 个区间都相等。

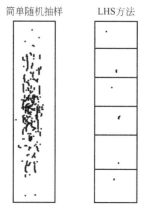

图 4-3　简单随机抽样与LHS对比图（一维图）

　　LHS 方法所需样本数量少，并且每个变量之间互相独立。从简单随机抽样与 LHS 的对比图 4-3 和图 4-4 中可以看出，简单随机抽样中样本在中间聚集较多，而拉丁立方抽样则均匀产生在各个小区间内。

　　在 LHS 中首先确定抽样数量，并且记录每个样本点在哪个行区组和列区组中，这样不仅能避免某一区域重复抽样，保证每个样本点的独立性。蒙特卡罗（Monte Carlo，MC）抽样方法适用于多变量且包含多种概率分布形式的 GSA，且对于 GSA 需要从整个输入空间随机抽取参数样本来估算模型输出需要大量的仿真试验，只有样本全覆盖整个输入空间才能保证 MC 方法的准确性。

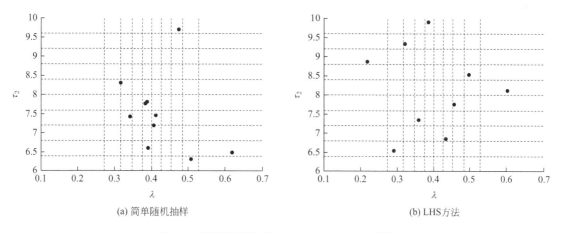

(a) 简单随机抽样　　　　　　　　　　　(b) LHS方法

图 4-4　简单随机抽样与 LHS 对比图（二维图）

　　假设 y 是关于输入变量的线性函数，如式(4-1) 所示，分别利用蒙特卡罗抽样和拉丁超立方抽样方法，再对均值进行估计得式(4-2)，而 MC 方法和 LHS 方法的标准误差如式(4-3)和式(4-4) 所示。从标准误差可得出 MC 方法的标准误差比 LHS 方法大 N^2 倍，与 MC 方法相比 LHS 方法对样本数量的节省非常显著[45]。Macdonald[45]对比了标准蒙特卡罗 MC 分层和 LHS 方法在动态热模拟模型中的应用，得出 LHS 方法比 MC 方法更为稳健，并且不存在任何抽样偏差。因此，本章假设所有输入因素概率相等，采用 LHS 抽样方法使得参数在输入空间内分布均匀。

$$y = \sum_{i=1}^{d} a_i x_i \qquad (4-1)$$

$$y = \frac{1}{N} \sum_{n=1}^{N} f(x^n) \qquad (4-2)$$

$$\text{MC 方法：} E\big[(y-\mu_y)^2\big]=\frac{1}{N}\sum_{n=1}^{d}a_i^2\sigma_{x_i}^2=\frac{1}{N}\sigma_y^2 \qquad (4\text{-}3)$$

$$\text{LHS 方法：} E\big[(y-\mu_y)^2\big]=\frac{1}{N^3}\sum_{n=1}^{d}a_i^2\sigma_{x_i}^2=\frac{1}{N^3}\sigma_y^2 \qquad (4\text{-}4)$$

4.2.2 抽样设计结果

对于一般的敏感性分析方法，通常认为样本数至少为参数数量的 5 倍才能够识别其敏感性，基于方差的敏感性分析则需要更多的样本量，而 TGP 敏感性分析可以通过内部算法将预测模型扩大到 $N \cdot (k+2)$，其中 N 为抽样数量，k 为参数数量[46-48]。本章采用 LHS 方法对 7 个影响因素进行抽样组合，7 个变量抽样 50 次形成 7 列 50 行的随机值矩阵，根据形成的各个变量的随机值与真实值对应得出最后的输入变量值，结果如表 4-2 所列。该 50 组设计组合案例即为本章研究中所指代的 BTES 不同运行模式。

表 4-2 不同输入因素的 LHS 设计组合（BTES 井群不同运行模式案例）

组合	运行参数			设计参数		热导率	
	CT	HT	Ti	Sp	Dp	Sc	Uc
	h	h	℃	m	m	W/(m・℃)	W/(m・℃)
组合 1	15	7	53	5	75	3.77	0.42
组合 2	7	20	54	2	85	3.64	0.09
组合 3	24	15	59	4	90	1.13	0.51
组合 4	15	13	60	5	45	2.88	0.78
组合 5	19	23	47	3.5	95	2.09	0.46
组合 6	25	8	65	2.5	80	2.41	0.80
组合 7	11	16	48	4	50	2.20	0.24
组合 8	19	12	55	2	40	3.84	0.03
组合 9	11	12	70	4.5	60	1.78	0.55
组合 10	16	9	63	5	35	1.48	0.15
组合 11	23	23	45	3.5	45	0.67	0.50
组合 12	13	15	58	1.5	80	0.82	0.76
组合 13	20	5	64	3	50	1.40	0.38
组合 14	5	11	50	4.5	100	3.63	0.08
组合 15	8	22	58	2	80	2.02	0.33
组合 16	13	9	47	3	85	0.66	0.14
组合 17	14	10	47	4.5	95	0.99	0.75
组合 18	22	24	69	2	65	3.52	0.36
组合 19	9	16	63	4.5	35	1.20	0.11
组合 20	12	18	56	2.5	40	3.00	0.62
组合 21	9	11	62	3.5	65	1.92	0.44
组合 22	18	8	52	1.5	40	3.32	0.46
组合 23	12	13	57	2.5	60	1.54	0.18

组合	运行参数			设计参数		热导率	
	CT	HT	Ti	Sp	Dp	Sc	Uc
	h	h	℃	m	m	W/(m·℃)	W/(m·℃)
组合24	20	20	44	4.5	50	2.64	0.48
组合25	22	21	51	2	70	3.49	0.65
组合26	18	24	43	2	100	2.57	0.58
组合27	18	19	51	4	80	3.40	0.61
组合28	14	6	60	4.5	75	2.80	0.72
组合29	7	19	68	3	65	1.02	0.28
组合30	20	24	66	2.5	90	2.91	0.04
组合31	21	9	65	4	95	2.66	0.63
组合32	8	25	64	3	55	3.17	0.22
组合33	8	11	69	3.5	75	0.89	0.38
组合34	6	8	45	4.5	55	1.61	0.05
组合35	11	22	42	2.5	30	1.32	0.70
组合36	17	20	46	4	70	2.18	0.27
组合37	6	17	61	3	50	3.79	0.69
组合38	21	16	49	2.5	65	1.82	0.52
组合39	16	7	40	1.5	60	1.91	0.31
组合40	16	23	49	3.5	90	3.27	0.35
组合41	10	17	53	3.5	40	3.18	0.40
组合42	24	18	57	2	55	1.10	0.17
组合43	10	14	68	4	85	2.72	0.19
组合44	23	14	66	3	85	1.36	0.72
组合45	23	7	61	3	70	3.06	0.13
组合46	10	21	55	2	35	0.74	0.59
组合47	5	13	42	4	60	2.49	0.67
组合48	24	6	51	2.5	30	1.67	0.29
组合49	13	12	41	5	95	2.26	0.23
组合50	17	18	43	3.5	45	2.35	0.54

4.3 全局敏感性分析方法选取

4.3.1 概念及分类

4.3.1.1 敏感性分析概念

近几年从大尺度的城市能源规划、环境、水文地质到小尺度的建筑能耗、传热、机械等领域，敏感性分析方法（sensitivity analysis，SA）受到广泛的应用[2,13,47,49-53]。SA 是通过将输出变量分配给不确定的输入变量来确定输出变量的变化来源，即根据输入变量变化时模型所作出的响应来判断输入变量对输出模型的影响[53]。通过 SA 可判别因素的影响程度以及影响排序，减少不确定性。SA 的本质是通过数学统计方法计算输出参数对于输入变量响应的敏感性指数来分析各个输入变量的相对重要性以及变量之间的相互交互作用。

4.3.1.2　敏感性分析分类

SA 在目前的研究应用中有四种典型的分类[54]。

① 第一种分类是局部敏感性分析（local sensitivity analysis，LSA）和全局敏感性分析（global sensitivity analysis，GSA）[55]，该分类是最常用的类型。LSA 致力于基于点或基础模型的变量的不确定性，即一次变化单一输入参数的不确定。而 GSA 则探索整个输入空间上输入变量的概率分布函数的响应变化。

② 第二种分类分为数学方法（mathematical analysis）、统计方法（statistical analysis）和图解法（graphical analysis）[56]。数学方法用于评估单个参数对输出参数的局部或线性敏感性，该方法不考虑模型输出的方差，因此得到的参数影响具有不确定性；统计方法是通过运行基于抽样的模拟模型来分析多个参数对输出变量的影响，该方法可从定量或定性角度评估敏感性指数；图解法是指采用图表方法更加直接和清晰地展示数学方法和统计方法的结果。

③ 第三种分类有筛选分析法（screening analysis）和精炼分析法（refined analysis）[57]。筛选分析法用于初步识别参数的敏感性，相对简单，容易运行，但是所得的重要变量的特征如交互作用和非线性等结果不稳健。精炼分析法则可用于复杂的模型，可得出较为精确的定量分析结果，但是需要大量的输入参数量，实现起来较为困难。

④ 第四种分类为定性（qualitative）和定量（quantitative）的 SA 方法。定性的 SA 方法采用启发式分量来直观地表达参数的敏感性程度，从而筛选出非影响参数，该方法运行模型相对较少；定量的 SA 方法是基于输入参数对模型输出的方差来评估参数的敏感性程度，为得到每个参数解释的方差值，所运行的模型量较大。

本章参照最常用的第一种分类中的全局敏感性分析（GSA）方法来讨论三种不同类型因素在不同的组合模式下对 BTES 的热特性。本章采用 GSA 方法的目的有：a. 确定对 BTES 不同的热特性指标的关键影响因素，探索提高 BTES 综合性能的参数设计和运行组合特征；b. 确定对 BTES 不同的热特性指标偏弱影响因素，提高 BTES 的前期设计和运行优化效率；c. 通过三类因素不同组合模式对 BTES 模型输出的影响，分析因素间的交互作用；d. 为 BTES 的进一步多目标优化奠定理论研究方法和思路。

4.3.2　全局敏感性分析方法选用

与局部敏感性分析方法（LSA）相比，全局敏感性分析方法（GSA）探索在整个输入空间上考虑每个输入变量的概率分布函数的响应变化。此外，GSA 还能够评估单个输入变量的敏感性在其他输入变量作用下对输出变量所产生的响应变化。在实际工程中大多数模型具有非线性特征，并且参数之间具有相关性以及运行时在交互作用下对输出模型产生一定的影响。而 LSA 则通常将模型假设成线性的或可叠加的线性模型，这样分析得到的结果往往缺乏稳定性和准确性。GSA 适用的模型较广泛，线性、非线性、不可叠加等复杂模型均适用[58]，得到的敏感性结果更加稳健。

因此，对于 BTES 而言，实际上没有一个因素是固定不变的，不同的设计方案对应不同的因素组合。综合考虑本章模型的复杂性、输入变量的多样性、变量间不同组合模式以及最终需要得到的目标，采用 GSA 方法。

常用的 GSA 方法主要有：基于筛选（screening-based）的分析法、线性回归（linear regression）分析方法、方差分解指数（variance decomposition indices）分析方法和基于元模型（meta-model）的敏感性分析方法[13]，其中线性回归分析方法和方差分解指数分析方法是基本的分析方法。线性回归分析方法是利用假设的线性回归方程的最小平方函数对一个或多个因变量与自变量之间的关系进行建模的一种回归分析。当回归分析中包括多个自变量，且因变量和自变量之间是线性关系，则称为多元线性回归分析。

常见的多元线性回归分析方法有标准回归系数法（standardized regression coefficients，SRC）和偏相关系数法（partial correlation coefficients，PCC）。SRC 适用于线性模型，即输入变量间相互独立的情况；与此相反，PCC 适用于输入变量相关联的情况。标准回归系数或偏相关系数值大小反映输入变量与输出模型之间相关关系的显著与否。如某输入变量的标准回归系数或偏相关系数值接近 0，则表明该输入变量与模型输出没有显著的线性相关关系，系数接近 1 则表明该变量对模型输出有显著影响。系数的正与负代表输入变量与输出变量的正相关性与负相关性。正相关表明输出变量随着输入变量的增大而增大，负相关则表明输出变量随输入变量的增大而减小或相反。

多元线性回归方法中，通过式(4-5) 近似表达输入因素与输出变量之间关系。

$$y(x_1, x_2, \cdots, x_n) = b_0 + \sum_{j=1}^{N} b_j x_j + \varepsilon_j \tag{4-5}$$

当 b_j 确定时，回归模型如式(4-6) 所示：

$$\frac{y - \overline{y}}{\hat{s}} = \sum_j \frac{b_j \hat{s}_j}{\hat{s}} \frac{x_j - \overline{x}_j}{\hat{s}_j} \tag{4-6}$$

其中，

$$\overline{y} = \sum_{i=1}^{N} \frac{y_i}{N}, \overline{x}_j = \sum_{i=1}^{N} \frac{x_{ij}}{N}, \hat{s} = \left[\sum_{i=1}^{N} \frac{(y_i - \overline{y})^2}{N-1} \right]^{1/2}, \hat{s}_j = \left[\sum_{i=1}^{N} \frac{(x_{ij} - \overline{x}_j)^2}{N-1} \right]^{1/2} \tag{4-7}$$

第 j 个变量的标准回归系数为：

$$\mathrm{SRC}_j = \frac{b_j \hat{s}_j}{\hat{s}} \tag{4-8}$$

式中　y——输出变量；

　　x_j——第 j 个因素（$j=1, 2, \cdots, N$）；

　　b_j——每个 x_j 的最小二乘法估计的系数；

　　b_0——截距；

　　ε_j——随机误差；

　　N——因素数量；

　SRC_j——第 j 个变量的标准回归系数；

　　$\hat{s}$——模型输出总标准差；

　　$\hat{s}_j$——第 i 个参数的标准差。

SRC 计算高效且便于理解，即使所有的参数均同时影响输出模型也能评估每个参数的敏感性程度，但是适用于输入变量之间相互独立的情况。因此在进行 SRC 敏感性分析之前一般先分析两两变量之间的相关性。通常采用皮尔逊相关系数（Pearson correlation coefficient，PCC）分析两个变量之间的相关程度，简称相关系数，用 ρ 表示。

两个变量之间的皮尔逊相关系数为两个变量之间的协方差和标准差之商，如式(4-9)所示：

$$\rho_{X,Y} = \frac{\text{cov}(X,Y)}{\sigma_X \sigma_Y} = \frac{E\left[(X-\mu_X)(Y-\mu_Y)\right]}{\sigma_X \sigma_Y} \tag{4-9}$$

式中　cov——协方差；

σ_X，σ_Y——X 和 Y 的标准差；

μ_X，μ_Y——X 和 Y 的均值；

E——期望值。

由柯西-施瓦尔兹不等式（Cauchy-Schwarz inequality）可知 ρ 介于 -1 与 1 之间。相关系数的绝对值大小代表两个变量之间相关程度，值越大表明相关程度越高。ρ 一般分为 4 个程度，根据 ρ 的绝对值范围，0～0.1 时为不相关，0.1～0.3 时为低相关，0.3～0.5 时为中等相关，0.5～1 时则为显著相关。ρ 值的正负则代表两个变量之间的正相关和负相关性。两个变量正相关时，一个变量随另一个变量的增加而增大；负相关时正好相反。其中 1 是完全正相关，0 是无相关，-1 是完全负相关。

在 SRC 敏感性分析中通常先假设输入变量与模型输出之间存在线性关系，并建立回归模型对其进行回归分析。如输入变量与模型输出之间存在非线性关系，则所得出的 SRC 敏感性分析结论的准确度需通过回归系数显著性检验，并可验证回归模型的合理性。在多元线性回归模型中通常利用决定系数（coefficient of determination，R^2）判断拟合效果，R^2 计算公式如式(4-10)所示：

$$R^2 = 1 - \frac{\sum_{i=1}^{N}(\hat{y}_i - y_i)^2}{\sum_{i=1}^{N}(\hat{y}_i - \overline{y}_i)^2} \tag{4-10}$$

R^2 表示由回归模型本身解释的输出方差的分数。对于线性模型 SRC 能够精确量化每个参数解释的输出方差量；当模型为非线性时，当 $R^2 > 0.7$ 时 SRC 仍可用于定性评估参数的重要性，而当 R^2 较小时 SRC 不能被视为可靠的敏感性方法[59]。另外采用 P 值是否小于 0.01 来检验回归系数的显著性。

线性回归分析方法不适用于非线性或不可叠加的复杂模型。方差分解指数分析方法，也叫基于方差（variance-based）的分析法，是将模型输出的总方差分解为单个输入变量和变量间组合的影响，从而得出每个影响因素的重要性。基于方差的敏感性分析方法认为输入变量和输出变量均是随机变量，可用分布函数表达，假定输入变量之间相互独立，则输入与输出变量之间的方差有一定的关联性。如果输入变量中某一个变量对输出变量有重要影响，则该变量的变化对输出方差有决定性的影响，即输入变量的影响越大，对输出响应的波动越大[58]。该方法在复杂的非线性模型的参数敏感性分析上能够得出高精确度以及较稳健的敏感性指数[60]。假设 z 是模型输出的响应，x 表示用于预测 z 值的变量（即输入因子），$u(x)$ 是表示输入变量不确定性的概率分布函数。因此基于方差的敏感性分析方

法是确定输出变量 z 对于输入函数 $u(x)$ 的不确定性分布。输出模型 z 的总方差的分解式如式(4-11)所示：

$$V = var(E[z/x]) = \sum_{j=1}^{k} V_j + \sum_{1 \leqslant i \leqslant j \leqslant k} V_{ij} + \cdots + V_{1,2,\cdots,k} \tag{4-11}$$

式中　k——输入变量的数量；

　　　V——模型输出的总方差；

　V_j——第 j 个变量 x_j 的一阶效应的方差，是单个输入变量对模型输出的影响；

　V_{ij}——第 i 和第 j 两个输入变量的交互项，是两个输入变量在交互作用下对模型输出的影响；

$V_{1,2,\cdots,k}$——k 个输入变量的交互作用对模型输出的影响。

在式(4-11)两边同时除以 $V(z)$ 可得式(4-12)：

$$\sum_{j=1}^{d} S_j + \sum_{1 \leqslant i \leqslant j \leqslant d} S_{ij} + \cdots + S_{1,\cdots,d} = 1 \tag{4-12}$$

$$S_j = \frac{V_j}{var(z)} = \frac{var(E[z/x_j])}{var(z)} \tag{4-13}$$

式中　S_j——变量 x_j 对模型输出的影响程度，是第 j 个输入变量对模型方差的主要贡献，等于各输入因素独自作用引起模型输出的方差与输出总方差之比，称一阶效应敏感性指数，是衡量单一变量 x_j 独自作用时对模型输出的影响程度。

设 $T_j = S_j + S_{1j} + \cdots + S_{1,2,\cdots,i,k}$，则有：

$$T_j = \frac{var([z|x_{-j}])}{var(z)} = 1 - \frac{var(E[z|x_{-j}])}{var(z)} \tag{4-14}$$

式中　x_{-j}——输入因素中除第 j 个因素的其他因素；

　　T_j——变量 x_j 与其他变量交互作用时对输出模型方差的贡献，等于各输入因素在交互作用下引起的模型输出的方差与输出总方差的比值，称全效应敏感性指数；T_j 同时考虑了单个输入变量的一阶效应和输入变量之间的所有高阶相互作用的效应。

因此采用该方法不仅可得到单个变量对输出变量的影响，还能得出变量在交互作用下对输出变量的影响程度。一阶效应敏感性指数和全效应敏感性指数是基于方差的敏感性分析方法的两个衡量因素敏感性的指标。从式(4-12)～式(4-14)可知，S_j 和 T_j 的值在 0 到 1 之间，当模型为线性的或可叠加时，所有参数的敏感性之和为 1，则基于方差的和基于回归的敏感性分析结果相同。

基于方差的敏感性分析方法不考虑模型性质，适用于复杂的非线性和非叠加型模型，计算精度和可靠性较高。但是该方法需要大量的计算，因此非常耗时。基于元模型的敏感性分析方法则能在不影响精度的情况下减少计算次数及减少计算资源的需求。其基本思想是通过各种统计或实验设计方法模拟输入参数与模型输出之间的响应函数，以取代原有的、复杂的物理或概念模型，然后通过因素的敏感性指数分析对模型输出的影响。其核心是选择合适的采样设计和响应拟合方法，常用的拟合方法有高斯过程（Gaussian processes，GP）、树状高斯过程（treed Gaussian processes，TGP）[61]、多元自适应回归样条（multivariate adaptive regression splines，MARS)[62]、支持向量机（support vector machine，SVM）、人工神经网络（artificial neural networks，ANN）[63]。GP 在处理高维数、小样本、非线性等复杂的问题时具有很好的适应性，决策树则是解决非静态回归问题的简单而有效的方法。TGP 将 GP 和决策树相结合，因此具有两者的优点，能够处理高维数的非线性动态模型，需要的模型少、计算量小、效率高[49]。

TGP 敏感性分析方法则是 TGP 和基于方差分解指数 Sobol 方法的结合，可处理复杂的非线性动态模型，不仅可以量化输入因素对输出变量的影响，而且所得到的敏感性指数是区间估计值而非定值，因此准确性和可信度更高。与其他基于方差的全局敏感性分析方法相比，TGP 敏感性分析方法计算高效，所需的模型较少。基于回归的 SRC 敏感性分析方法虽然适用于线性模型，但是 SRC 计算高效且便于理解。

因此本章采用基于回归的 SRC 和基于元模型的 TGP 两种全局敏感性分析方法分析不同运行因素对 BTES 的热特性的影响特性。选取 SRC 和 TGP 两种敏感性分析方法的目的在于：a. SRC 便于理解，TGP 稳健、准确性和可信度高，且这两种方法均计算高效，所需模型较少；b. SRC 适用于线性模型，而 TGP 适用于高维非线性模型，可达到互补作用；c. 通过对比这两种方法分析出的结论可得更适用于 BTES 研究的全局敏感性分析方法。

在 SRC 全局敏感性分析中标准回归系数 SRC_j 值大小反映输入变量与输出模型之间的相关关系的显著与否。如某输入变量的 SRC_j 值接近 0，则表明该输入变量与模型输出没有显著的线性相关关系；当 SRC_j 值接近 1，则表明该变量对模型输出有显著影响。SRC_j 值的正与负代表输入变量与输出变量的正相关性与负相关性。正相关表明输出变量随着输入变量的增大而增大；负相关则表明输出变量随输入变量的增大而减小，或相反。

在 TGP 全局敏感性分析中有一阶效应指数（first order effect）S_j 和全效应指数（total effect）T_j 两个敏感性指数。一阶效应指数 S_j 为各输入因素独自作用引起模型输出的方差与输出总方差之比；全效应指数 T_j 为各输入因素间交互作用下引起的模型输出的方差与输出总方差的比值。单个因素的 S_j 和 T_j 越大表明该输入因素对模型输出的影响越大，S_j 和 T_j 的差别在于第 j 个输入因素与其余因素之间的交互作用而产生的输出方差的差别，因此 S_j 和 T_j 差距越大则表明因素间的交互作用越大[61]。另外，为了便于比较不同参数的敏感性，避免不同参数单位和取值范围的干扰，需要对模型输出进行标准化处理。在参数影响的趋势的主效应图（main effect）中，模型输入（scaled inputs）和模型输出响应（response）从小到大统一于区间 $[-0.5, 0.5]$。

4.3.3　因素间相关性分析

不同的敏感性分析方法适用条件各有不同，前述 TGP 敏感性方法是 TGP 和基于方差的 Sobol 方法的结合，而 Sobol 方法和 SRC 方法则都需要输入因素之间的独立性。本章采用分析因素间相关程度时广泛应用的皮尔逊相关系数 ρ 判断表 4-2 中 7 个影响因素通过 LHS 抽样设计组合后输入因素之间的相关性。

如图 4-5 所示（彩图见书后）为表 4-2 中的 7 个因素应用 LHS 后相关因素之间的相关系数图。图中对角线代表变量与自身的相关性，称自相关性；除对角线外，横纵坐标相交的位置代表该横纵坐标对应的两个变量之间的相关性；在对角线右上半部分中，以色带的白色作为中点，朝上下两边色带颜色逐渐加深，朝上代表两个变量之间正相关，朝下代表两个变量之间负相关；色带的深浅与圆圈的大小则代表两个变量之间的相关程度。此外，图中对角线下方部分显示了两两变量的相关系数，从而更能直观地看出 7 个不同输入因素之间的相关性。从图中可看出近 1/2 的相关系数在 0～0.09 的范围内，近 1/2 的相关系数在 0.12～0.26 范围内，最小的相关系数为 0，说明这两个因素之间完全不相关，其他相关系数小于0.1 的因素之间也不相关，其余的因素之间相关程度也是低相关。综合考虑这 7 个因素之间的相关性较弱，认为输入因素之间相互独立，可采用 SRC 和 TGP 的敏感性分析方法。

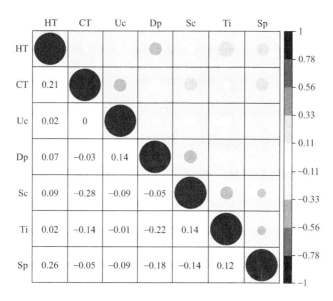

图 4-5　LHS 设计组合后影响因素的相关系数图

4.4 全局敏感性分析技术路线与结果表达

4.4.1 技术路线

本章全局敏感性（GSA）分析方法研究技术流程如图 4-6 所示。

4.4.2 结果表达

通过全局敏感性分析可定性和定量地评估参数的重要性，因此其结果也可以用定性和定量的表达形式，图形的可读性会直接影响对于结果的分析和了解。敏感性分析中常用的有直方图、条形图、箱线图、饼图、核密度图和点图等。

直方图（histogram）能表达数值的分布，也能评估连续型变量（定量变量）的概率分布[64]。与条形图不同的是直方图只有一个变量，首先将整个值域范围分割成一系列的组，然后再计算每个组中落入多少相应的值。横坐标显示所分割的值域组，纵轴显示各组相应值得的频率。还可以对直方图进行归一化处理，显示每个值域中所落入的相对频率，直方图高度的总和等于 1。

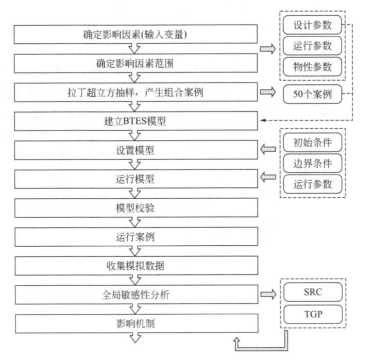

图 4-6　全局敏感性（GSA）分析方法研究流程图

核密度是用于估计随机变量概率密度函数的一种非参数方法，核密度图也是一种用来观察连续型变量的有效方法[65]。在表达敏感性分析结果的连续型变量时通常采用直方图和核密度图叠加的方式，这样可更加直观地展示数值的分布特点。本章利用直方图与核密度图组合的方式来展示不同模式下的注入热量、蓄热量、热损失、蓄热率、取热率和能量密度等各项评价指标的分布。

箱线图（box plot）通过连续型变量的四分位数的方式描述变量分布的方式，箱线图中有垂直于箱子上下四分位数的沿线（whiskers），因此又称盒须图。通过绘制连续型变量的五数总括来描述变量的分布及数据的集中程度。如图 4-7 所示，图中五数总括分别是最小值

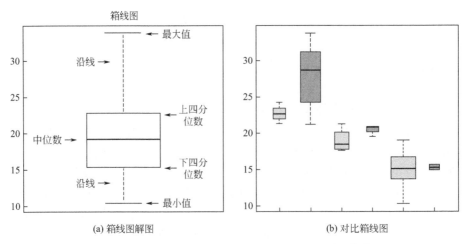

(a) 箱线图解图　　　　　　　(b) 对比箱线图

图 4-7　箱线图解图和多组变量之间的对比箱线图[66]

（lower hinge）、下四分位数（lower quartile）、25％位置、中位数（median）、50％位置、上四分位数（upper quartile）、75％位置以及最大值（upper hinge）。垂直于上下四分位数的沿线叫须（whiskers），该两条须的延伸极限不超过盒子两段1.5倍四分位距的范围，超出该范围的点表示离群点，用点来表示。最大最小值之外的点代表极端值[66]。两条须越短越靠近箱子则表明该类变量越均匀；盒子的高度反映了数据的分散情况，高度越大数据越广则越分散，反之则越集中，且离中位数偏上集中较多则为正偏；在多个因素的对比中从箱子的宽度也能看出较为集中的变量；盒子的位置则展示数据集中的范围。本章通过箱线图主要展示各评价指标的分布以及各影响因素敏感性指数的分布。

4.5 本章小结

① 根据实际工程应用结合参考文献研究与指导手册，从设计、运行和物性参数三大类型中筛选和确定影响 BTES 系统性能的 7 个重要因素及其取值范围。

② 采用拉丁超立方抽样设计方法对筛选和确定的 7 个因素进行了组合设计，得出了 50 组设计参数组合，该 50 组设计参数组合作为全局敏感性分析的模型输入变量。

③ 通过皮尔逊相关系数法对 50 组输入变量进行了相关性分析，结果表明近 1/2 的相关系数在 0～0.09 的范围内，最小的相关系数为 0，输入变量之间完全不相关或低相关，综合分析认为因素间相互独立。

④ 对比分析了各个全局敏感性分析方法的原理以及适用条件，最终采用了两种全局敏感性分析方法，分别是标准回归系数法 SRC 和与基于方差分解指数 Sobol 方法的结合 TGP 敏感性分析方法。采用两种敏感性分析方法一方面能互相验证敏感性分析结果；另一方面通过对比可找出更加适合 BTES 敏感性分析研究的方法。

参考文献

[1] Nußbicker J，Mangold D，Heidemann W，et al. Solar assisted district heating system with duct heat store in Neckarsulm-Amorbach（Germany）[C]//ISES Solar World Congress，2003，14（19.06）：2003.

[2] Han C，Yu X B. Sensitivity analysis of a vertical geothermal heat pump system [J]. Applied Energy，2016，170：148-160.

[3] Miyara A. Thermal performance investigation of several types of vertical ground heat exchangers with different operation mode [J]. Applied Thermal Engineering，2012，33：167-174.

[4] Cao X，Yuan Y，Sun L，et al. Restoration performance of vertical ground heat exchanger with various intermittent ratios [J]. Geothermics，2015，54：115-121.

[5] Gao Q，Li M，Yu M. Experiment and simulation of temperature characteristics of intermittently-controlled ground heat exchanges [J]. Renewable Energy，2010，35（6）：1169-1174.

[6] Shang Y，Li S，Li H. Analysis of geo-temperature recovery under intermittent operation of ground-source heat pump [J]. Energy and Buildings，2011，43（4）：935-943.

[7] Luo J，Zhao H，Gui S，et al. Thermo-economic analysis of four different types of ground heat exchangers in energy piles [J]. Applied Thermal Engineering，2016，108：11-19.

[8] Shang Y，Dong M，Li S. Intermittent experimental study of a vertical ground source heat pump system [J]. Applied Energy，2014，136：628-635.

[9] Tong C，Graziani F. A practical global sensitivity analysis methodology for multiphysics applications//Computational

Methods in Transport: Verification and Validation [M]. Berlin: Springer, 2008: 277-299.

[10] Shin M J, Guillaume J H A, Croke B F W, et al. Addressing ten questions about conceptual rainfall-runoff models with global sensitivity analyses in R [J]. Journal of Hydrology, 2013, 503: 135-152.

[11] Sibbitt B, Mcclenahan D, Djebbar R, et al. The performance of a high solar fraction seasonal storage district heating system—five years of operation [J]. Energy Procedia, 2012, 30 (1): 856-865.

[12] Baser T, McCartney J S. Development of a full-scale soil-borehole thermal energy storage system [C]// IFCEE 2015. 2015: 1608-1617.

[13] Wołoszyn J. Global sensitivity analysis of borehole thermal energy storage efficiency on the heat exchanger arrangement [J]. Energy Conversion and Management, 2018, 166: 106-119.

[14] Zhu L, Chen S, Yang Y, et al. Transient heat transfer performance of a vertical double U-tube borehole heat exchanger under different operation conditions [J]. Renewable Energy, 2019, 131: 494-505.

[15] Kong X R, Deng Y, Li L, et al. Experimental and numerical study on thermal performance of ground source heat pump with a set of designed buried pipes [J]. Applied Thermal Engineering, 2016, 114: 110-117.

[16] Haroutunian V, Engelman M S. On modeling wall-bound turbulent flows using specialized near-wall finite elements and the standard k-epsilon turbulence model [C]// Advances in Numerical Simulation of Turbulent Flows, 1991: 97-105.

[17] Lanini S, Delaleux F, Py X, et al. Improvement of borehole thermal energy storage design based on experimental and modelling results [J]. Energy & Buildings, 2014, 77 (77): 393-400.

[18] Rapantova N, Pospisil P, Koziorek J, et al. Optimisation of experimental operation of borehole thermal energy storage [J]. Applied Energy, 2016, 181: 464-476.

[19] Dehkordi S E, Schincariol R A. Effect of thermal-hydrogeological and borehole heat exchanger properties on performance and impact of vertical closed-loop geothermal heat pump systems [J]. Hydrogeology Journal, 2014, 22 (1): 189-203.

[20] Gao L, Zhao J, Tang Z. A review on borehole seasonal solar thermal energy storage [J]. Energy Procedia, 2015, 70: 209-218.

[21] Li M, Lai A C K. Review of analytical models for heat transfer by vertical ground heat exchangers (GHEs): A perspective of time and space scales [J]. Applied Energy, 2015, 151: 178-191.

[22] Kizilkan O, Dincer I. Borehole thermal energy storage system for heating applications: thermodynamic performance assessment [J]. Energy Conversion and Management, 2015, 90: 53-61.

[23] Yang X, Li H, Svendsen S. Energy, economy and exergy evaluations of the solutions for supplying domestic hot water from low-temperature district heating in Denmark [J]. Energy Conversion & Management, 2016, 122: 142-152.

[24] Rad F M, Fung A S. Solar community heating and cooling system with borehole thermal energy storage—review of systems [J]. Renewable & Sustainable Energy Reviews, 2016, 60: 1550-1561.

[25] Dirk M, Laure D. Seasonal Thermal Energy storage: Report on the State of the Art and Necessary Further R&D [R]. Stuttgart: IEA Task 49, 2015. http://task45.iea-shc.org/publications.

[26] Bauer D, Marx R, Nußbicker-Lux J, et al. German central solar heating plants with seasonal heat storage [J]. Solar Energy, 2010, 84 (4): 612-623.

[27] Chen J, Lei X, Li B, et al. Simulation and experimental analysis of optimal buried depth of the vertical U-tube ground heat exchanger for a ground-coupled heat pump system [J]. Renewable Energy, 2015, 73: 46-54.

[28] Kim E J, Roux J J, Rusaouen G, et al. Numerical modelling of geothermal vertical heat exchangers for the short time analysis using the state model size reduction technique [J]. Applied Thermal Engineering, 2010, 30 (6): 706-714.

[29] Hellström G. Ground heat storage: thermal analyses of duct storage systems [D]. Lund: Lund University, 1991.

[30] Serageldin A A, Sakata Y, Katsura T, et al. Thermo-hydraulic performance of the U-tube borehole heat exchanger with a novel oval cross-section: numerical approach [J]. Energy Conversion and Management, 2018, 177: 406-415.

［31］　Luo J，Rohn J，Xiang W，et al. A review of ground investigations for ground source heat pump（GSHP）systems ［J］. Energy and Buildings，2016，117：160-175.

［32］　Tordrup K W，Poulsen S E，Bj? rn H. An improved method for upscaling borehole thermal energy storage using inverse finite element modelling ［J］. Renewable Energy，2017，105：13-21.

［33］　Catolico N，Ge S，Mccartney J S. Numerical modeling of a soil-borehole thermal energy storage system ［J］. Vadose Zone Journal，2016，15（1）：1-17.

［34］　Xu J，Li Y，Wang R Z，et al. Performance investigation of a solar heating system with underground seasonal energy storage for greenhouse application ［J］. Energy，2014，67：63-73.

［35］　Jradi M，Veje C，J? rgensen B N. Performance analysis of a soil-based thermal energy storage system using solar-driven air-source heat pump for Danish buildings sector ［J］. Applied Thermal Engineering，2017，114：360-373.

［36］　Monzo P，Lazzarotto A，Acuna J. First Measurements of a Monitoring Project on a BTES System ［C］// IGSHPA Technical/Research Conference and Expo，2017-03：1-18.

［37］　Dai L H，Shang Y，Li X L，et al. Analysis on the transient heat transfer process inside and outside the borehole for a vertical U-tube ground heat exchanger under short-term heat storage ［J］. Renewable Energy，2016，87：1121-1129.

［38］　Nguyen A，Pasquier P，Marcotte D. Borehole thermal energy storage systems under the influence of groundwater flow and time-varying surface temperature ［J］. Geothermics，2017，66：110-118.

［39］　Liang P，Qi D，Li K，et al. Simulation study on the thermal performance of vertical U-tube heat exchangers for ground source heat pump system ［J］. Applied Thermal Engineering，2015，79：202-213.

［40］　Hahne E. The ITW solar heating system：an old timer fully in action ［J］. Solar Energy，2000，69（6）：469-493.

［41］　Giordano N，Comina C，Mandrone G，et al. Borehole thermal energy storage（BTES）. First results from the injection phase of a living lab in Torino（NW Italy）［J］. Renewable Energy，2016，86：993-1008.

［42］　Zhan C S，Song X M，Xia J，et al. An efficient integrated approach for global sensitivity analysis of hydrological model parameters ［J］. Environmental Modelling & Software，2013，41：39-52.

［43］　Mckay M D，Beckman R J，Conover W J. A comparison of three methods for selecting values of input variables in the analysis of output from a computer code ［J］. Technometrics，1979，21（02）：239-245.

［44］　辛淑亮. 试验设计与统计方法 ［M］. 北京：电子工业出版社，2015.

［45］　Griensven A V，Meixner T，Grunwald S，et al. A global sensitivity analysis tool for the parameters of multi-variable catchment models ［J］. Journal of Hydrology，2006，324（1）：10-23.

［46］　Macdonald I A. Comparison of sampling techniques on the performance of Monte-Carlo based sensitivity analysis ［C］//Eleventh International IBPSA Conference，2009：992-999.

［47］　Rivalin L，Stabat P，Marchio D，et al. A comparison of methods for uncertainty and sensitivity analysis applied to the energy performance of new commercial buildings ［J］. Energy and Buildings，2018，166：489-504.

［48］　Gramacy R B，Taddy M. Categorical inputs，sensitivity analysis，optimization and importance tempering with tgp version 2，an R package for treed gaussian process models ［J］. Journal of Statistical Software，2010，33（6）：1-48.

［49］　何成. 庭院式建筑设计参数的能耗敏感性研究 ［D］. 天津：天津大学，2017.

［50］　Tian W，Heo Y，De Wilde P，et al. A review of uncertainty analysis in building energy assessment ［J］. Renewable and Sustainable Energy Reviews，2018，93：285-301.

［51］　Tian W，Liu Y，Heo Y，et al. Relative importance of factors influencing building energy in urban environment ［J］. Energy，2016，111：237-250.

［52］　Wołoszyn J，Gołaś A. Sensitivity analysis of efficiency thermal energy storage on selected rock mass and grout parameters using design of experiment method ［J］. Energy Conversion and Management，2014，87：1297-1304.

［53］　Tian W，Yang S，Li Z，et al. Identifying informative energy data in Bayesian calibration of building energy models ［J］. Energy and Buildings，2016，119：363-376.

［54］　Song X，Zhang J，Zhan C，et al. Global sensitivity analysis in hydrological modeling：Review of concepts，methods，theoretical framework，and applications ［J］. Journal of Hydrology，2015，523：739-757.

［55］ Saltelli A，Tarantola S，Campolongo F，et al. Sensitivity analysis in practice：a guide to assessing scientific models ［R］. Chichester，England，2004.

［56］ Christopher Frey H，Patil S R. Identification and review of sensitivity analysis methods ［J］. Risk Analysis，2002，22（3）：553-578.

［57］ Song X，Zhan C，Xia J，et al. An efficient global sensitivity analysis approach for distributed hydrological model ［J］. Journal of Geographical Sciences，2012，22（2）：209-222.

［58］ 王晓迪. 高维复杂模型的全局敏感度分析 ［D］. 上海：华东师范大学，2012.

［59］ Cariboni J，Gatelli D，Liska R，et al. The role of sensitivity analysis in ecological Modelling ［J］. Ecological Modelling，2007，203（1-2）：167-182.

［60］ Tian W. A review of sensitivity analysis methods in building energy analysis ［J］. Renewable and Sustainable Energy Reviews，2013，20：411-419.

［61］ Li J，Duan Q Y，Gong W，et al. Assessing parameter importance of the common land model based on qualitative and quantitative sensitivity analysis ［J］. Hydrology and Earth System Sciences，2013，17（8）：3279.

［62］ Tian W，Yang S，Zuo J，et al. Relationship between built form and energy performance of office buildings in a severe cold Chinese region//Building Simulation ［M］. Beijing：Tsinghua University Press，2017.

［63］ Bryan Eisenhower Zheng O'Neill，Vladimir Fonoberov Igor Mezic. Uncertainty and Sensitivity Decomposition of Building Energy Models ［J］. Journal of Building Performance Simulation，2012，5（03）：171-184.

［64］ Pearson K. Contributions to the mathematical theory of evolution. Ⅱ. skew variation in homogeneous material ［J］. Philosophical Transactions of the Royal Society A：Mathematical，Physical and Engineering Sciences，1895，186：343-414.

［65］ Kabacoff R. R in Action：Data Analysis and Graphics with R ［M］. Greenwich：Manning Publications，2015.

［66］ McGill R，Tukey J W，Larsen W A. Variations of Box Plots ［J］. The American Statistician，1978，32（1）：12-16.

第**5**章

BTES系统井群模型及其性能特性

第 4 章中确定了输入因素及其范围,通过拉丁超立方抽样(LHS)对输入因素进行了抽样设计组合,并采用皮尔逊系数分析了抽样设计后各组合因素之间的相关性。结果显示相关系数很低,因素之间相互独立。基于此选择了基于回归的 SRC 和基于元模型的 TGP 两种全局敏感性分析方法。本章在第 4 章的成果基础上进一步确定 BTES 井群模型的布置形式。本章 3 种类型的影响因素中设计类因素包括井间距和井深,在模型建立之初先确定设计参数,根据 LHS 的 50 种不同的组合参数建立 50 组 BTES 三维瞬态数值模型。影响因素中的热导率则在对应的 50 组 BTES 模型中根据 LHS 的 50 个不同的组合进行设置。最后根据运行类影响因素包括蓄热温度、蓄热时间以及间歇时间等条件运行 50 组 BTES 模型。收集处理运行后的结果,得出 BTES 在蓄热阶段的蓄热量、蓄热效率、热损失以及 BTES 系统的能量密度,取热阶段的取热量、取热效率,以及取热后 BTES 系统的能量密度等数据。通过 SRC 和 TGP 对处理的数据进行全局敏感性分析,首先分析两种敏感性分析方法的结果,得出影响 BTES 热特性的主要影响因素以及影响特征,为 BTES 的工程设计和优化提供理论指导。其次,对比两种敏感性分析结果的差别,给出适用于 BTES 敏感性分析的方法。

5.1 BTES 系统井群布置形式

在 BTES 的相关应用和研究模型中,考虑钻井场地、井群数量、系统热性能以及便于后期扩建等条件和目的,井群布置有三角形[1]、四边形[2]、长方形[3]、六边形[4]、八边形[5]或圆形[6]等不同的形式,如图 5-1 所示(彩图见书后)。

在安装场地条件允许的情况下布置形式主要由所需井数量确定。其中,三角形布置形式最小井数为 3~6 口;正方形布置形式最小井数为 4~5 口;长方形布置形式最小井数从 4 口起步,且一般是偶数;六边形布置形式最小井数为 7 口;八边形和圆形则需要更多的井数量才能构成该形式。在相同井数量情况下,长方形布置形式与正方形布置形式的不同点在于长边方向上井之间的间距不同,也就是长边布置井数量多于短边。在井数为 7 口或更多时,井布置形式主要以六边形作为单元逐步往外扩大。根据文献调研结果,目前在已有的跨季节埋

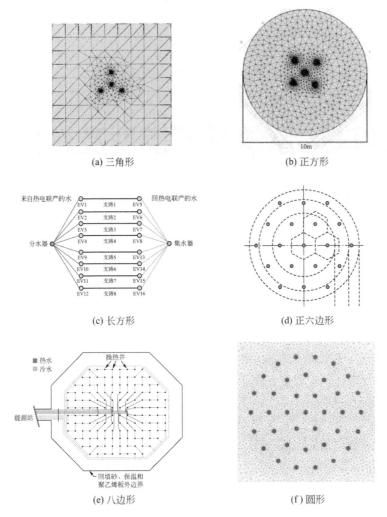

(a) 三角形　　　　　　　　　　　　(b) 正方形

(c) 长方形　　　　　　　　　　　　(d) 正六边形

(e) 八边形　　　　　　　　　　　　(f) 圆形

图 5-1　BTES 井群不同布置形式[1-6]

管蓄热系统模拟模型中主要有两种井布置扩大形式：一种是在正六边形的基础上增大每一环也是六边形，最后井布置形式仍旧维持六边形；另一种是在六边形的基础上扩大成为圆形形式，这种布置形式是以六边形中心井的中心点作为圆心画圆，然后在该圆周边上根据井数和井间距等要求均匀布置换热井。文献调研结果还发现，在井群数量较多的 BTES 研究模型中目前以以正六边形为基础的正六边形布置形式和圆形布置形式为主[1,4,6,7]。相关模型以该布置形式为主的一个重要原因就是对于蓄热井来说维持其较小的表面积与蓄热体体积之比很重要。因为蓄热体体形系数越大，通过表面的热损失越多。因此本章的 BTES 井群模型采用应用较多的六边形井布置形式开展下一步研究工作。

　　如图 5-2 所示，在六边形井群布置形式的基础形式中，6 条边线两两相交点即为钻井位置，同时六边形中心设置 1 口井，共计 7 口井。在正六边形布置中，每 2 口井间距均相同，即每 3 口井构成一个等边三角形，因此六边形布置形式是以 3 口井为基本单元，并可组成 7 口、19 口、37 口和 61 口等不同数量的井。在正六边形布置中，每条边上的井数量相等，每扩大一圈时每条边上井数增多 1 口，工程上有扩建需求的可以此类推进行扩建。此外，以井为中心点，以等边三角形 1/2 边长（即 1/2 井间距）为垂线得出的小正六边形之间一条边共线。因此，在以等边三角形组成的正六边形井群中每口井可看成由前述小正六边形包围。该布置形式的优点在于每口井中心距（井间距）相等，温度场分布均匀，这有利于使热量聚集在中心位置，从而减少通过远边界的热损失。

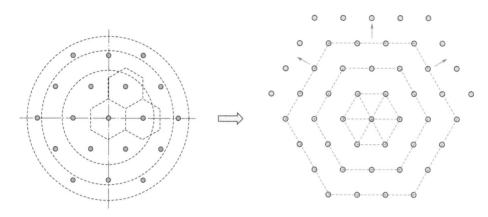

图 5-2　正六边形 BTES 井群布置形式

5.2 BTES 系统井群数学模型

5.2.1　BTES 井群几何模型

BTES 井群几何模型的建立与单井的模型建立过程较为类似，在确定井群布置形式后，根据 LHS 抽样结果建立 50 组不同的 BTES 井群模型，几何模型建立结果如图 5-3 所示。

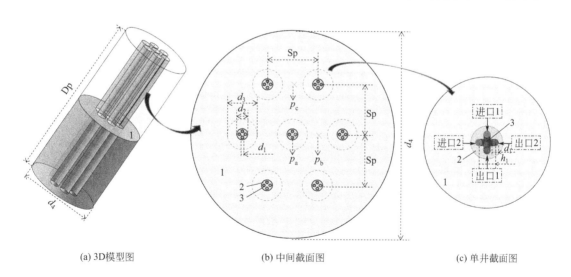

(a) 3D模型图　　　　(b) 中间截面图　　　　(c) 单井截面图

图 5-3　BTES 井群几何模型

1—土壤/岩土；2—填料；3—垂直双 U 型地埋管换热器；p_a，p_b，p_c—监测点位置；

d_1—U 型管直径；d_2—井直径；d_3—单个井边界直径；

d_4—蓄热体直径；h_1—进口出口 U 型管间距

井群模型中的钻孔、双U型管等尺寸参数与单井条件相同。本章中，井间距和井深参数是3类影响因素中的设计类因素，几何尺寸如表4-1所列，井间距1.5～5m，井深30～100m。岩土尺寸（径向远边界）的确定也是根据在第3章中单井的边界尺寸确定理论依据以及本章的条件综合考虑确定的，土壤半径取为15m[8-10]。

图5-4所示为BTES井群蓄热体实体网格形状，由于在单井中进行了网格独立性验证试验，因此井群中沿用单井网格划分方法，每口换热井的划分与第3章描述的单井网格划分相同。由于井群模型的远边界尺寸远大于单口井，采用面网格划分或渐变面网格划分方法时单井网格和岩土边界网格衔接不好，导致网格质量差。因此岩土远边界也采用了边界网格划分方法，经过网格独立性验证确定远边界网格划分数量为200。

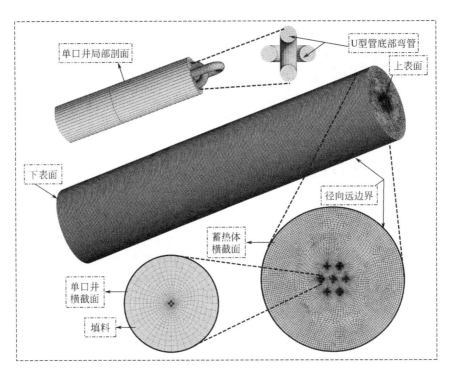

图5-4　BTES井群蓄热体实体网格划分结果

5.2.2　单值性条件

在井群边界条件设置中与单井边界条件设置不相同的有：

① 蓄热温度，50组不同的模型中蓄热温度范围为40～70℃。

② 流体流速，井群蓄热运行模式为间歇蓄热模式，蓄热期间流体流速设定为0.3m/s，其他时间为0；另外，在蓄热进行模式切换到停止模式时流速从0.3m/s瞬间减小至0，采用RNG k-ε Turbulence Model模型。流速切换通过UDF实现。

③ 井群上表面边界条件，前文中单井蓄热体模型上表面面积远小于井群上表面面积，与环境的换热量相对较小，因此单井蓄热体模型上面设定为绝热边界条件，而在井群模型中则必须考虑上表面与环境的换热，不同的顶部保温材料引起的与环境传热边界的热交互作用

也是本章研究的影响因素之一。

RNG k-ε Turbulence Model 设置如图 5-5 所示，相应计算公式如式（5-1）和式（5-2）所示[11]：

$$\frac{\partial}{\partial t}(\rho_f k)+\frac{\partial}{\partial x_i}(\rho_f k u_i)=\frac{\partial}{\partial x_j}\left(\alpha_k \mu_{eff}\frac{\partial k}{\partial x_j}\right)+G_k+G_b-\rho_f \varepsilon-Y_m+S_k \qquad (5\text{-}1)$$

$$\frac{\partial}{\partial t}(\rho_f \varepsilon)+\frac{\partial}{\partial x_i}(\rho_f \varepsilon u_i)=\frac{\partial}{\partial x_j}\left(\alpha_\varepsilon \mu_{eff}\frac{\partial \varepsilon}{\partial x_j}\right)+C_{1\varepsilon}\frac{\varepsilon}{k}(G_k+G_{3\varepsilon}G_b)-C_{2\varepsilon}\rho_f\frac{\varepsilon^2}{k}-R_\varepsilon+S_\varepsilon$$

$$(5\text{-}2)$$

式中 u——流体流速，m/s；

     ρ_f——流体密度，kg/m³；

    μ_{eff}——分子黏度；

  k，ε——湍流动能和湍流耗散率；

α_k，α_ε——k 和 ε 的逆有效普朗特数；

    G_k——由于平均速度梯度产生的湍流动能；

    G_b——由于浮力产生的湍流动能；

    Y_m——可压缩湍流中波动膨胀对总耗散率的贡献；

S_k、S_ε——源项。

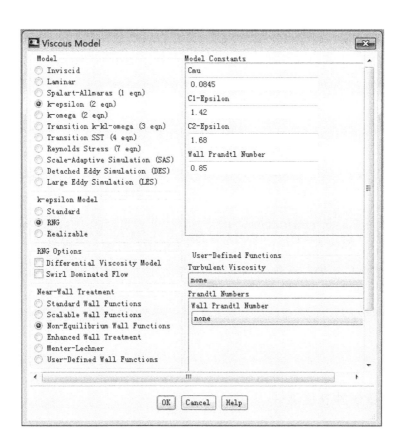

图 5-5 BTES 井群湍流模型设置

井群上表面的换热过程主要包括太阳辐射、周围环境长波辐射、环境空气对流引起的对流换热。BTES 井群蓄热体上表面有多个填料上表面、井间区域上表面以及井群外边缘岩土上表面,与建筑围护结构的传热过程较为类似,热辐射和热对流引起的换热可采用室外空气综合温度进行处理,因此本章中蓄热体上表面可看成第三类传热边界条件。边界条件通过编写 UDF 导入 Fluent 软件设置,所需气象数据包括天津市典型气象年逐时太阳辐照度、室外空气流速、环境温度等。上表面与空气的室外对流换热系数由式(5-3)所示,室外空气综合温度计算方法如式(5-4)所示:

$$h = 5.8 + 3.7v_a \tag{5-3}$$

$$T_c = \frac{R\rho_s}{h} + T_e \tag{5-4}$$

式中　T_c——室外空气综合温度,℃;

　　　R——太阳辐照强度,W/m;

　　　ρ_s——BTES 上表面辐射热吸收系数,取 0.79;

　　　h——上表面换热系数,W/m;

　　　v_a——室外空气流速,m/s。

BTES 全年的运行由非供暖季蓄热和供暖季取热两个部分构成,非供暖季蓄热时间为 3 月 16 日至 11 月 15 日,共 5880h,冬季供暖时间为 11 月 16 日至 3 月 15 日,共计 2880h。如图 5-6 所示为天津市典型气象年室外逐时空气温度、室外空气综合温度和地表对流换热系数。

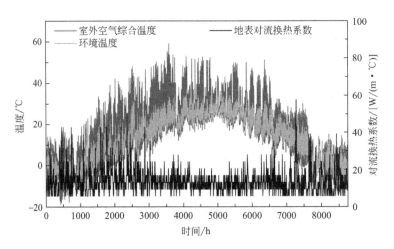

图 5-6　天津市典型气象年室外逐时空气温度、室外空气综合温度
和地表对流换热系数

5.2.3　时间步长独立性验证

在 BTES 井群蓄热和取热模拟中模型在跨季节蓄热时运行 5880h,在冬季取热时运行 2880h 以接近实际运行时间并获得全年的数据。对于瞬态数值模拟,需要确定时间步长与计算获得的结果之间的独立性,即较小的时间步长与较大的时间步长之间所得到的结果之间的

差别。在保证计算结果准确性的同时应尽量减小模拟代价避免计算资源的浪费，因此要进行时间步长独立性验证以确定适合的模拟时间步长。本章数值模拟中主要为了得出 BTES 井群在不同间歇运行模式下的热特性，因此从 50 组试验组合中随机选择了组合 48 试验进行了瞬态的时间步长独立性验证，并对比不同时间步长下的换热量、岩土不同监测点的温度以及进出口温差等计算结果。时间步长独立性验证不同监测点位置如图 5-7 所示，3 个岩土不同测点点 1、点 2 和点 3 的位置分别位于井群中心轴上、两口井中间对称轴上和右上角最边缘井外的点，其对应的空间坐标分别为点 1（0，0，30m）、点 2（0，1.5m，30m）和点 3（－1.5m，1.5m，30m）。

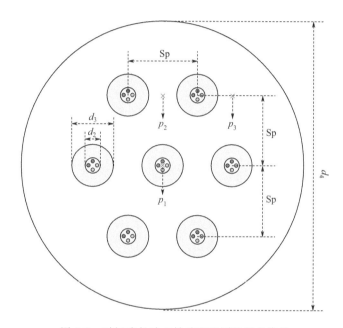

图 5-7 时间步长独立性验证不同监测点位置

时间步长独立性验证则分别选取 6 组不同步长进行验证，6 组时间步长依次为 150s、300s、600s、1200s、1800s 和 3600s。

表 5-1 为不同时间步长所消耗的计算时间，从表中可看出随着时间步长的增大对计算时间的节省是很可观的，同样的蓄热时间下最小时间步长 150s 运行时间近 20h，而时间步长为 7200s 时只运行了不到 0.5h。

表 5-1 不同时间步长所消耗的计算时间

时间步长/s	计算时间/h	时间步长/s	计算时间/h
150	约 20	1200	约 3.5
300	约 12	1800	约 2.0
600	约 6.5	3600	约 1.2

图 5-8～图 5-10 分别为时间步长独立性验证中 6 组不同时间步长下对应 3 个监测点温度、换热量和进出口温差随时间的变化以及对应的局部放大图。在图 5-8 中温度上升是处于蓄热阶段，温度下降则处于停止蓄热阶段。

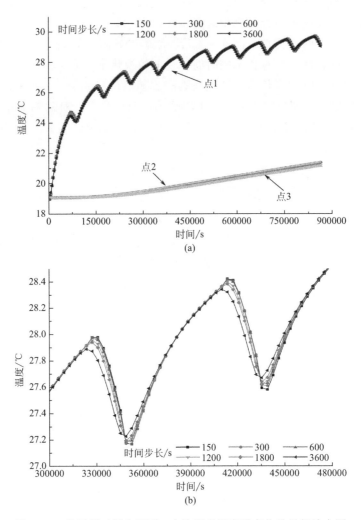

图 5-8　6 组不同时间步长下 3 个监测点温度随变化及局部放大图

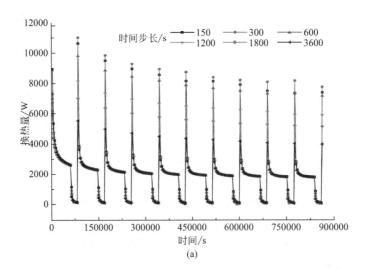

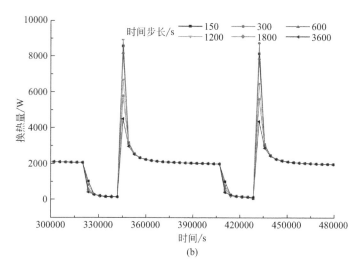

图 5-9　6 组不同时间步长对应换热量随时间变化及局部放大图

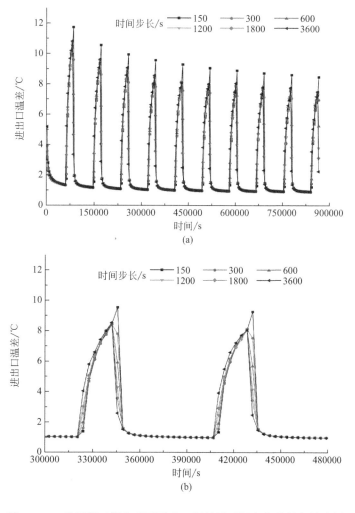

图 5-10　6 组不同时间步长下进出口温差随时间变化及局部放大图

从图中可看出 6 组不同时间步长下温度、换热量和进出口温差随时间的变化趋势相同，尤其 6 组时间步长下的 3 个不同点温度相差不大，除中心点以外的两点点 2 和点 3 的差别更小，因为岩土热扩散缓慢，该两点收到的温度波动较小。点 1 和点 2 最大误差分别为 1.3%和 0.1%，而点 3 最大误差接近 0。在图 5-9 中换热量陡升和陡降分别是循环流体流速从 0 变为 0.3m/s 和从 0.3m/s 变为 0 的瞬间产生的变化。流速变成 0.3m/s 进行蓄热时，换热量缓慢下降，当蓄热停止时循环流体流速变为 0，换热量从缓慢降低过程发生陡降。在图 5-10 中，进行蓄热时进出口温差缓慢下降至逐渐稳定状态，当蓄热停止以及蓄热重新开始时由于流速的过度变化过程进出口温差会发生陡升和陡降，之后随着运行的进行又逐渐变成稳定水平。从对应的局部放大图可看出 6 组时间步长均在流速发生突变的过程中产生差别，而流速变化过程为几个时间步长，较短暂，而在稳定蓄热阶段中 6 组步长误差均近似为 0。从温度和换热量的局部放大图 5-8 和图 5-9（b）可看出步长 3600s 与其他步长之间有明显的差别。因此在综合考虑下选取 1800s 作为本章 BTES 模型运行的时间步长。

5.2.4 井群沙箱实验验证

第 3 章中对单井蓄热体热特性进行研究前，利用单井沙箱实验对单井蓄热体瞬态传热模型进行了验证。事实上，井群蓄热体除包含单井换热外，井与井之间的热交互作用也很重要。本节在对 BTES 井群蓄热体进行系统研究前，首先通过双井沙箱实验对井群传热模型进行了验证。本节中所对比的实验来自于 Li 等[12]发表于应用热工程领域国际权威期刊 *Applied Thermal Engineering* 的公开数据（表 5-2）。

表 5-2 井群沙箱实验相关参数

参数	数值	单位	参数	数值	单位
沙箱深度	6.25	m	黏土比热容	1439	J/(kg·℃)
沙箱长度	1.5	m	砂岩比热容	1069	J/(kg·℃)
沙箱宽度	1	m	铜管比热容	381	J/(kg·℃)
U 型管长度	6.25	m	沙密度	1285	kg/m³
U 型管壁厚	0.0005	m	黏土密度	1430	kg/m³
U 型管内直径	0.005	m	砂岩密度	2592	kg/m³
埋管间距	0.015	m	铜管密度	8979	kg/m³
沙热导率	1.5	W/(m·℃)	沙热扩散率	6.49×10^{-7}	m²/s
黏土热导率	0.862	W/(m·℃)	黏土扩散率	4.19×10^{-7}	m²/s
砂岩热导率	2.98	W/(m·℃)	砂岩扩散率	1.08×10^{-6}	m²/s
铜管热导率	387.6	W/(m·℃)	流体比热容	4182	J/(kg·℃)
沙比热容	1798	J/(kg·℃)			

双井沙箱实验装置原理如图 5-11 右下角所示。由电加热器、流量计、温度传感器、两个单 U 型埋管换热器和数据采集仪等组成的闭式加热循环系统。沙箱实际尺寸为 6.25m×1.5m×1.0m，本书依据该沙箱实验装置的尺寸进行 1:1 建模、设置和模拟运算，其中瞬态进口温度通过 UDF 编程实现。

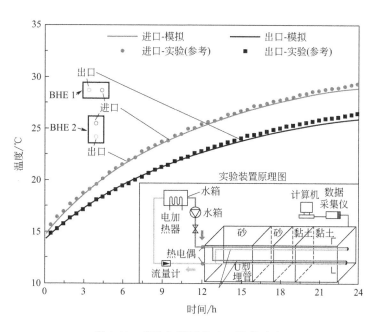

图 5-11　实验与模拟进出口温度对比

　　本书 3D 验证中选择了对比实验中井之间 3 个深度（$Z=2.1$，$Z=2.9$ 和 $Z=3.1$）以及对应深度不同空间位置处（$Z=2.1$，$1^\#$，$3^\#$ 和 $5^\#$；$Z=2.9$，$2^\#$ 和 $2^{\#\#}$；$Z=3.1$，$1^\#$，$3^\#$ 和 $5^\#$）共计 8 个热电偶的监测数据作为对比。同时对进出口温度进行了对比验证。上述对比验证中所采用的热电偶空间位置示意如图 5-12(a) 和图 5-12(c) 所示。进出口温度验证以及 3D 空间不同位置处的验证结果如图 5-11 和图 5-12 所示。

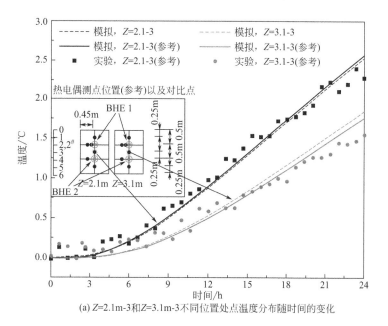

(a) $Z=2.1$m-3 和 $Z=3.1$m-3 不同位置处点温度分布随时间的变化

图 5-12

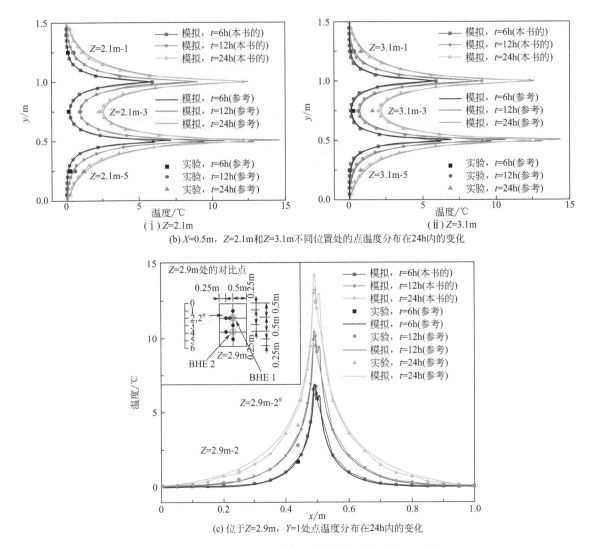

(b) $X=0.5\text{m}$，$Z=2.1\text{m}$ 和 $Z=3.1\text{m}$ 不同位置处的点温度分布在24h内的变化

(c) 位于 $Z=2.9\text{m}$，$Y=1$ 处点温度分布在24h内的变化

图 5-12　不同测试位置示意以及模拟与实验结果对比图

从出口温度和不同位置处的温度分布可以看出采用本书建立的传热模型得出的瞬态变化趋势与实验变化趋势相同，误差较小，结果高度吻合。在模拟中 U 型管壁与周围沙土接触良好，而实际上每个构建接触面上均存在一定的热阻，因此模拟换热量相比实际实验换热量稍高，从而模拟出口温度低于实验值，相反沙箱沙土的温度反而比实验值稍高。图 5-11 中还可看出，本书的模拟结果比参考模拟值更接近实验值，进一步证明了该模型的准确性。综上，实验验证结果表明本书所用数学模型是可靠的，可用于进一步研究 BTES 井群蓄热体热特性。

5.3 BTES 系统性能评价指标

BTES 系统全年的性能主要取决于系统在蓄热阶段的蓄热性能和供暖阶段的取热性能。而目前 BTES 系统存在的主要问题是热损失大，同时取热率较低，且热损失主要发生在 BTES 系统上表面和径向远边界。其中在系统施工安装中一般会在上表面采取严格保温措施以减少通过上表面的热损失，因此 BTES 系统的热损失主要以通过径向远边界的热损失为主，而径向远边界的热损失主要发生在蓄热阶段以及停止蓄热的未供暖期间。取热率低一般是指 BTES 系统所蓄存的热量利用率低，即通过 BTES 系统解决末端建筑供暖的比例较小。因此在本书的 BTES 全年热特性分析中分别对蓄热阶段和取热阶段性能指标进行分析[13]。

（1）注入热量（IH）

BTES 蓄热过程是通过 U 型埋管换热器中载热循环流体与周围岩土之间的温差实现热量交换并使所收集的热量释放到岩土中。从蓄热开始到蓄热结束的整个蓄热过程中通过 U 型埋管外壁面释放到岩土中的热量称为注入热量，其计算如式(5-5) 所示[14-16]。

$$Q_i = n \cdot \int_{t_{start}}^{t_{stop}} \rho_f c_f V_f (T_i - T_o) \mathrm{d}t \qquad (5\text{-}5)$$

除通过 U 型管注入的热量外，在非供暖季上表面与环境也有能力交换，因此蓄热体中的总注入热量（total injected heat，IH）计算方法如式(5-6) 所示。

$$Q_{IH} = n \cdot \int_{t_{start}}^{t_{stop}} \rho_f c_f V_f (T_i - T_o) \mathrm{d}t + q_u \qquad (5\text{-}6)$$

式中　n——总时间步长；

ρ_f——循环流体的密度，kg/m^3；

c_f——循环流体比热容，$J/(kg \cdot ℃)$；

V_f——U 型管内循环流体体积，m^3；

T_i——U 型管内循环流体进口温度，℃；

T_o——U 型管内循环流体出口的温度，℃；

q_u——室外综合气象温度作用下通过蓄热体上表面传入蓄热体的热量，TJ；

Q_i——从热源处收集并通过埋管换热器注热到蓄热体中的注入热量，TJ；

Q_{IH}——蓄热体中的热源和综合气象温度的总注入热量，TJ。

（2）蓄热量（SH）和热损失（HL）

注入 BTES 中的热量一部分损失到蓄热体周围的岩土中，剩余的热量为蓄存到 BTES 蓄热体中的蓄热量（stored heat，SH），可通过式(5-7) 计算得到，则热损失为注入热量减去蓄热量。

$$Q_s = \rho_s c_s V_s (T_{stored} - T_{soil}) \qquad (5\text{-}7)$$

其中循环流体体积 V_f 和蓄热体体积 V_s 如式(5-8) 和式(5-9) 所示[17]：

$$V_f = \pi r_i^2 v \qquad (5\text{-}8)$$

$$V_s = \pi R_{Dp}^2 \cdot H_{Dp} \qquad (5\text{-}9)$$

式中　　ρ_s——岩土的密度，kg/m^3；

c_s——岩土比热容，$J/(kg \cdot ℃)$；

V_s——U 型管内岩土体积，m^3；

T_{stored}，T_{soil}——岩土蓄热结束时蓄热体平均温度和蓄热开始前初始温度，℃；

r_i——U 型管内径，m；

v——U 型管内循环流体流速，m/s；

H_{Dp}——蓄热体深度，m；

R_{BTES}——蓄热体半径，m，$R_{BTES}=2Sp+3$；

Q_s——蓄存到蓄热体中的热量，TJ。

（3）蓄热率（SE）和热损失率（HLP）

在蓄热阶段注入蓄热体中的热量表征埋管换热器与周围岩土的换热性能，热损失与总注入热量之比和蓄存到蓄热体中的热量与总注入热量之比表征 BTES 系统的蓄热性能。本书将上述概念分别定义为热损失率（percentage of heat loss，HLP）和蓄热率（percentage of heat stored，SE），如式（5-10）和式（5-11）所示。

$$\text{HLP：} \eta_s = \frac{Q_s}{Q_{IH}} \tag{5-10}$$

$$\text{SE：} \eta_1 = \frac{Q_{IH}-Q_s}{Q_{IH}} = 1-\frac{Q_s}{Q_{IH}} \tag{5-11}$$

（4）蓄热阶段能量密度（ED_1）

此外，蓄热体中的温度分布能定性地体现蓄热体中的能量，因为蓄热的目的是提高蓄热介质的温度。蓄热体的温度能直接影响提取热量过程中供暖系统的性能，因此蓄热体的温度在末端用户用热温度范围内越高越好。Baser 等[2] 提出温度密度（temperature density，TD）的概念，可评估在不同模式和条件下蓄热体的相对性能，其计算如式（5-12）所示。

$$\text{TD} = \frac{T_{stored}}{V_s} \tag{5-12}$$

蓄热体平均温度越高说明单位体积中所含的能量越多，这些能量通过直接或间接的形式应用于建筑供暖中。因此本书采用蓄热体能量密度（energy density，ED）作为评估 BTES 在不同运行模式下的性能指标之一，其计算公式如式（5-13）所示[18]。

$$\text{ED}_1 = \frac{Q_s}{V_s} \tag{5-13}$$

（5）平均换热量（HTR）

从单井的换热性能可知，随着持续蓄热的进行，埋管换热器每延米换热量急剧下降，并趋于稳定。在井群的蓄热中采取了不同蓄热与停止时间比例的间歇运行模式。平均换热量是指在整个蓄热阶段的埋管换热其平均每延米换热量。

（6）取热量（HE）

在 BTES 取热过程中，来自区域用热管网的流体与 BTES 埋管中循环流体换热吸取热量，释放热量后的流体进入井群并从蓄热体中再次吸取热量。从供热起始到结束的整个过程中 BTES 蓄热体温度从蓄热结束时的温度降低到取热结束的温度，降低的热量即为取热阶段的取热量（heat extracted，HE），如式（5-14）所示。

$$Q_e = \rho_s c_s V_s (T_{stored} - T_{extracted}) \tag{5-14}$$

（7）取热率（EP）

当取热进行到一定阶段后，若蓄热体温度下降到低于周围岩土温度，这时周围岩土中的热量将通过蓄热体边界传入蓄热体中，也就是在取热阶段蓄热体在蓄热阶段损失的热量一般会得到一定程度的恢复。因此，为了评估在不同运行模式下取热性能，本书中采用了两种取热率（percentage of heat extracted，EP）作为评估指标，"取热率-1"（EP_1）是取热量占蓄热量的比例，"取热率-2"（EP_2）是取热量占总注入热量的比例，计算公式如式（5-15）和式（5-16）所示。

$$EP_1 : \eta_{e1} = \frac{Q_e}{Q_s} \tag{5-15}$$

$$EP_2 : \eta_{e2} = \frac{Q_e}{Q_{IH}} \tag{5-16}$$

（8）取热阶段能量密度（ED_2）

取热阶段的其他性能评价指标与蓄热阶段的相同，同样采用能量密度来衡量平均取热后蓄热体中能量，衡量取热结束后单位体积蓄热体中所含的能量，等于取热结束后相比于蓄热开始前的单位体积蓄热体中所含的能量，其取热结束时蓄热体中的能量和取热后的能量密度计算公式如式(5-17)和式(5-18)所示。

$$Q_1 = \rho_s c_s V_s (T_{last} - T_{soil}) \tag{5-17}$$

$$ED_2 = \frac{Q_1}{V_s} \tag{5-18}$$

式中　　T_{last}——取热结束后蓄热体的平均温度，℃；

　　　　T_{soil}——岩土初始温度，℃。

5.4 蓄热阶段性能

输入因素间的关联关系、相关性以及不同输入因素组合的多样性均导致输出变量（即BTES热特性）的不确定性。本书利用R^2来解释回归模型中输入变量与输出变量之间的线性关系，利用P值来检验回归系数的显著性。此外，在做敏感性分析之前采用输出变量的标准差（standard deviation，SD）和变异系数（coefficient of variation，CV）预先评估输入因素引起BTES热特性的变化程度，同时也可检验选择的参数是否对能耗有显著影响。采用SD和CV两种指标的原因在于输出因素之间的尺度以及量纲不同，单独使用SD来进行比较和评估不合适，CV等于输出变量标准差与输出变量平均值之比，没有量纲，能消除测量尺度和量纲的影响，因此采用SD和CV结合的方式查看输出变量的离散程度以及各输出变量的平均水平。

本书对7种影响因素（输入因子）与11种BTES热特性评价指标（输出变量）做了回归分析，分别得出决定系数R^2和P值，如表5-3所列。蓄热阶段的热特性评价指标中，所有指标的P值最大值仅为0.0009。除热损失和热损失率外其余指标回归模型的R^2均大于0.7，满足SRC的基本要求。表明影响因素与这些评价指标线性关系显著，标准回归系数可以反映影响因素对这些指标影响的重要性，而对于热损失和热损失率则只能解释53.3%和64.8%的值域变化范围。取热阶段的热特性指标中取热量、取热率和能量密度与7种影响因素的回归模型的R^2分别为0.72、0.24、0.39和0.35，除取热量外其余回归模型的R^2均低于0.7，且这几项评价指标对应的回归模型的P值也大于0.001。可见，影响因素对取热阶段的热特性评价指标的影响SRC能解释的值域范围较少，需要采用非线性分析方法进一步讨论，也能对两种方法的结果进行对比分析，进一步验证SRC和TGP两种方法的可靠性和准确性。

表 5-3 7 种输入因素与输出变量之间的拟合关系及输出变量间的不确定性

输入变量	输出变量	简称	R^2	P 值	SD	CV
7 种影响因素	总注入热量	IH	0.769	5.38×10^{-8}	326.6	0.577
	蓄热量	SH	0.929	1.62×10^{-15}	157.8	0.375
	蓄热率	SE	0.648	1.98×10^{-5}	0.2	0.650
	热损失	HL	0.533	0.0009	220.3	0.327
	热损失率	HLP	0.648	1.98×10^{-5}	0.2	0.291
	能量密度(蓄热结束时)	ED_1	0.926	2.91×10^{-15}	17.5	0.282
	换热量	HTR	0.908	7.36×10^{-14}	166.7	0.637
	取热量	HE	0.720	1.43×10^{-6}	140.6	0.607
	"取热率-1"	EP_1	0.239	0.2852	0.3	0.296
	"取热率-2"	EP_2	0.391	0.0297	0.2	0.415
	能量密度(取热结束时)	ED_2	0.352	0.0591	14.9	2.224

5.4.1 总注入热量(IH)

图 5-13 给出了总注入热量 (IH) 的分布。从图中可看出不同模式下的 IH 呈右偏态,直方图和核密度图显示 IH 值域在 500TJ 左右分布概率最大。IH 在下四分位数和上四分位数中的分布范围为 $384 \sim 821$TJ,中值为 539.5TJ,其最小值、最大值和均值分别为 129.1TJ、1652.5TJ 和 612.1TJ,从箱线图可知最大值周围的值属于离群点,标准差(SD)和变异系数(CV)分别为 326.6TJ 和 0.577。表明影响因素引起 IH 较大的变化,虽然较大 IH 的可能性较小,但是通过合理的设计和运行可增大注入热量,因此在全局范围内分析输入输出变量之间的关系很有必要。

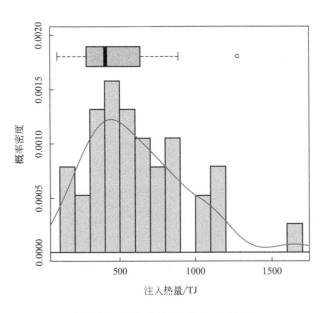

图 5-13 总注入热量 (IH) 的分布

总注入热量（IH）的 SRC 敏感性分析如图 5-14 所示，从每个因素的标准回归系数 SRC 大小和排序可知蓄热温度（Ti）和井深（Dp）对 IH 的影响最大。其他因素对 IH 变量的 SRC 绝对值大小为 0.1～0.2，而 Ti 和 Dp 对 IH 的 SRC 达到了 0.5，说明 Ti 和 Dp 是影响 IH 的关键因素。从 SRC 正负来看，停止时间（HT）的 SRC 小于零，其余因素的 SRC 均为正，说明只有停止时间与 IH 呈负相关，其余因素与 IH 呈正相关，即 IH 随着 HT 的增大而减小，随着其余因素增大而增大。从注入热量的计算公式也可看出 IH 是时间和温差的累积值，因此在总运行时间相同时，停止时间变大的话蓄热时间就相应减少，IH 则跟着减少。

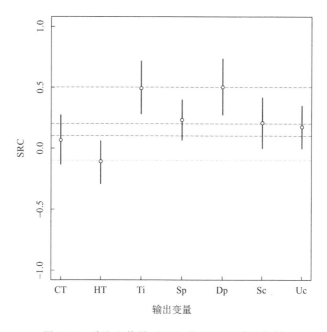

图 5-14　总注入热量（IH）的 SRC 敏感性分析

在 IH 的 TGP 敏感性分析的一阶效应 ［见图 5-15（b）］ 中影响因素的影响程度排序与 SRC 相同，Ti 和 Dp 是最关键因素，在整个输入空间上可解释约 60％的变化范围。其次影响较明显的因素为井间距（Sp）和岩土热导率（Sc），从一阶效应中可以看出蓄热时间和停止时间影响很小。SRC 和 TGP 一阶效应分析结果表明更高的蓄热温度和更深的井深有利于总换热量的提高。蓄热温度的增高大大加大了与岩土的温差，在第 3 章中对单井的持续蓄热模式下的传热特性分析表明随着蓄热的进行 U 型管换热器周围填料和岩土的热堆积越来越严重，将会降低循环流体与岩土的温差，影响换热。此外，在持续蓄热模式下虽然随着蓄热的进行 U 型管进出口温度逐渐变平缓，趋于恒定值，但不同的蓄热温度下的温差也不同，大的蓄热温度条件下井中心与周围岩土的温差也大。在本章井群 50 组不同模式属于间歇蓄热运行模式，在间歇运行模式下会缓解 U 型管周围的热堆积，有利于提高换热温差，从而提高换热性能。在实际运行中也以间歇运行模式为主，因此在热源源端收集温度品位不消耗二次能耗的话，蓄较高温度有利于 BTES 系统注入热量。从埋管换热器与周围岩土换热原理考虑，随着井深的变深 U 型管换热器管长也加长，因此总换热面积增大，换热量就能提高。在竖直埋管地源热泵的研究中也指出当流速达到临界值时管长对系统性能起主导作用[19]。从图5-15(a)中可看出井深与总注入热量存在单调非线性关系。然而，对于BTES蓄热体，井深的增大会加大蓄热体径向远边界的面积，从而增大通过周围岩土的热损失。此外，井深的深度还与场地可利用面积、地下岩土结构和性质相关。Lanini等[20]通过模拟和实验研究指出，单井不利于蓄热，对于3口井，井深100m时热损失为流体换热量的15%，井深150m时热损失则增大到25%。笔者建议对于BTES系统井深与蓄热体深度不要超过直径，且给出最大有效井深为100m。一方面井深的加深会提高注入热量，但是也会大大增大热损失；另一方面井深越深安装成本则越高，对于一些以岩石/砾石为主的地质条件打井也会增加时间成本。因此综合分析可知井深太深不利于BTES系统性能提升。

　　IH的TGP全效应与一阶效应相比响应值有明显提高（图5-15）。在因素间的交互作用下影响排序没发生变化，但是影响程度都提高了，影响最小的蓄热时间和停止时间的影响响应值都达到了0.3，因素间的交互作用较明显。在BTES系统实际运行中因素之间都同时共同起作用，没有独立于系统的因素，局部敏感性分析中研究一个因素的影响时假设其余因素都不变，忽略了其他因素一起影响所导致的结果。因此在BTES的设计中重点考虑井深和蓄热温度的同时也应兼顾其余因素，表明因素间的交互作用较明显。SRC和TGP的敏感性分析结果一致，影响因素排序可靠。

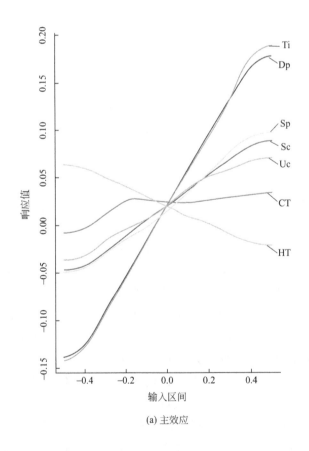

(a) 主效应

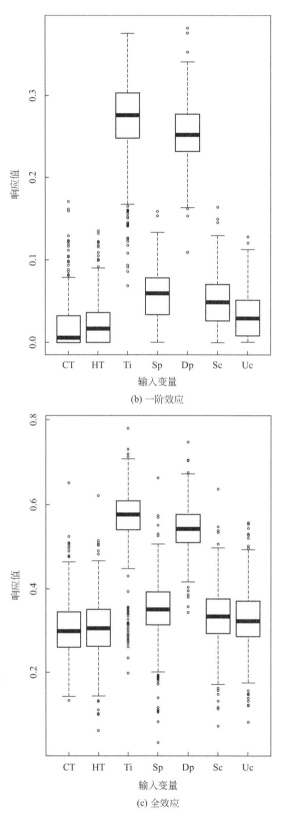

(b) 一阶效应

(c) 全效应

图 5-15　总注入热量（IH）的 TGP 敏感性分析

蓄热时间（CT）与注入热量（IH）呈非线性关系，如图 5-16 所示。起初随着 CT 的增大 IH 迅速增大，当 CT 大于 11.5h 时 IH 开始随着 CT 的增大而缓慢下降，直到 CT 增大到

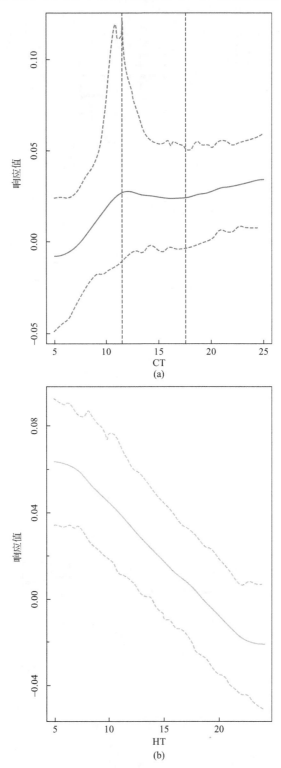

图 5-16　蓄热时间和停止时间间隔对注入热量（IH）的主效应趋势

17.5h 后 IH 重新随着 CT 的增大而增高，但增大幅度远小于 11.5h 之前的增大幅度。当 CT 增大到 20h 时 IH 增大至 11.5h 时的 IH 值。该现象再一次证明了随着 CT 的加长，热堆积会加大，从而影响换热性能及注入热量。在实际的蓄热中由于可再生能源的热源资源的不稳定性和间歇性等特点，很难满足一天 24h 持续蓄热条件，还是以间歇运行为主。从 TGP 敏感性分析可知合理的间歇运行有利于提高换热性能。结合以上敏感性分析结果与单井的传热分析结果考虑，对于间歇热源 5～11.5h 的蓄热时间有利于缓解热堆积现象，提高换热性能。对于持续热源，可考虑蓄热时间在 5～11.5h 或＞20h。此外，过长的运行时间也会导致运行费用增大，因此 CT 长短的选择要综合考虑系统换热性能和经济性而确定。

5.4.2 蓄热量(SH)和蓄热率(SE)

蓄热量（SH）和蓄热率（SE）分布左高右低，呈右偏态，SH 和 SE 在下四分位数和上四分位数中的分布范围为 159～361TJ 和 0.33～0.55（见图 5-17 和图 5-18），SE 在 0.46 范围分布的概率较大。SH 最小值、最大值和均值分别为 58.3TJ、628.1TJ 和 273.3TJ，标准差和变异系数分别为 157.8TJ 和 0.375。SE 最小值、最大值和均值分别为 0.19、0.89 和 0.47，标准差和变异系数分别为 0.20 和 0.65。根据相关的实际应用案例，BTES 蓄热系统在第一年还未达到热平衡，其蓄热率很低，而在本书不同的模式下蓄热率主要分布范围在 0.33～0.55，是 BTES 系统运行几年达到温度后的水平。并且变异系数为 0.65，表明影响因素的变化不仅对 BTES 蓄热性能产生较大的影响，而且不同的组合模式还能提高蓄热率。

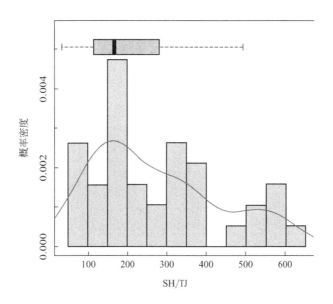

图 5-17 蓄热量（SH）的分布图

蓄热量（SH）和蓄热率（SE）的 SRC 分析见图 5-19 和图 5-20。从 SH 的 SRC 敏感性分析结果（图 5-19）可知井间距（Sp）和井深（Dp）是影响 SH 的最关键因素，两个因素的 SRC

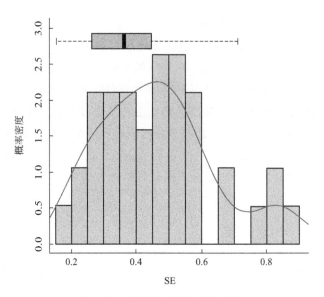

图 5-18　蓄热率（SE）的分布图

超过了 0.5；其次是蓄热温度（Ti），其余因素的影响程度较小（见图 5-19 和图 5-21）。井间距和井深的大小决定蓄热体体积的大小，蓄热温度的高低与蓄热体的平均温度有直接的关系，这3 个因素综合作用下决定蓄热量的最终大小。与注入热量相同，除停止时间间隔外其余因素均与 SH 正相关，也就是说 SH 随着井间距的加大而增大。一方面井间距的加大会加大蓄热体体积；另一方面间距的加大也有利于 U 型管周围温度的扩散，从而提高 U 型管的换热量和注入热量，显而易见蓄热量也增大。TGP 的敏感性分析 3 个因素的影响排序与 SRC 相同，从图 5-21中可看出这 3 个主要影响因素在整个输入空间上可解释约 85％的变化范围。在因素间交互作用下各因素的影响程度有所提高，但是蓄热时间、岩土热导率和顶部保温层热导率的影响响应均在 0.1 附近，仍然较小。因此对于蓄热量最重要的影响因素是井间距、井深和蓄热温度。

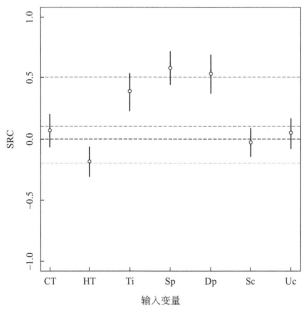

图 5-19　蓄热量（SH）的 SRC 分析

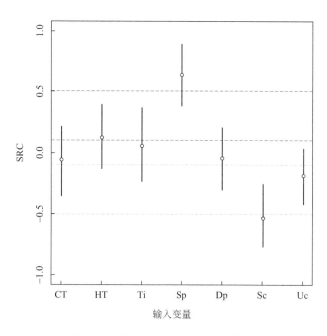

图 5-20　蓄热率（SE）的 SRC 分析

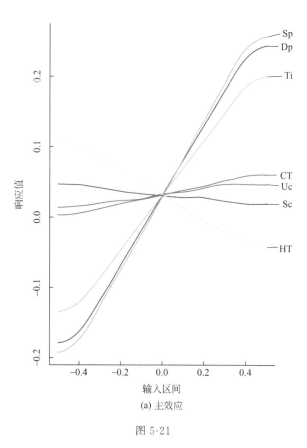

(a) 主效应

图 5-21

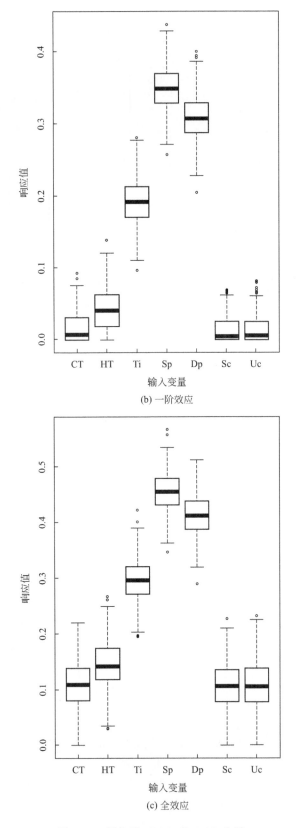

(b) 一阶效应

(c) 全效应

图 5-21 蓄热量（SH）的 TGP 分析

与 SH 相同,井间距(Sp)是影响蓄热率(SE)最关键的因素(图 5-20),并且 IH、SE 和 SH 均随着 Sp 的增大而增大。值得注意的是影响因素井间距(Sp)和岩土热导率(Sc)的 SRC 绝对值相近,均超过了 0.5,但是 Sc 与 SH 呈负相关。在 IH 的敏感性分析中井间距(Sp)和岩土热导率(Sc)是第二个重要影响因素,并且均与 IH 呈正相关。从图 5-22(a)中可看出随着 Sc 的增大 SE 发生陡降,这可能是由于在相同的热扩散率条件下随着 Sc 增大岩土的温度梯度增大,从而向蓄热体周围岩土散失的热损失增大,且热损失增大的幅度大于换热量增大的幅度。此外,随着热损失的增大蓄热体平均温度会下降,导致蓄热量的减少,因此发生蓄热率随岩土热导率的增大而下降的现象。遇到岩土热导率较大的安装场地时可采取蓄热体中心布置较大的井间距,往径向方向逐渐变小的策略来达到同时提高换热量和蓄热量减少热损失的目的。

蓄热温度(Ti)是影响 IH 的最关键因素,而从蓄热率(SE)的 SRC(见图 5-20)和 TGP 的一阶效应分析[图 5-22(b)]可知,Ti 对 SE 的影响很小,SRC 近似为 0。因此单因素 Ti 对 SE 的影响可忽略。然而,在因素间的交互作用下所有因素的影响均提高到较明显的程度。太高的蓄热温度会对地下生态产生一定的影响,因此对于蓄热温度的选取应以满足热使用量和低温热源的高效利用为目标。

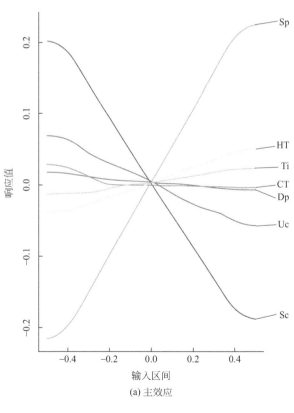

(a) 主效应

图 5-22

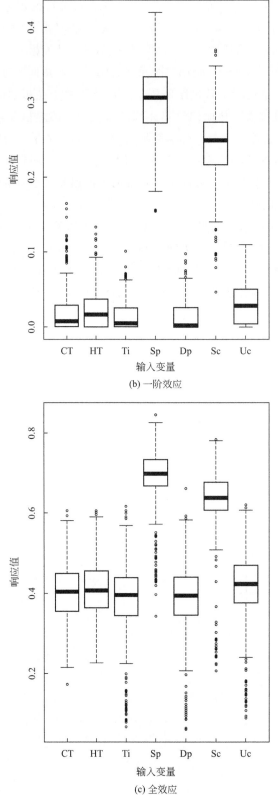

(b) 一阶效应

(c) 全效应

图 5-22　蓄热率（SE）的 TGP 分析

5.4.3　热损失（HL）和热损失率（HLP）

热损失（HL）呈右偏态，在下四分位数和上四分位数中的分布范围为 159～361TJ（见图 5-23）。HL 最小值、最大值和均值分别为 31.1TJ、1116.3TJ 和 338.8TJ，标准差和变异系数分别为 220.3 TJ 和 0.327。可见影响因素对热损失的影响明显，且较高热损失概率低，可通过不同的组合模式降低热损失。

与热损失分布不同，热损失率（HLP）呈左偏态，注入热量（IH）分布中较大的 IH 概率很低，热损失分布中也显示较大的热损失概率很低（图 5-23），但是热损失率较大的概

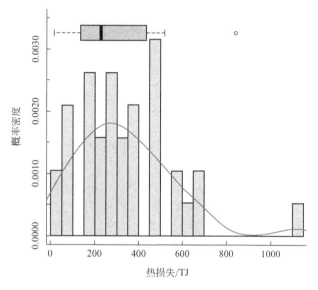

图 5-23　热损失（HL）的分布

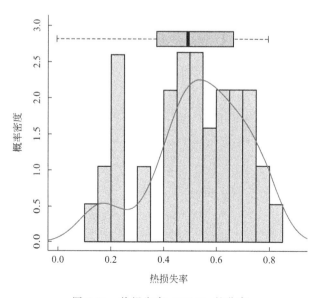

图 5-24　热损失率（HLP）的分布

率却大（图 5-24）。该现象说明热损失大小随着注入热量的大小变化，且随着注入热量的增大其热损失增大的幅度可能会更大，因此注热量不是越大越好。HLP 在下四分位数和上四分位数中的分布范围为 0.44～0.66，在 0.54 周围分布的概率较大。最小值、最大值和均值分别为 0.11、0.81 和 0.54，标准差和变异系数分别为 0.20 和 0.29。输入因素共同作用下对 IH、HL 和 HLP 引起的不同的影响需要采用全局敏感性分析进一步研究，分析不同因素对该 3 个热特性指标的影响特性。

　　热损失（HL）的 SRC 敏感性分析结果与 TGP 敏感性分析结果不同，在 SRC 敏感性分析中蓄热温度（Ti）是最关键影响因素，其次是井深（Dp）和岩土热导率（Sc），且停止时间间隔和井间距与 HL 呈负相关（见图 5-25）；在 TGP 敏感性分析的一阶效应指数 [图 5-26(b)] 显示 Sc 是最关键因素，其次是蓄热时间（CT），再次才是 Ti 和 Dp。影响因素与 HL 的回归分析得出在 $R^2 < 0.7$，因此 SRC 能解释的变量范围少，以 TGP 的敏感性结果为准。从 TGP 的一阶效应和主效应可看出 HL 不仅受 Sc 的重大影响，且随着 Sc 的增大 HL 直线增大，与蓄热率随 Sc 的增大而发生陡降相符。其次 HL 随着 Ti 和 Dp 的增大也发生陡升，该现象与上面分析也相符。虽然蓄热温度变大会提高注入热量和蓄热量，但是同时由于与周围岩土有更大的温差而产生较大的温度梯度，增大了向周围边界的热损失。而 Dp 的增大则提高了热损失发生的表面积。因此，虽然较大的 Ti 和 Dp 有利于注入热量，但是也会加大热损失。从 TGP 的全效应分析 [图 5-26(a)] 可明显看出因素间的交互作用较强，所有全效应指数均提高到 0.2 以上，且在交互作用的影响下因素的影响排序也发生了变化。CT 成了最重要因素，且与 HL 呈非线性关系。蓄热时间对热损失的主效应趋势图 5-27 显示随着蓄热时间的增大热损失一直升高，从 11.5～15h 热损失随着蓄热时间的变长而下降，在 15h 之后又随着蓄热时间的变长而增大。与蓄热时间对注入热量的主效应趋势相同，因此也进一步说明了虽然注入热量会变大，但是热损失也随之增大，且热损失增大的幅度大于注入热量增大的幅度，因此随着蓄热时间的变长蓄热率反而下降。因此，不能只看 U 型管与周围岩土的总换热量，应从多个角度综合评估 BTES 系统的性能。

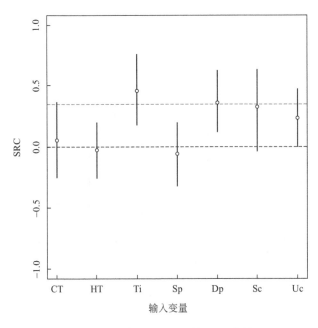

图 5-25　热损失（HL）的 SRC 分析

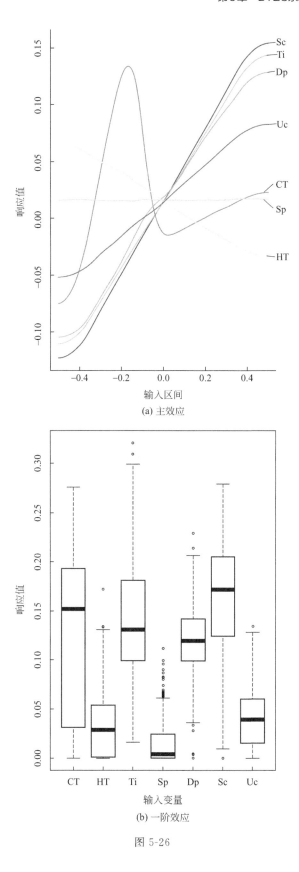

(a) 主效应

(b) 一阶效应

图 5-26

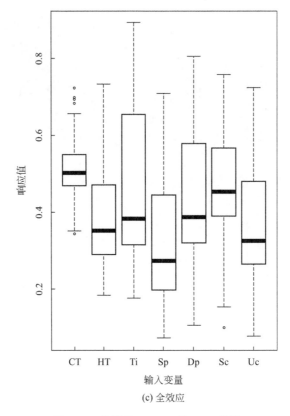

(c) 全效应

图 5-26 热损失（HL）的 TGP 分析

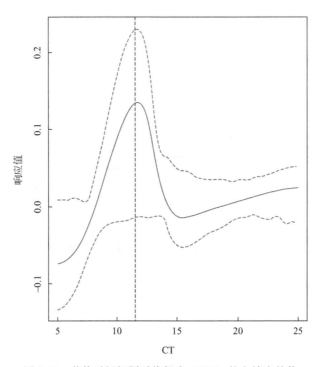

图 5-27 蓄热时间间隔对热损失（HL）的主效应趋势

热损失率（HLP）的 SRC 敏感性分析结果中（图 5-28）SRC 值正负与蓄热率（SE）的正好相反，影响因素的排序相同，因为热损失率＝1－蓄热率，蓄热率增大则热损失率就减小，或减少系统的热损失则蓄热率就能提高。因此，对于 BTES 的蓄热阶段 HLP 和 SE 是最主要的评估指标。SRC 和 TGP 结果均显示（图 5-29）对于 HLP 和 SE，岩土热导率（Sc）

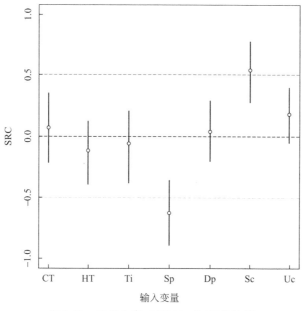

图 5-28 热损失率（HLP）的 SRC 分析

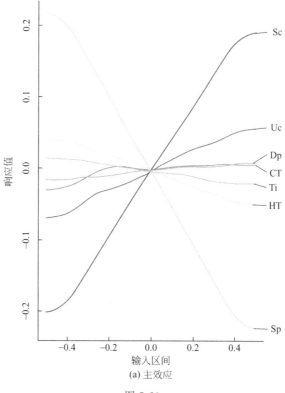

(a) 主效应

图 5-29

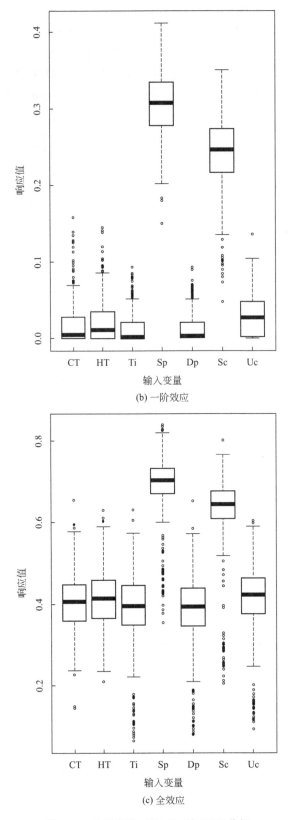

(b) 一阶效应

(c) 全效应

图 5-29　热损失率（HLP）的 TGP 分析

和井间距（Sp）的影响强度最大，岩土热导率（Sc）与 HLP 呈正相关，即随着 Sc 的增大热损失就会加大，而 Sp 则与 HLP 呈负相关，即随着 Sp 的增大 HLP 会减少。因此，在遇到岩土热导率较小的安装场地时可采用热导率较大的填料来促进 U 型管与周围岩土的换热，而较小的热导率本身有利于热量蓄积。对于热导率较大的安装场地，在 BTES 系统中心设置较大的井间距来缓解 U 型管周围的热堆积提高换热量，沿 BTES 蓄热体边界间距逐渐减小的设置方式进一步减小热损失。另外，蓄热温度（Ti）也与 HLP 呈负相关，这是由增大了蓄热体与周围岩土的温度梯度导致的。因此在蓄热运行时可采取循环流体从蓄热体中心井进入最终从蓄热体边缘井流出的流动形式降低温度梯度，减少热损失。

5.4.4 能量密度（ED_1）

能量密度（ED_1）的分布图呈双峰特征，ED_1 在靠近下四分位数和离上四分位数远一点的位置分布概率大（见图 5-30）。ED_1 最小值、最大值和均值分别为 31.3MJ/m^3、99.5MJ/m^3 和 60.4MJ/m^3，标准差和变异系数分别为 17.5MJ/m^3 和 0.28。不同的影响因素组合会使 ED_1 降低，也可使 ED_1 升高，因此通过敏感性分析进一步找出使 ED_1 升高的组合模式很有必要。

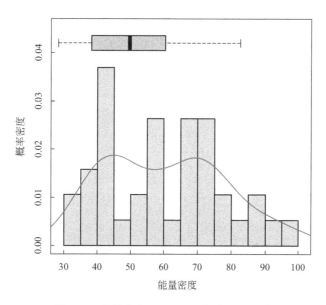

图 5-30 能量密度（ED_1）的概率密度分布

从能量密度（ED_1）的 SRC 分析可看出蓄热温度（Ti）是最关键的影响因素，SRC 达到了 0.9（见图 5-31）。其次是井间距（Sp），但是与 Ti 相比 Sp 的影响较小，SRC 在 -0.2 附近，与 ED_1 呈负相关。TGP 的敏感性分析的两种效应指数排序与 SRC 敏感性分析结果一致，在因素的交互作用下影响程度变化不大，排序也没发生变化，因此可忽略因素之间的交互作用。在 TGP 敏感性分析的一阶效应结果显示 Ti 独自能解释 ED_1 约 80% 的变化（见图 5-32）。

蓄热体在不同蓄热模式下（组合 35、组合 47、组合 25、组合 27、组合 4、组合 28、组合 18、组合 33）蓄热结束后的径向和轴向温度分布如图 5-33 所示（彩图见书后）。可看出，

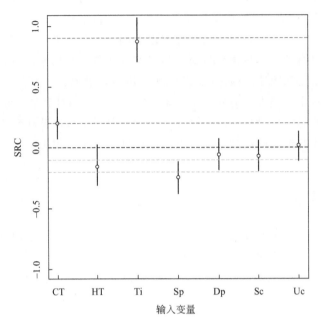

图 5-31 能量密度（ED_1）的 SRC 分析

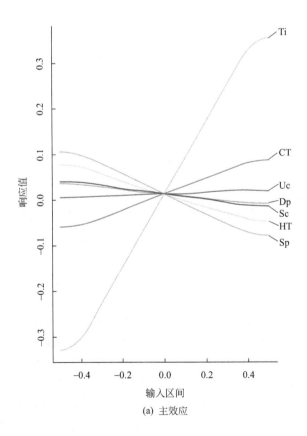

(a) 主效应

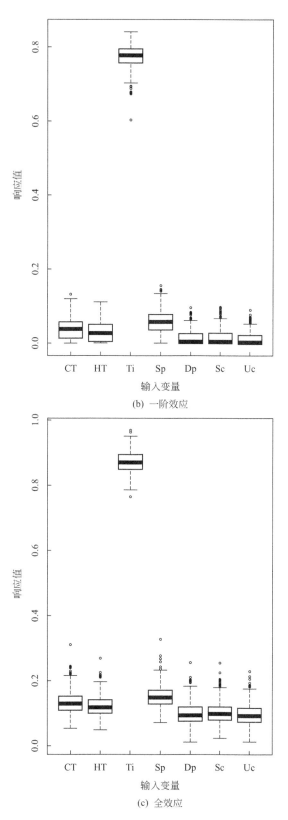

(b) 一阶效应

(c) 全效应

图 5-32　能量密度（ED$_1$）的 TGP 分析

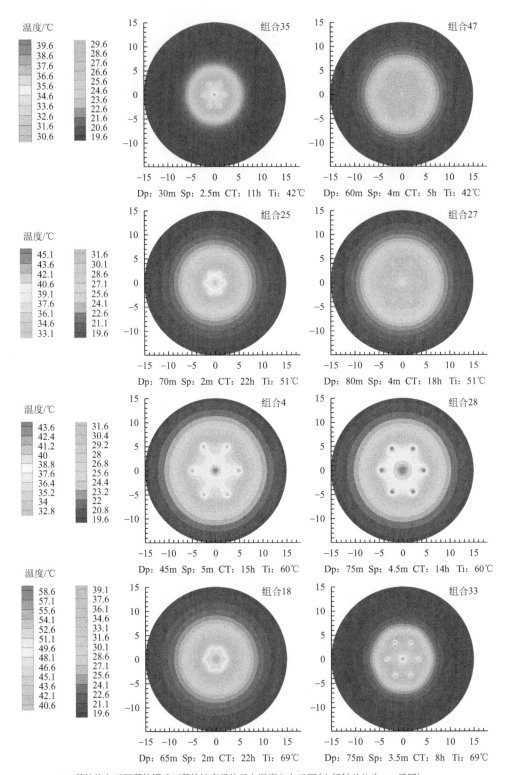

(a) 蓄热体在不同蓄热模式下蓄热结束后的径向温度分布云图(坐标轴单位为m,后同)

温度/℃

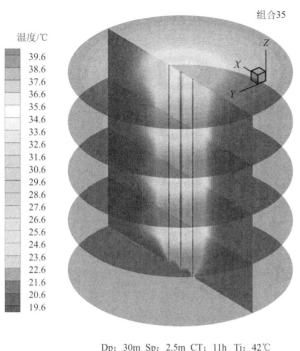

组合35

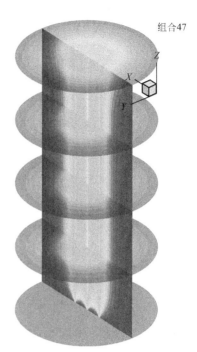

组合47

Dp：30m　Sp：2.5m　CT：11h　Ti：42℃

Dp：60m　Sp：4m　CT：13h　Ti：42℃

温度/℃

组合18

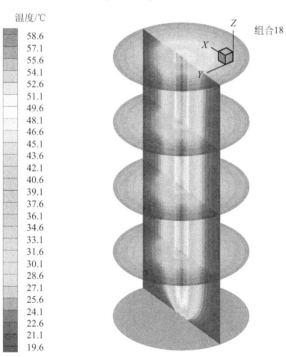

组合33

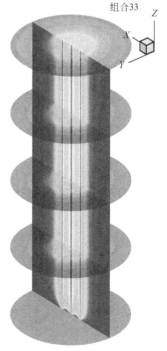

Dp：65m　Sp：2m　CT：22h　Ti：69℃

Dp：75m　Sp：3.5m　CT：8h　Ti：69℃

(b) 蓄热体在不同蓄热模式下蓄热结束后的轴向温度分布云图

图 5-33　蓄热体在不同蓄热模式下蓄热结束后的温度分布云图

当蓄热温度变大时蓄热体温度密度就大，能量密度就高。从 SRC 和 TGP 结果可知除蓄热温度（Ti）和蓄热时间段（CT）以外其他因素都与能量密度呈负相关。从模式组合 35、组合 47、组合 25、组合 27 的云图也可看出在相同的 Ti 下 CT 长则蓄热体能量密度就高，而在相同 Ti 的模式组合 4、组合 28 中，组合 4 的 CT 虽大于组合 28，但是能量密度却小于组合 28。这是由于组合 28 的井间距小于组合 4 的井间距，这也说明了井间距是仅次于 Ti 的因素，且与能量密度负相关。

因此在 BTES 的设计中在注入热量相同的条件下想得到较高的蓄热体温度则首要考虑减小井间距，其次是井深和岩土热导率。在场地条件已确定的情况下考虑减小井深来提高蓄热体的能量密度，这对于直供系统更加重要，直接关系到能量品位的利用率。

5.4.5 平均换热量（HTR）

平均换热量（HTR）在下四分位数 479.1W/m² 和上四分位数 678.0W/m² 分布范围集中的概率大，分布在均值 591.6W/m² 的概率最大，且有变大的趋势（见图 5-34）。HTR 最小值、最大值分别为 222.8W/m² 和 995.1W/m²，标准差和变异系数分别为 166.7W/m² 和 0.64，影响因素对 HTR 的影响程度明显。

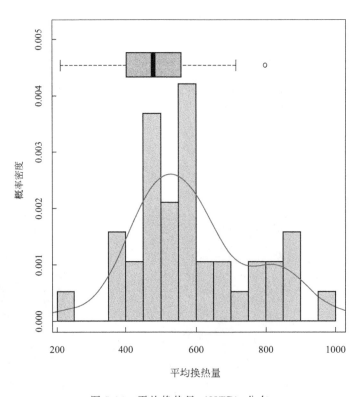

图 5-34 平均换热量（HTR）分布

从平均换热量（HTR）的 SRC 分析（图 5-35）可看出蓄热温度（Ti）是最关键的影响因素，SRC 近 0.9。其次是岩土热导率（Sc）和停止时间（HT），SRC 近 0.35。顾名思义，岩土热导率与 HTR 呈正相关，但是 HTR 也随着停止时间的增大而变大。平均换热量是每个蓄热阶段中 U 型管换热量的平均值，可见停止时间的长短对于提高 U 型管与周围岩土的换热量有明显的效果。排序第三的影响因素是蓄热时间（CT）和井深（Dp），SRC 近 -0.25，虽然 CT 和 Dp 有利于注入热量，但是与 HTR 呈负相关。注入热量的提高是因为时间的延长，蓄热、换热面积以及蓄热体体积变大，而 CT 和 Dp 的变大对 BTES 系统的蓄热率和换热性能却是不利的。同样 Ti 是影响注入热量、热损失、能量密度和热损失率的最关键的因素，而影响模式却相反，对注入热量和能量密度是正相关，而对热损失和热损失率却是负相关，随着温度的升高热损失会急速上升。因此蓄热温度对 BTES 的蓄热性能起到最关键的影响，需要结合热源和末端用热温度以及系统的工作模式，综合设计蓄热温度才能使 BTES 的性能提高到最佳值。

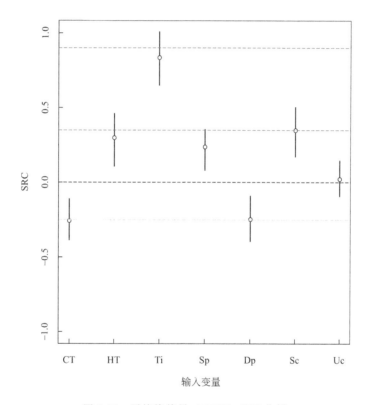

图 5-35　平均换热量（HTR）SRC 分析

　　TGP 敏感性分析结果两个效应指数排序与 SRC 敏感性分析结果一致（见图 5-36），在一阶效应指数中蓄热温度能解释 HTR 近 80% 的变化，其余因素的一阶效应指数均小于 0.1，对 HTR 的影响较小；在全效应指数中因素排序没发生变化，只是在因素之间交互作用下影响强度有所提高，但是除蓄热温度外其余因素的影响指数小于 0.2，影响因素之间交互作用不强。从主效应图可看出，随着蓄热温度变大 HTR 急剧上升。如图 5-37 所示，排序第二的影响因素岩土热导率（Sc）与 HTR 存在非线性关系，HTR 随着 Sc 的变大非线性增大，即随着 Sc 变大 HTR 的增大幅度在变化。此外，HTR 随着蓄热时间（CT）和井深（Dp）的增大而缓慢下降。

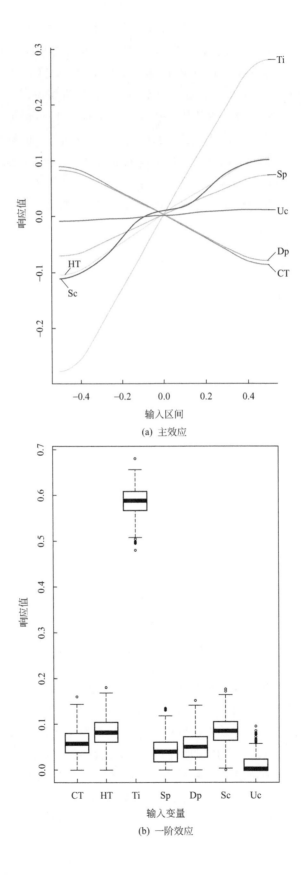

(a) 主效应

(b) 一阶效应

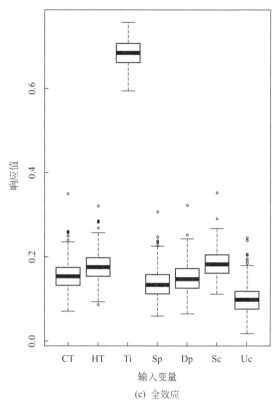

(c) 全效应

图 5-36　平均换热量（HTR）的 TGP 分析

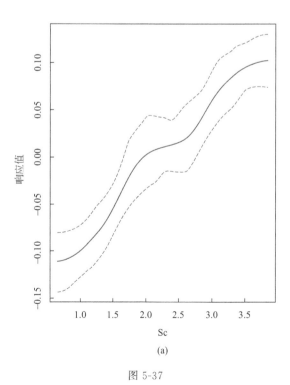

(a)

图 5-37

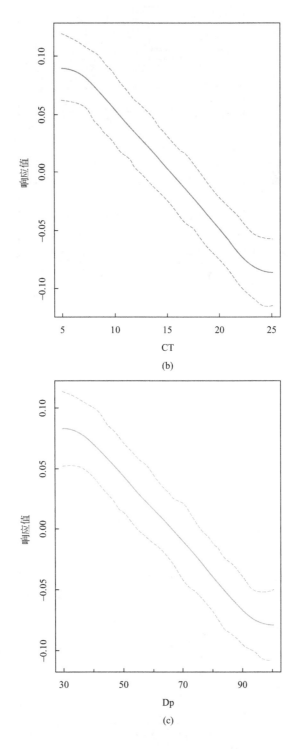

图 5-37 岩土热导率（Sc）、蓄热时间（CT）和井深（Dp）
对平均换热量的主效应趋势

5.5 取热阶段全局敏感性结果与分析

5.5.1 取热量（HE）

如图 5-38 所示为取热量（HE）的分布图，从图中可看出 HE 分布左高右低，在不同模式下的 HE 呈右偏态，取热率偏低的概率大。HE 在下四分位数和上四分位数中的分布范围为 120.6～275.7TJ，其最小值、最大值和均值分别为 65.7TJ、651.8TJ 和 231.7TJ，标准差和变异系数分别为 140.6TJ 和 0.61。表明影响因素引起 HE 较大的变化，虽然 HE 分布在较小值的概率较大，但在因素不同组合模式下仍有一部分较大的值出现。

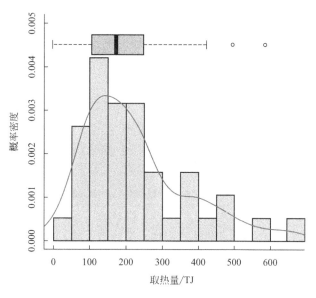

图 5-38　取热量（HE）的分布

从 7 个不同类型影响因素对取热量（HE）的影响排序来看，井深（Dp）对 HE 的影响最大，其次是井间距（Sp），蓄热温度（Ti）和蓄热时间间隔（CT）居其后，影响最小的是顶部保温层热导率（见图 5-39）。由 SRC 正负可知岩土热导率（Sc）和停止时间间隔（HT）与 HE 呈负相关，其余因素都与 HE 呈正相关。Dp 的变深加长了 U 型管的长度从而换热面积也变大，提高了取热时换热量；同样，Sp 的增大也提高了换热性能，因此 HE 随着 Dp 和 Sp 的增大而增大。影响因素对 HE 的影响排序与对蓄热量的影响排序相似，前两个影响因素都是 Dp 和 Sp，其次是蓄热温度（Ti），且 Ti 不仅有利于蓄热量，与 HE 也呈正相关。虽然岩土热导率（Sc）的增大有利于换热，但是由于 Sc 的增大会加大热损失，且影响热损失的程度较大，即热损失的增大幅度大于换热量的增大幅度，因此导致 Sc 与 HE 也呈负相关。在传统的地埋管地源热泵系统中热导率越大越有利于换热和热量的扩散，提高系统的 COP，而在 BTES 系统中则不然，既需要较好的换热性能，又需要较低的热损失和较高的蓄热性能以及取热性能。因此，在 BTES 系统的设计中安装场地的热物性确定的情况下调节井中回填材料的热物性以及合理布置井间距相结合方式进行合理的设计。

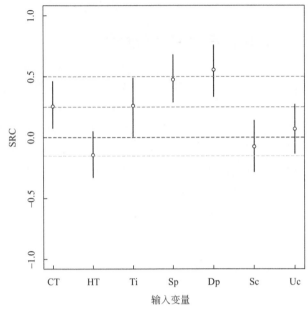

图 5-39　取热量（HE）SRC 分析

从 TGP 的敏感性分析结果的两种效应来看影响因素的影响强度的排序与 SRC 敏感性分析结果一致（见图 5-40）。在一阶效应中除最关键的两个因素 Dp 和 Sp 外其余因素的一阶效应指数均小于 0.1，岩土热导率（Sc）和顶部保温层热导率（Uc）的一阶效应指数接近于 0，变化幅度也较小。而在全效应中每个影响因素的全效应指数均提高到 0.3 以上，且从各因素的全效应和一阶效应差别可看出因素间的交互作用对 HE 的影响较大，且在交互作用下 Dp 和 Sp 可解释 HE 约为 55%～65% 的变化范围。从主效应图可看出 HE 随 Dp 和 Sp 的变化非单调性上升或下降，也随蓄热温度（Ti）和停止时间间隔（HT）的变化非单调性上升或下降。

5.5.2　取热率-1（EP_1）

取热率-1（EP_1）主要分布在 0.5～1.5，在下四分位数和上四分位数 0.72～1.00 范围内分布概率较大，如图 5-41 所示。EP_1 是取热率和蓄热量之比，因此取热率值偏大表明取热量靠近蓄热量的值，超过 1 表明取热量大于蓄热量，原有的土壤的热量和一部分损失的热量也从蓄热体的边界流入蓄热体中。EP_1 最小值、最大值和均值分别为 0.49、1.77 和 0.88，标准差和变异系数分别为 0.3 和 0.23。蓄热量和取热量有明显的右偏态，而 EP_1 则分布在中值周围较集中，说明在蓄热量较低时通过影响因素不同的组合变化能一定程度地提高取热量。

根据相关实际应用案例，BTES 蓄热系统在第一年还未达到热平衡，其蓄热率很低，而在本书不同模式下蓄热率主要分布范围为 0.33～0.55，是 BTES 系统运行几年达到温度后的水平。并且变异系数为 0.65，表明影响因素的变化不仅对 BTES 蓄热性能产生较大的影响，而且不同的组合模式还能提高蓄热率和取热率。

在 SRC 敏感性分析排序中蓄热温度（Ti）、井间距（Sp）和取热时间间隔（CT）的影响最大，该 3 个因素的 SRC 值近 0.25，其余因素的影响都很小，SRC 值近似为 0（见

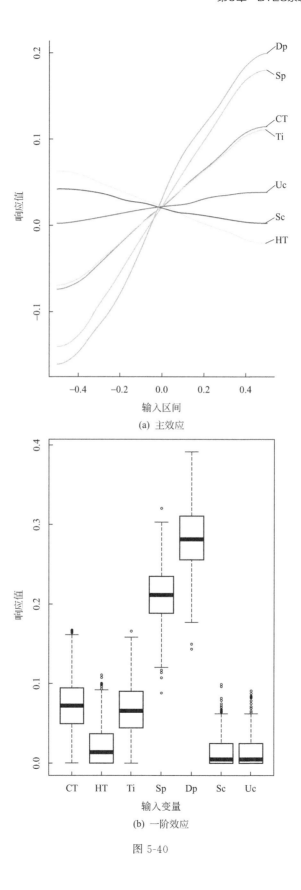

(a) 主效应

(b) 一阶效应

图 5-40

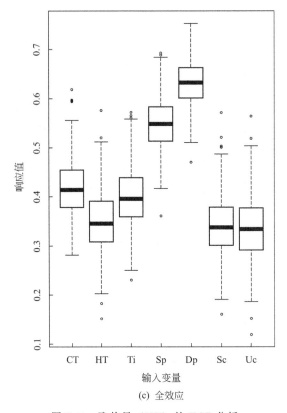

(c) 全效应

图 5-40 取热量（HE）的 TGP 分析

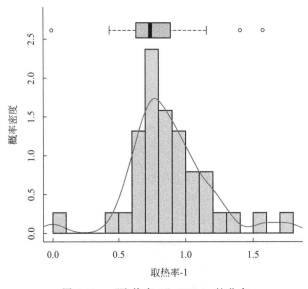

图 5-41 "取热率-1"（EP$_1$）的分布

图 5-42)。从 TGP 的敏感性分析结果的两种效应来看影响因素的影响强度的排序与 SRC 敏感性分析结果一致（见图 5-43)。与以上评估指标的 TGP 敏感性分析不同的是，每个影响因素对应的 EP$_1$ 散布较广，离群点也较多。且影响最大的 3 个因素中只有蓄热时间间隔与 EP$_1$ 呈正相关，蓄热温度和间距与 EP$_1$ 呈负相关。说明蓄热温度的增大导致的热损失量大

于其蓄热量的增大，从而直接导致取热率的降低。此外，Sp 是影响蓄热量的最关键因素，且随着 Sp 的增大蓄热量急剧上升，但是 EP_1 却随着 Sp 的增大急剧下降，说明蓄热量的增大对于取热率的增大的作用不大。在一阶效应指数中影响最大的因素的效应指数中值仅为 0.05，而在全效应中每个因素的全效应指数中值均提高到 0.8 以上，两种差距较大，因素间的交互作用非常强，在交互作用下每个因素的影响强度都很大。

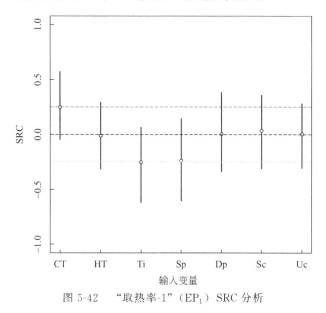

图 5-42　"取热率-1"（EP_1）SRC 分析

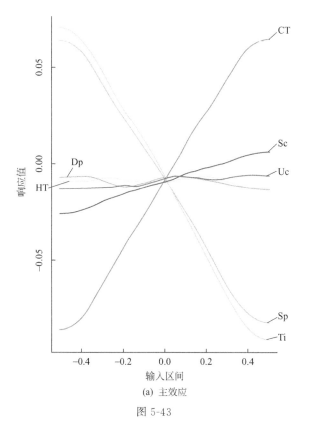

(a) 主效应

图 5-43

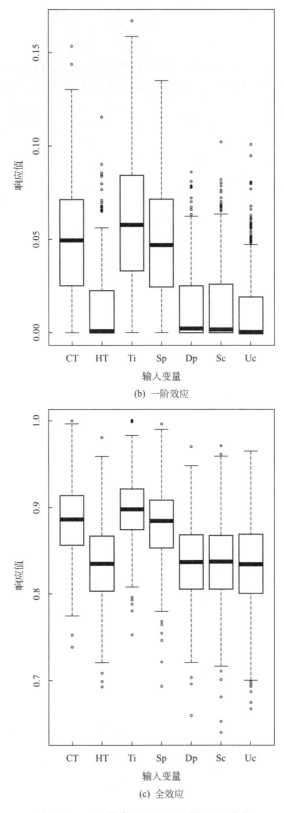

(b) 一阶效应

(c) 全效应

图 5-43 "取热率-1" (EP_1) 的 TGP 分析

5.5.3 取热率-2（EP₂）

取热率-2（EP_2）分布变大的概率逐渐上升，到均值附近达到顶峰后断崖式下降，呈右偏态（见图 5-44）。取热率主要集中在 0.2～0.4，这与实际案例第一年运行时的较低取热率相符。但在影响因素的驱动下有变大的趋势，最小值、最大值和均值分别为 0.19、0.90 和 0.41，标准差和变异系数分别为 0.2 和 0.42，影响因素对能引起 EP_2 较大的波动。

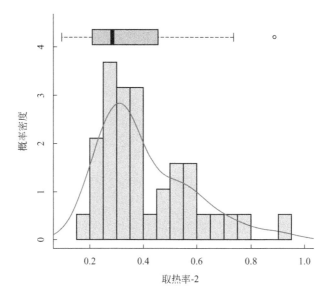

图 5-44　"取热率-2"（EP_2）的分布

对"取热率-2"（EP_2）的 SRC 敏感性分析可看出，井间距（Sp）和岩土热导率（Sc）对 EP_2 的影响最大，蓄热时间间隔（CT）、停止时间间隔（HT）和蓄热温度（Ti）紧随其后，井深的影响最小（见图 5-45）。这与 TGP 敏感性分析的一阶效应结果相一致（图 5-46）。与对蓄热效率的影响相同，Sp 与 EP_2 呈正相关，而 Sc 与 EP_2 则呈负相关。在 SRC 与 TGP 两种敏感性分析中 Sc 对 EP_2 的影响程度均大于 Sp 对 EP_2 的影响程度。在 TGP 的一阶效应分析中 Sc 引起 EP_2 约 20% 的变化，Sp 引起 EP_2 约 14% 的变化。而在全效应中则分别提高到约 75% 和 70%，其他因素的影响均提高到 50%～60%。说明影响因素在交互作用下对 EP_2 的影响较大，设计和运行 BTES 时除重点考虑关键影响因素外因素间的交互作用也不可忽略。值得注意的是，蓄热温度与取热效率呈负相关。在对总换热量（IH）的分析中蓄热温度则是最重要的因素，且随着蓄热温度的增大 IH 急剧增大，而在蓄热率和取热效的分析中蓄热温度的影响较小。此外，蓄热温度与"取热率-1"和蓄热率呈负相关，随着蓄热温度的升高"取热率-1"和蓄热率反而下降。因此蓄热温度对 BTES 的蓄热阶段和取热阶段的影响重要，直接影响 BTES 系统的整体性能，在设计阶段要重点考虑蓄热温度的合理设计。

从 TGP 的主效应趋势上看，Sp 和 Sc 两个因素当取值范围较小时对 EP_2 是线性影响，当达到一定值时呈曲线变化 [图 5-46(a)]。除 Sp 和 Sc 2 个主要影响因素外，蓄热时间（CT）

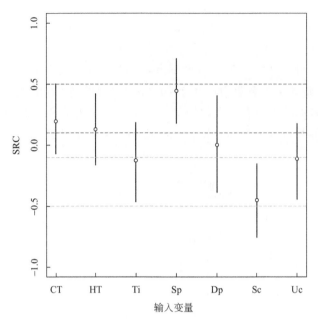

图 5-45　"取热率-2"（EP$_2$）SRC 分析

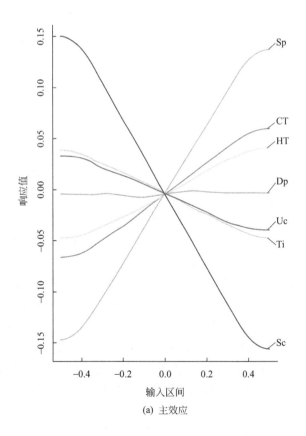

(a) 主效应

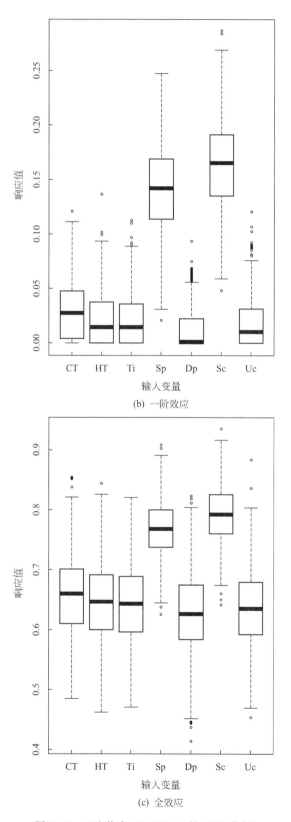

(b) 一阶效应

(c) 全效应

图 5-46　"取热率-2"（EP_2）的 TGP 分析

和井深（Dp）有明显的非线性关系，CT 对总换热量和蓄热率也是曲线影响。因此在 BTES
的敏感性研究中考虑设计和运行等多种类型影响因素时，采用非线性模型更加合理。

5.5.4　能量密度-2（ED_2）

取热阶段能量密度-2（ED_2）负值是相对于岩土原始的温度，说明取热结束后岩土温
度低于蓄热前的原始温度。ED_2 分布随着能量密度的增大概率逐渐变大，当到上四分位
数 15.8 附近达到顶峰后开始下降，如图 5-47 所示。ED_2 最小值、最大值和均值分别为
$-30.6MJ/m^3$、$6.5MJ/m^3$ 和 $35.4MJ/m^3$，标准差和变异系数分别为 $14.9MJ/m^3$ 和 2.2，
影响因素对 ED 的影响很大。

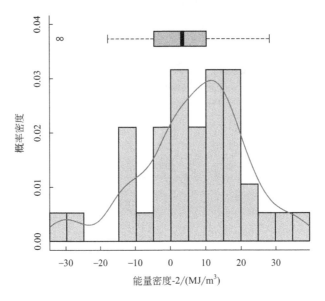

图 5-47　能量密度-2（ED_2）的分布

从取热阶段的能量密度-2（ED_2）的 SRC 和 TGP 敏感性分析结果可知（见图 5-48 和
图 5-49），不管是蓄热阶段还是取热阶段，蓄热温度（Ti）始终是影响能量密度最关键的影
响因素。从 TGP 一阶效应指数可知 [图 5-49（b）]，在 Ti 的影响下 ED_2 的散布较广，ED_2
发生较大变化。井间距（Sp）和取热时间间隔（CT）的影响程度在 Ti 之后，显然 CT 与
ED_2 呈负相关，其余因素的影响都很小。从蓄热体在不同蓄热模式下（组合 35、组合 47、
组合 38、组合 40、组合 19、组合 10、组合 29、组合 43）取热结束后的径向和轴向温度分
布云图 5-50（彩图见书后）也可看出，Ti 大的模式下的蓄热体在取热结束后能量密度依旧
高于 Ti 小的模式下的能量密度。

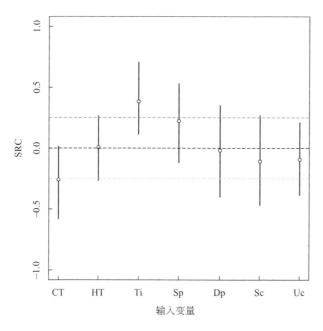

图 5-48 能量密度-2（ED$_2$）的 SRC 分析

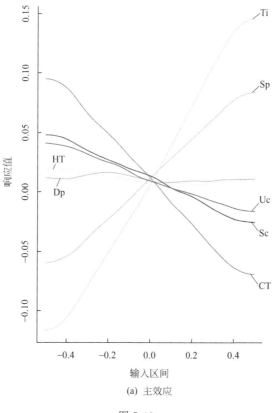

(a) 主效应

图 5-49

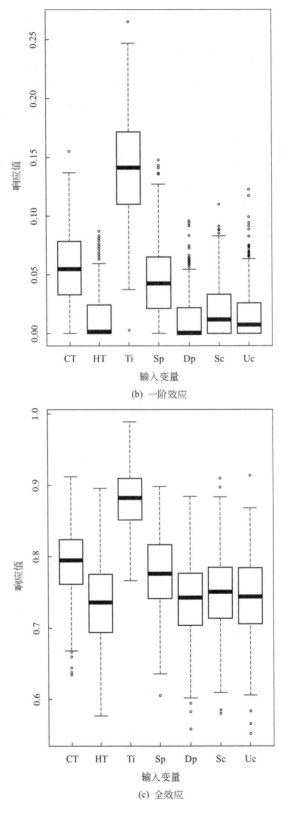

(b) 一阶效应

(c) 全效应

图 5-49 能量密度-2(ED_2) 的 TGP 分析

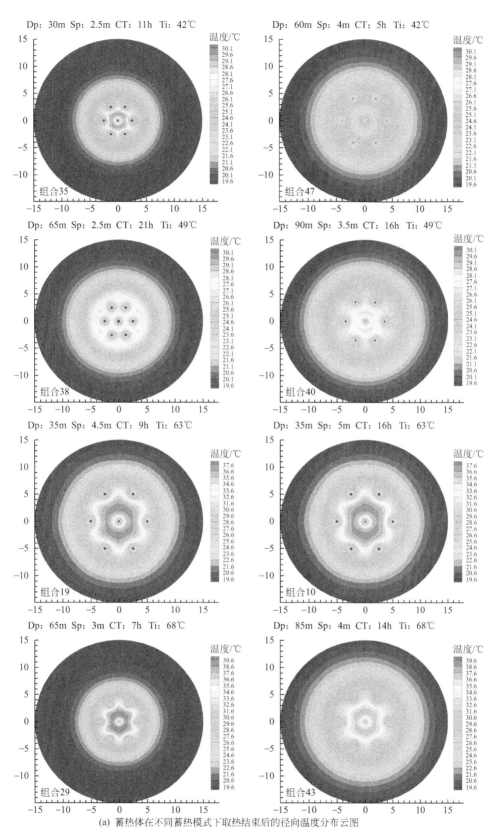

(a) 蓄热体在不同蓄热模式下取热结束后的径向温度分布云图

图 5-50

Dp：30m Sp：2.5m CT：11h Ti：42℃　　　　Dp：60m Sp：4m CT：5h Ti：42℃

温度/℃

| 30.1 |
| 29.6 |
| 29.1 |
| 28.6 |
| 28.1 |
| 27.6 |
| 27.1 |
| 26.6 |
| 26.1 |
| 25.6 |
| 25.1 |
| 24.6 |
| 24.1 |
| 23.6 |
| 23.1 |
| 22.6 |
| 22.1 |
| 21.6 |
| 21.1 |
| 20.6 |
| 20.1 |
| 19.6 |

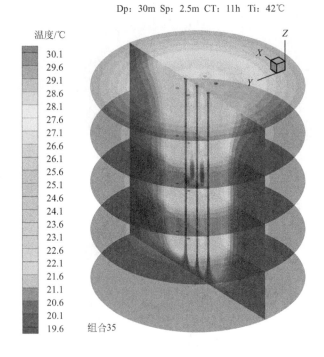

组合35

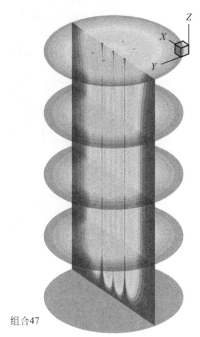

组合47

Dp：65m Sp：3m CT：7h Ti：68℃　　　　Dp：85m Sp：4m CT：10h Ti：68℃

温度/℃

| 39.6 |
| 38.6 |
| 37.6 |
| 36.6 |
| 35.6 |
| 34.6 |
| 33.6 |
| 32.6 |
| 31.6 |
| 30.6 |
| 29.6 |
| 28.6 |
| 27.6 |
| 26.6 |
| 25.6 |
| 24.6 |
| 23.6 |
| 22.6 |
| 21.6 |
| 20.6 |
| 19.6 |

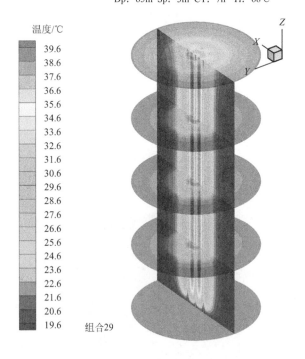

组合29

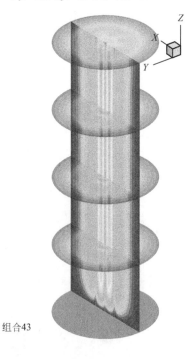

组合43

(b) 蓄热体在不同蓄热模式下取热结束后的轴向温度分布云图

图 5-50　蓄热体在不同蓄热模式下取热结束后的温度分布云图

从 TGP 敏感性分析的全效应指数可看出，所有因素的影响指数都提高到了 0.7 以上，说明在因素间的交互作用下所有因素对 ED_2 的影响都很强。且从 SRC 和 TGP 敏感性分析的主效应趋势可知除蓄热温度和井间距外其余因素与 ED_2 都呈负相关，即随着这些因素的上升 ED_2 会下降，ED_2 的下降说明蓄热体中能量减少。从模式组合 35、组合 47、组合 38、组合 40、组合 29、组合 43 的云图也可看出，在相同的蓄热温度和取热温度下井间距大时径向温度扩散也大，蓄热体能量密度也随着取热时间的不同而产生差别。BTES 系统的蓄热阶段最终服务于取热阶段，因此在 BTES 的设计之初要衡量各个因素与 BTES 系统重要性能指标之间的正负相关性以及各个因素的影响程度而进行针对性的设计。

5.6　本章小结

① 在设计、运行和物性参数三种类型的 7 个影响因素中蓄热温度、井深、间距和岩土热导率的影响最关键，均不同程度和不同形式地影响着 BTES 的每个热特性指标，充分理解影响机理才能更有效地指导实际工程。

② 在蓄热阶段，蓄热温度（Ti）和井深（Dp）是影响注入热量的最关键因素，在整个输入空间上可解释约 $50\%\sim60\%$ 的变化范围，且与注入热量正相关；对于蓄热量，井间距（Sp）和井深（Dp）是最重要影响因素，其次是 Ti，这 3 个因素也与蓄热量呈正相关；而对于蓄热率来说，井间距（Sp）和岩土热导率（Sc）是最关键的影响因素，Sp 与蓄热率（SE）正相关，而岩土热导率（Sc）却与 SE 呈负相关；Ti 是影响热损失的最重要的因素，其次是 Dp 和岩土热导率（Sc），热损失随这 3 个因素的变大而增大；而对于热损失率，Sp 是最关键因素，随着 Sp 的变大热损失率变小。其次是岩土 Sc，与热损失率呈正相关。

③ 在取热阶段，Dp 和 Sp 是影响取热量的最重要因素，取热量随 Sp 和 Dp 的加大而增大；对于"EP-1"（取热量与蓄热量之比），Ti、Sp 和蓄热时间是关键影响因素，其中 Ti 和 Sp 与"EP-1"呈负相关，蓄热时间与"EP-1"呈正相关；对于"EP-2"（取热量与注入热量之比），Sp 和岩土热导率（Sc）是最重要影响因素，其中 Sp 与"EP-2"呈正相关，岩土热导率（Sc）与"EP-2"呈负相关。

④ 在蓄热阶段，Ti 是影响能量密度（ED）和平均换热量（HTR）的最重要的因素，在整个输入空间上可解释约 90% 和 70% 的变化范围。对于 ED，Sp 虽然影响程度不是很高，但是仅次于 Ti 的影响因素，且与 ED 呈负相关。因此在 BTES 的实际设计中任何一个值都不能取过大或过小，只有合理设计各影响参数才能使系统性能达到更优。

⑤ CT 与注入热量（IH）和热损失（HL）呈非线性关系，CT 在 $5\sim11.5h$ 或 $>17.5h$ 时 IH 随时间的变长而增大，但是增大幅度减小。当 CT 在 $11.5\sim15h$ 时 IH 随着蓄热时间的变长而下降，其余时间热损失以不同的增大幅度增大。当 IH 增大时热损失也在增大，且 HL 增大量大于 IH 增大量，因此仅考虑换热性能的提高不利于 BTES 系统的蓄热率（SE）。

⑥ BTES 系统顶部保温层热导率（Uc）对各热特性指标影响均较小，TGP 一阶效应指

数（S_j）最大值仅为 0.03，意味着室外气候环境对 BTES 系统的影响在其顶部采取必要保温措施后将变得相对微弱。因此，本书中的 GSA 研究结果可用于指导不同气候区 BTES 系统的应用和优化。

⑦ SRC 和 TGP 全局敏感性分析结果基本吻合，有些因素与系统性能呈非线性关系，此时 SRC 的解释范围较小，因此对于 BTES 的全局敏感性研究 TGP 敏感性分析方法更加适合。

参考文献

[1] Schulte D O，Rühaak W，Welsch B，et al. BASIMO-borehole heat exchanger array simulation and optimization tool [J]. Energy Procedia，2016，97：210-217.

[2] T. Baser，J S. McCartney. Development of a full-scale soil-borehole thermal energy storage system [C]// IFCEE 2015. 2015：1608-1617.

[3] Nußbicker J，Mangold D，Heidemann W，et al. Solar assisted district heating system with duct heat store in Neckarsulm-Amorbach (Germany) [C]//ISES Solar World Congress，2003，14 (19.06)：2003.

[4] Chapuis S. Seasonal storage of solar energy in borehole heat exchangers [C]// 11th IBPSA-England conference (IBPSA2009)，Glasgow，Scotland，2009-07：599-606.

[5] Nguyen A，Pasquier P，Marcotte D. Borehole thermal energy storage systems under the influence of groundwater flow and time-varying surface temperature [J]. Geothermics，2017，66：110-118.

[6] Welsch B，Rühaak W，Schulte D O，et al. Characteristics of medium deep borehole thermal energy storage [J]. International Journal of Energy Research，2016，40 (13)：1855-1868.

[7] Tordrup K W，Poulsen S E，Bjørn H. An improved method for upscaling borehole thermal energy storage using inverse finite element modelling [J]. Renewable Energy，2017，105：13-21.

[8] 陈金华. 竖直双 U 地埋管换热器分层换热模型研究 [D]. 重庆：重庆大学，2015.

[9] 余乐渊. 地源热泵 U 型埋管换热器传热性能与实验研究 [D]. 天津：天津大学，2004.

[10] Kim E J，Roux J J，Rusaouen G，et al. Numerical modelling of geothermal vertical heat exchangers for the short time analysis using the state model size reduction technique [J]. Applied Thermal Engineering，2010，30 (6)：706-714.

[11] Haroutunian V，Engelman M S. On modeling wall-bound turbulent flows using specialized near-wall finite elements and the standard k-epsilon turbulence model [J]. Advances in Numerical Simulation of Turbulent Flows，1991：97-105.

[12] Li W，Li X，Peng Y，et al. Experimental and numerical investigations on heat transfer in stratified subsurface materials [J]. Applied Thermal Engineering，2018，135：228-237.

[13] Li M，Lai A C K. Review of analytical models for heat transfer by vertical ground heat exchangers (GHEs)：A perspective of time and space scales [J]. Applied Energy，2015，151：178-191.

[14] Kizilkan O，Dincer I. Borehole thermal energy storage system for heating applications：Thermodynamic performance assessment [J]. Energy Conversion and Management，2015，90：53-61.

[15] X. Yang，H. Li，S. Svendsen. Energy，economy and exergy evaluations of the solutions for supplying domestic hot water from low-temperature district heating in Denmark [J]. Energy Conversion & Management，2016，122：142-152.

[16] Rivalin L，Stabat P，Marchio D，et al. A comparison of methods for uncertainty and sensitivity analysis applied to the energy performance of new commercial buildings [J]. Energy and Buildings，2018，166：489-504.

[17] Bryan Eisenhower Zheng O'Neill，Vladimir Fonoberov Igor Mezic. Uncertainty and Sensitivity Decomposition of

Building Energy Models [J]. Journal of Building Performance Simulation，2012，5（03）：171-184.

[18] Giordano N，Comina C，Mandrone G，et al. Borehole thermal energy storage（BTES）. First results from the injection phase of a living lab in Torino（NW Italy）[J]. Renewable Energy，2016，86：993-1008.

[19] Han C，Yu X B. Sensitivity analysis of a vertical geothermal heat pump system [J]. Applied Energy，2016，170：148-160.

[20] Lanini S，Delaleux F，Py X，et al. Improvement of borehole thermal energy storage design based on experimental and modelling results [J]. Energy & Buildings，2014，77（77）：393-400.

第**6**章

乌海市某农业大棚应用BTES建筑
供暖系统应用实例

农业大棚建筑功能用途特殊，由于几乎没有夏季冷负荷，会加剧采用传统地源热泵系统时地下岩土温度不平衡问题。本章以严寒气候区乌海市乌达区某农业大棚建筑供暖项目为载体，分析了传统地源热泵系统存在的问题，并基于上述章节数学模型和敏感性分析研究结果，对 BTES 系统在农业温室大棚建筑供暖上进行设计应用。一方面，通过实际工程设计可进一步验证 BTES 系统在不同模式下的热特性研究对工程实践的指导作用；另一方面，通过对实际工程的完整的设计和优化，为 BTES 系统的应用提供理论和实践指导。

本章首先分析了大棚建筑热工特性以及供暖需求特征，通过 DeST-h 能耗模拟软件计算了大棚建筑瞬时供暖负荷和全年耗热量。其次，根据农业大棚建筑的特殊性和需求设计了 5 种供暖末端形式。最后结合项目场地条件、大棚建筑用能需求特点确定了某农业大棚建筑 BTES 供暖系统工作模式，并根据上述章节中研究得到的理论依据对 BTES 耦合地源热泵供暖系统进行设计和优化。对不同蓄热温度下不同优化设计方案的技术经济性能进行了对比分析，包括地下岩土温度变化、取热率、热损失率、供暖期地温、热泵运行能效比提升以及相关系统和设备的初始投资和运行费用。通过对比分析优化设计方案的技术和经济指标，找出综合性能最优的一组设计应用于乌海某农业大棚建筑供暖系统。

6.1 农业大棚建筑介绍

本节中所涉及的农业大棚建筑地处北纬 39.57°、东经 106.67° 的乌海市乌达区海勃湾水利枢纽工程库区移民农业创业园区内，场地全景如图 6-1 所示。乌海市某农业大棚 BTES 供暖项目是从该农业创业园中选取 10 栋大棚作为改造应用对象，10 栋大棚可分为带管理室（耳房）和不带管理室两种类型，两种形式大棚建筑平面图如图 6-2 所示。大棚建筑长宽高分别为 82.3m、8.4m 和 4.3m，带耳房的大棚单体建筑面积为 691.3m²，其中耳房

面积为 $35.3m^2$；不带耳房的大棚建筑单体面积为 $699.6m^2$。10 栋大棚建筑的朝向均为正南正北朝向，其中 5 栋大棚进行了节能改造和 BTES 供暖设计，另外 5 栋作为后期对比参照对象。

图 6-1　乌海市乌达区某农业大棚建筑全景图

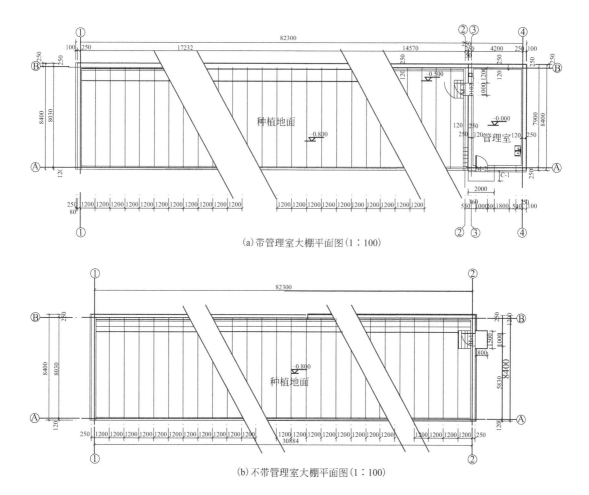

(a)带管理室大棚平面图(1∶100)

(b)不带管理室大棚平面图(1∶100)

图 6-2　某农业大棚建筑群不同形式
大棚建筑平面图（单位：mm）

6.2 大棚建筑节能改造

原农业大棚建筑属高能耗普通大棚建筑，且围护结构很多方面存在破坏和高能耗损失，因此本章项目设计之初对大棚建筑进行了节能改造。节能改造前原大棚墙体采用 370mm 空心机制红砖贴 100mm 厚复合聚苯板、大棚屋顶后坡无保温措施、大棚棚膜采用了普通的塑料膜，长期无更换而导致多处有漏缝，如图 6-3 所示。

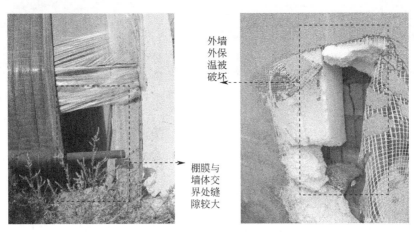

图 6-3 农业大棚建筑节能改造前情况

采取的节能改造具体措施如下。

（1）对大棚建筑周围进行了防寒沟设计

大棚北墙、东墙、西墙周围开挖深 0.6m、宽 0.4m 的沟槽，10cm 厚 B1 级保温做防水后填充到沟槽内，上方回填夯实。大棚前墙外侧防寒沟开挖深度为 1m、宽度为 0.4m 的沟槽，10cm 厚 B1 级保温做防水后填充到沟槽内，上方回填夯实。实际现场施工如图 6-4 所示。

(a)   (b)

图 6-4 大棚建筑周围防寒沟保温设计现场图

（2）对大棚建筑围护结构采取了进一步的保温措施

该农业大棚建筑东、西、北外墙均为外保温墙体，考虑到北墙和棚膜热损失较大，因此北墙还额外采取了 100mm 厚的聚苯板内保温；南墙（棚膜下部前墙）进行了砂浆抹灰防水处理；棚顶后坡也采取了 100mm 厚 B1 级保温材料进行保温隔热；另外，大棚选取了高透射率棚膜并覆盖 50mm 厚保温棉被，此外还加强了棚膜与墙体围护结构交界处的气密性，尽量减少该农业大棚建筑因冷风渗透而产生的热损失。改造后的围护结构构造级参数见表 6-1、表 6-2。

表 6-1　乌海市乌达区某农业大棚建筑维护结构构造及参数（一）

维护结构	外墙（东、西向）	外墙（北向）	地面
构造	370mm 空心机制红砖贴100mm 厚复合聚苯板	370mm 空心机制红砖，内外 100mm 厚复合聚苯板	保温地面/防寒沟
热导率	0.33W/(m·℃)	0.26 W/(m·℃)	保温地面0.12W/(m·℃)，防寒沟0.23W/(m·℃)
结构示意			

表 6-2　乌海市乌达区某农业大棚建筑维护结构构造及参数（二）

维护结构	棚膜	屋顶	门
构造	高透射塑料膜＋50mm 棉被	100mm 聚苯板保温屋顶	塑钢门
热导率	1.01W/(m·℃)	0.4W/(m·℃)	4.4W/(m·℃)
结构示意			

6.3 大棚建筑供暖负荷计算

6.3.1 基本资料

  乌海地区位于建筑热工分区中的严寒地区，建筑物主要以供暖防冻为主。如图 6-5 所示，在夏季和过渡季昼夜大棚建筑的塑料棚膜采取全敞开或打开上下通风口采取热压拔风降温的方法保持室内温度；在冬季白昼室外风速较小且不是阴天的情况下通常棚膜上部通风口被打开为大棚进行通风换气，在塑料膜的高透射率作用下大棚建筑室内温度能维持植物生长

过渡季：
敞开棚膜底侧通风口和顶层
通风口进行通风降温

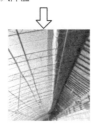

夏季：
棚膜完全敞开进行通风和降温；
（夏季白天晴天时温室效应
较强，需把大棚建筑的塑料棚膜打开）

（a）农业大棚建筑过渡季和夏季使用方式

冬季白天：
敞开棚膜顶层通风口进行通风换气

冬季夜间：
通风口关闭，棚膜外侧铺盖
棉被进行保温隔热

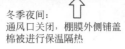

（b）农业大棚建筑冬季使用方式

图 6-5 农业大棚建筑不同季节通风使用状态示意

所需温度环境；而在冬季夜间大棚建筑室温迅速下降到很低的温度。因此大棚建筑的供暖需求主要在冬季夜间。大棚所在乌达区紧靠银川市，纬度和经度与银川市高度相近，因此计算大棚建筑逐时负荷时采用了银川市的典型年气象数据，图6-6～图6-9为乌达区全年的逐时气象参数，包括全年逐日和各月的干球温度变化和统计、全年逐日和各月太阳总辐射量统计以及全年室外风速变化。

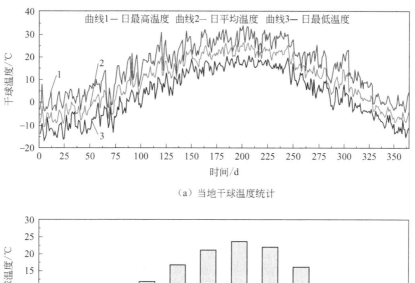

（a）当地干球温度统计

（b）当地各月平均干球温度统计

图6-6 当地干球温度和各月平均干球温度统计

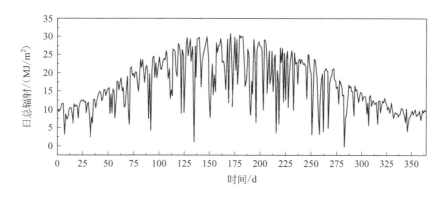

图6-7 当地太阳日总辐射年变化情况

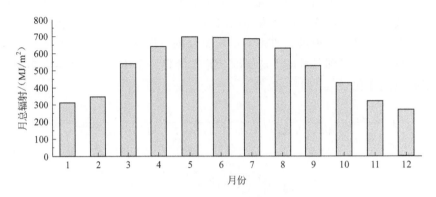

图 6-8　当地各月总辐射统计

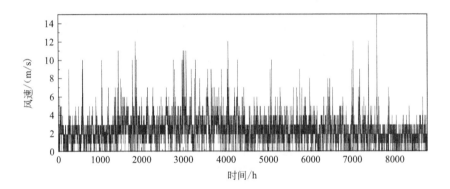

图 6-9　当地全年风速变化情况

6.3.2　负荷计算

　　大棚建筑冬季的供暖需求基本信息如表 6-3 所列。大棚建筑的室内设计温度需求与普通建筑不同，还需参考植物适宜生长温度来确定，在《中国农业百科全书·蔬菜卷》[1]中对各种不同的蔬菜适宜温度进行了说明，一般的蔬菜农作物在 5～10℃下缓慢生长、在 10～20℃下正常生长、在 20～35℃下加速生长，当室温超过 35℃时对农作物的生长有损害。根据上述围护结构参数、大棚建筑的供暖需求以及乌达区全年的气象条件，计算得出该农业大棚建筑群冬季夜间供暖时间段的逐时热负荷变化，如图 6-10 所示。

表 6-3　农业大棚建筑供暖需求

供暖总面积/m²	大棚建筑冬季室温调节范围/℃	耳房冬季室温调节范围/℃
3473.1	12～18	18～22

　　5 栋经节能改造后的大棚建筑平均逐时热负荷为 26.1kW，最冷月最大的热负荷为 162.8kW，最大单位面积热负荷指标为 46.2W/m²，单位面积平均热负荷指标为 25.7W/m²。单位面积热负荷指标大于 30W/m² 出现在 11 月 25 日至翌年 3 月 20 日期间，其他时间的逐时负荷逐渐减小。表 6-4 为该农业大棚建筑群逐月供暖能耗。根据冬季逐时热负荷确定大棚

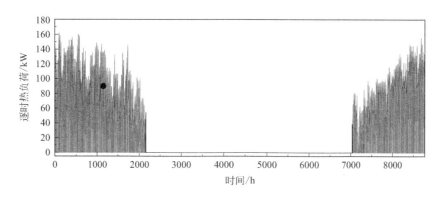

图 6-10　乌海市乌达区某农业大棚
建筑热负荷年变化

夜间供暖时间段定为 10 月 21 日至翌年 3 月 31 日，每天供暖时间段设置为下午 5：00 至早上 9：00，每日 16h。

表 6-4　乌海市乌达区某农业大棚建筑逐月供暖能耗

月份	1	2	3	4	5	6
供暖能耗/(kW·h)	56609.4	41972.1	34639.5	—	—	—
供热天数/d	31	28	31	0	0	0
月份	7	8	9	10	11	12
供暖能耗/(kW·h)	—	—	—	6127.3	34823.5	54788.6
供热天数/d	0	0	0	12	30	31

6.4 BTES 供暖末端系统设计

考虑到农业大棚建筑功能用途和建筑围护结构的特殊性，采用传统的散热器供暖或低温地面辐射供暖可能存在以下问题：

① 辐射地面温度高于植物生长温度会影响植物的正常生长；

② 地面辐射供暖系统结构中一般采用保温隔热材料，这将导致在给植物浇灌时由于难以渗透产生植物烂根现象；

③ 地面辐射供暖系统结构若不采取保温措施会产生较大的热损失；

④ 地面辐射供暖系统若浇筑嵌管层结构将会影响农作物的生长空间以及大棚管理人员的劳作；而不做嵌管层时流体管道的自身承重和抗挤压能力有限，在劳作时很容易破损而造成供暖系统产生故障；

⑤ 传统翅片管式散热器需要较高的供回水温度，在较低的供回水温度条件下散热器自身散热性能将产生较大的下降。

如图 6-11 所示，本章项目中选取 5 栋大棚建筑设计并应用了 5 种不同形式的供暖末端，分别为墙面辐射供暖＋风机盘管、散热器＋风机盘管、局部地面辐射供暖＋风机盘管、风机盘管和散热器。其中，墙面辐射供暖、散热器和风机盘管均安装在北墙上；地面辐射供暖则铺设在大棚建筑内部靠近围护结构的四周人员活动过道处。

(a)墙面辐射供暖+风机盘管

(b)散热器+风机盘管　　　　　　　　　　(c)局部地面辐射供暖+风机盘管

(d)风机盘管　　　　　　　　　　　　(e)散热器

图 6-11　乌海市乌达区某农业大棚建筑不同供暖末端

6.5 基准供暖设计方案

本章首先选定传统不带蓄热或补热措施的地源热泵系统（GSHP）作为基准方案。考虑到该大棚建筑已建成，可利用的储能区域有限，因此基准方案的地下埋管换热器选定为垂直双 U 型布置形式，地下埋管采用 $DN32$ 聚乙烯 PE 管材。

基准供暖设计方案设计步骤如下。

（1）确定地下埋管换热井总长度

埋管换热井总长度可根据换热量以及埋管换热井的换热能力确定。所需埋管换热井总长度估算公式如式（6-1）所示：

$$L = Q_h / q_1 \tag{6-1}$$

式中 Q_h——大棚建筑负荷模拟得到的预估耗热量，kW；

q_1——垂直埋管换热井单位延米换热能力，W/m。

根据宁夏国土资源调查监测院在银川市不同区域开展的浅层地热资源利用普查调研数据可知，该地区地源热泵在冬季供暖工况下每延米取热量为 21.8～30.1W/m，平均值为 25.9W/m[2]。

（2）确定埋管换热井数量

估算公式如式（6-2）所示：

$$S = L / l \tag{6-2}$$

式中 S——埋管换热井数量，口；

l——埋管换热井井深，m。

乌海市位于内蒙古自治区西部，黄河上游，毗邻宁夏回族自治区的银川市，两地之间的地质结构特征和气象条件高度相似。根据在乌海市乌达区某农业大棚项目储能打井区域的现场钻井勘探可知，该区域地下深度 45m 以上主要地质结构以细沙和中沙为主，在 45～95m 深度区域主要由砾石和岩石构成，70m 后钻井难度增大。本章结合项目所在区域的实际地质情况和打井费用的经济性，基准供暖设计方案井深取值设定为 95。

（3）确定地下埋管换热井井间距和钻孔直径

对于地源热泵系统来说，考虑到场地条件、井与井之间的传热影响以及钻井施工过程的钻探误差，地下埋管换热井布置不宜太密。基准设计方案地下埋管换热井井间距取值设定为 4.5m。

根据以上设计方案步骤可对该农业大棚建筑基准供暖设计方案的地下埋管换热井部分进行估算设计，设计结果如表 6-5 所列。

表 6-5 乌海市某农业大棚建筑基准供暖设计方案设计结果

基准方案	换热井长度/m	井深/m	井数/口	井间距/m	钻孔排列分布方式（行×列）
GSHP	6175	95	65	4.5	5×13

乌海市属于严寒气候区，大棚建筑主要需求以冬季供暖为主，夏季则几乎没有冷负荷，

因此该农业大棚建筑的冬季供暖热负荷远远大于制冷负荷。因此,对于传统地源热泵系统来说冬季地下取热与夏季排热将出现显著的不平衡,这反过来也会对地源热泵的运行性能产生较大影响。本章通过 Fluent 模拟软件对不考虑夏季冷负荷的该农业大棚地下埋管换热井进行了模拟,以初步了解采用基准供暖设计方案后该农业大棚供暖系统地下区域岩土温度逐年变化情况。

图 6-12 显示了乌海地区正常地温变化趋势以及采用基准供暖设计方案地源热泵运行 10 年过程中地下埋管换热井群周围岩土和井群边界岩土逐年温度变化情况。模拟计算结果显示,乌海地区正常地温常年在年平均温度即 12.5℃左右波动,波动范围±0.25℃。同时从图中可明显看出,由于基准供暖设计方案中没有夏季冷负荷的补充仅靠地温自身的恢复,地温模拟值随着运行年限的增加呈逐年下降趋势。在无额外补热措施的情况下,地下埋管换热井井群岩土温度仅在第一年就整体降低约 1.5℃,而在运行十年后地温已下降至5.0℃以下。

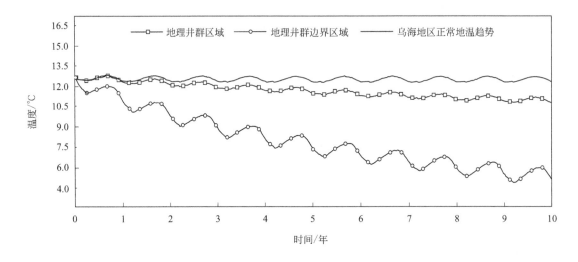

图 6-12　基准供暖设计方案(GSHP)地下区域
岩土温度逐年变化

图 6-13 给出了基准供暖设计方案 10 年中取热中期井群中间深度(47.5m 处)1/4 截面地温分布云图(彩图见书后)。可以看出基准供暖设计方案下地源热泵运行 2~3 年后,取热中期地温已非常不均匀,井群区域位置温度已明显低于井群周边岩土温度。

通常热泵机组在供热工况下蒸发器额定的进口温度约为 10℃,在没有补热措施情况下地源热泵系统运行第 3 年后即使经过整个非供暖季的恢复地温仍低于 9.65℃。地温逐年下降将直接导致地源热泵系统的能效比逐年下降,运行能耗逐渐上升,而当地温低于热泵系统工作温度下限值时,地源热泵系统将无法工作导致整个供暖系统失效。因此,在以供暖为主的地区若采用地源热泵系统进行供暖应在地下土壤保持热平衡的条件下确保地源热泵系统的安全、稳定和可靠运行。

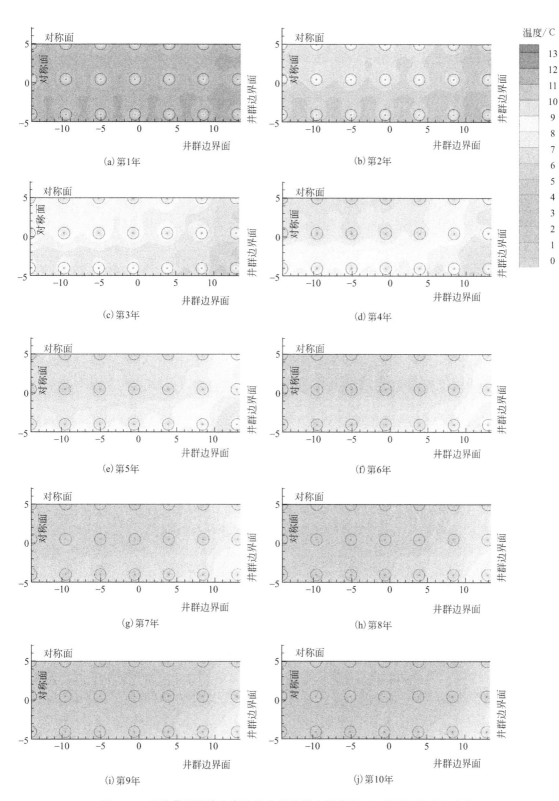

图 6-13　基准供暖设计方案取热中期井群中间深度 1/4 截面地温分布变化

6.6 BTES 与热泵耦合系统供暖方案设计

在 2.2.1 部分中介绍的 3 种 BTES 建筑供暖系统模式，BTES 直供＋热泵耦合模式由于系统运行控制较为复杂，目前在国内应用较少。BTES 与热泵耦合模式由于既能供暖又能制冷在国内应用较多，而 BTES 直供模式在欧洲等国家应用较多。考虑到乌海市乌达区某农业大棚建筑供暖项目的实际需求，虽然 5 栋大棚以供暖需求为主，但是仍有部分建筑空间，如管理室夏季还需制冷。因此本书确定采用 BTES 与热泵耦合供暖系统模式而非 BTES 直供模式。设计该系统需要达到以下 3 个目标：

① 维持地下岩土长期热平衡，保持较高的地下岩土温度，使热泵系统能在生命周期内高效运行；

② 保证供暖系统的高效稳定运行，降低供暖系统的运行能耗；

③ 在实现上述目标的同时尽量减小项目成本和运行费用。

以上 3 个目标构成 BTES 与热泵耦合供暖系统的技术评价和经济评价指标，在 6.7 部分中将详述评价最优系统的技术与经济评价指标。

6.6.1 设计与优化模拟方案

已有研究证明当土壤温度升高时能大大减少钻井数量，降低钻井成本[3]。经验数据也表明地下土壤温度每提升 1.0℃ 热泵 COP 将会提升 3％ 左右[4]。而对于同一个蓄热体，所蓄温度越高需要的太阳能集热器面积越大，增加蓄热系统的造价。本书第 5 章研究得出蓄热温度的升高虽然有利于总蓄热量和能量密度的提高，但同时也会加大热损失，应根据建筑末端能源使用需求和供暖系统模式确定合理的蓄热温度。此外，井深和井间距的设定和布置也对蓄热系统的性能影响很大，较大的井深和井间距虽然有利于埋管的换热，而较小的井间距有利于热量的蓄积，井深深度加大会增大蓄热体表面积与体积比例，导致热损失加大，减少系统蓄热率，从而直接影响供暖时的取热性能。因此，为了满足以上 3 个目标，本章对 BTES 与热泵耦合系统供暖方案进行了设计与优化，得出综合性能指标最优的系统设计。

BTES 与热泵耦合系统供暖方案设计中蓄热温度的确定最关键，关系到集热系统中集热器面积确定、地源热泵系统 COP 以及蓄热井群的场地面积和钻井数量等。由于考虑到热泵机组蒸发器最高进口温度的限制，该系统的最高蓄热温度为 30℃。这里提到的蓄热温度是指在每年蓄热阶段结束后取热阶段开始前地下蓄热体的平均温度。乌海地区全年地下平均温度约为 12.5℃，因此设计蓄热系统时最低的设计蓄热量是要使土壤全年温度维持在 12.5℃ 左右。而在热泵第一年的运行过程中岩土温度下降明显，远低于 12.5℃，在供暖季热泵平均 COP 也会很低，即每延米取热量很小，因此可取蓄热温度范围应大于 12.5℃，且小于 30℃。

优化设计方案中按照蓄热量与热泵耗电量总和满足该农业大棚建筑 100％ 的供暖能耗进行设计。为了使地下土壤逐年保持较好的温度，第一年从地下取的热量按照 10 年逐年补蓄到地下，否则土壤温度上升太快，后面几年集热器和能源将产生较大的浪费。

优化方案中蓄热温度分别为 15℃、20℃ 和 25℃，使岩土温度逐年维持在 12.5℃ 以上，即温差分别为 2.5℃、7.5℃ 和 12.5℃。在上面的研究中得出蓄热体热损失随着蓄热温度的增大逐渐增大，蓄热温度越低热损失越小，热损失率变化范围为 19%～89%，该 3 个蓄热温度下热损失率分别取 15%、20% 和 25%。根据通过 DeST-h 能耗模拟软件得出的大棚建筑全年的耗热量而得出取热量，从而确定蓄热体体积。

蓄热体的确定受到现有项目可利用场地面积和形状的限制。该农业大棚建筑 BTES 系统打井安装场地如图 6-14 所示，最大宽度和长度分别为 20m 和 80m。根据 3 组温差下的不同蓄热体体积可算出每个温差下的最小井深，2.5℃、7.5℃ 和 12.5℃ 温差下最小井深分别为 23m、16m 和 12m。因此，井深 23m 以上均可满足 3 组不同蓄热温度对应的蓄热体体积。井深太浅会容易受到环境波动，影响系统性能的稳定性，且影响埋管的换热性能，而太深会影响蓄热体蓄热性能。上述内容中提到蓄热体常用的井深为 35～100m，结合场地钻井条件，本方案中选取 45m、70m 和 95m 的井深，从而确定了蓄热体长度。基于前文敏感性研究中得出的蓄热率随井间距的增大而增大，取热率随井间距的增大而减小，且在相同蓄热温度条件下间距小则能量密度大。在本方案的优化设计中蓄热温度越高其蓄热体体积就越小，因此在相同井深和间距下温差越大所需的井数越少。为了在相同蓄热温度下的总换热井长度相差不大，且使蓄热系统温度得到有效提升，本方案设计中不同蓄热温度 15℃、20℃ 和 25℃ 分别取了 4.5m、3.5m 和 3m 的井间距。

图 6-14 BTES 系统打井安装场地位置

从单井和井群蓄热体热特性研究得出，蓄热体热损失主要是通过径向边界散失的。因此根据体积与表面积比最小原则，本节增加了一组蓄热体为正方体的方案进行对比。因此在上述 9 组优化方案的基础上再加入一组对比方案，即蓄热温度 15℃、蓄热体长宽高均 45m 的设计方案（以下简称"15℃对比方案"）。最终，BTES 与热泵耦合系统供暖方案 9 组优化模拟方案的设计参数组合如表 6-6 所列。最终模拟 10 组模拟方案，其中 9 组优化方案之间进行对比找出在技术评价指标最优的设计方案，并与 15℃对比方案进行对比确定该方案是否为 BTES 与热泵耦合供暖系统的技术指标最优设计方案。

表 6-6　BTES 与热泵耦合系统供暖方案模拟优化参数组合

蓄热温度/℃	井深/m	蓄热体区域/(m×m)	蓄热体实际区域/(m×m)	间距/m	井布置/(口×口)	井数/口	集热器面积/m²	井总长/m	蓄热体体积/m³
25	45	20×21	20×17	3	7×6	42	240	1890	15300
	70	20×13	20×11	3	7×4	28		1960	15400
	95	20×10	20×8	3	7×3	21		1995	15200
20	45	20×35	20×37	3.5	6×11	66	280	2970	33300
	70	20×22	20×23	3.5	6×7	42		2940	32200
	95	20×16	20×16	3.5	6×5	30		2850	30400
15	45	20×84	20×78	4.5	5×18	90	320	4050	70200
	70	20×54	20×51.5	4.5	5×12	60		4200	72100
	95	20×40	20×38	4.5	5×9	45		4270	72200
	参考	45×45	38×38	4.5	9×9	81		3645	64980

6.6.2　技术经济评价方法

（1）技术评价

本章中的技术评价指标是指各设计方案全年的运行性能评价指标，因为每个设计方案中不同温差对应不同的注入热量、集热器面积，其他设计参数也有所不同。因此采用的技术评价指标包括逐年蓄热率、逐年热损失率、地下岩土（蓄热体和周围岩土）逐年温度变化、供暖期蓄热体温度变化以及热泵系统供暖期的平均 COP 提升率。其中，逐年蓄热率等于逐年蓄热量与逐年注入热量之比，逐年蓄热量等于每年蓄热体温度由取热结束之后提升到蓄热结束之后的热量，计算方法如式（6-3）所示：

$$Q_x = \rho_s c_s V_s (T_{stored} - T_{q-1}) \tag{6-3}$$

而逐年热损失率等于逐年热损失量与逐年注入热量之比。蓄热阶段由于蓄热体温度高于周围岩土的温度，热流传递方向是由蓄热体向周围边界岩土，流出热流的总和为蓄热阶段的热损失量；而在取热阶段，取热进行一段时间后当蓄热体外表面温度低于边界岩土温度时周围岩土热量通过蓄热体表面流向蓄热体，同时蓄热体边界岩土温度还是高于无穷远边界岩土温度，因此热流由蓄热体边界岩土流向更远边界岩土，这两个热流方向相反，热流的矢量和为取热阶段的热损失。因此逐年的热损失量等于总注入热量减去供暖期取热量和供暖期结束时蓄热体温度由上一个供暖季结束时所提升的温度对应的热量。

（2）经济评价

本章中的经济评价主要对比分析不同方案中相关设备的初始投资和运行费用，包括节能性评价和经济性评价。节能性评价主要指热泵运行费用和水泵的运行费用，计算方法如式（6-4）、式（6-5）所示；经济性评价主要是指相关设备的初始投资费，计算方法如式（6-6）、式（6-7）所示。

$$N_{\mathrm{BTSE}} = \sum_{i=1}^{n}(Q_{\mathrm{h}}/COP_{\mathrm{BTES}\text{-}i} + C_{\mathrm{jr}}A + C_{\mathrm{jq}}L) \times 0.6 \tag{6-4}$$

$$N_{\mathrm{GSHP}} = \sum_{i=1}^{n}(Q_{\mathrm{h}}/COP_{\mathrm{GSHP}\text{-}i} + C_{\mathrm{jq}}L) \tag{6-5}$$

式中　N_{BTES}——BTES 系统的预估总运行费用，元；

　　　N_{GSHP}——地源热泵系统的预估总运行费用，元；

　$COP_{\mathrm{BTES}\text{-}i}$——BTES 与热泵耦合供暖系统中热泵机组对应预计进出口水温下的 COP；

　$COP_{\mathrm{GSHP}\text{-}i}$——传统地源热泵系统热泵机组对应预计进出口水温下的 COP；

　　　　　n——系统的预计运行年限，$n=25$ 年；

　　　　0.6——当地电力费用价格，元/（kW·h）；

　　　$C_{\mathrm{jr}}A$——集热系统水泵运行费用，元；

　　　　　A——集热器面积，m^2；

　　　　C_{jr}——集热系统部分水泵运行费用折算为每平方米的数值，元/m^2，此处取经验值 12.32 元/m^2；

　　　$C_{\mathrm{jq}}L$——井群系统水泵运行费用，元；

　　　　　L——井群总延米数，m；

　　　　C_{jq}——井群系统水泵运行费用折算为每延米的数值，元/m，对应不同蓄热温差，取值范围为 1.8~2.5，元/m。

$$P_{\mathrm{BTES}} = P_{\mathrm{jr}} + P_{\mathrm{jq}} + P_{\mathrm{hp}} + P_{\mathrm{sb}} \tag{6-6}$$

$$P_{\mathrm{GSHP}} = P_{\mathrm{jq}} + P_{\mathrm{hp}} \tag{6-7}$$

式中　P_{BTES}——BTEs 系统对比初始总投资，元；

　　　P_{GSHP}——地源热泵系统的对比初始投资，元，分别包含集热器（P_{jr}）、井群（P_{jq}）、热泵（P_{hp}）和相应的水泵等费用（P_{sb}）。

6.7　供暖方案优化结果与分析

6.7.1　技术性能分析

图 6-15 给出了不同 BTES 与热泵耦合供暖系统优化方案蓄热体和周围岩土温度变化图（彩图见书后）。从不同优化方案的地下温度变化可明显地看出不同优化方案中的蓄热井群温度相比基准供暖设计方案有明显提升，蓄热井群温度在 10 年运行期间温度逐渐上升并保持稳定。同时，非供暖季的集热与蓄热也并没有导致蓄热井群边界岩土温度的大幅提升，蓄热井群边界温度在稳定阶段最大波动幅度维持在 1.0℃ 左右。蓄热井群通过每年蓄热季蓄热作用，地温以年为周期逐渐产生稳定循环变化。在供暖阶段由于大棚建筑的不断取热地温逐渐下降至较低温度，而在蓄热阶段通过集热系统不断地向地埋井群注入热量进行蓄热，地温根据所设计的不同温差范围而上升，蓄热结束后逐渐维持在所设计的蓄热温度范围。因此，热泵系统在整个供暖季的运行平均温度和能效比相比基准供暖设计方案得到大幅提高。进一步的，从表 6-6 的设计计算也可看出随着温差的增大，整个蓄热井群的换热井总长度得到大幅减少。

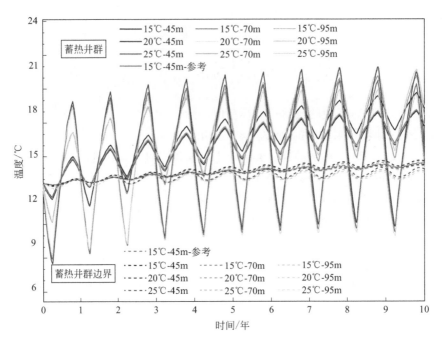

图 6-15　不同优化方案 10 年中的蓄热体和周围岩土逐年温度变化

图 6-16 和图 6-17 给出了不同 BTES 与热泵耦合供暖系统优化方案对应的逐年蓄热率和热损失率变化曲线。从图 6-16 可看出在相同的蓄热温度下，"15℃对比方案"的蓄热率最佳、热损失率最低，也再次表明蓄热体接近球体时蓄热井群的蓄热效果较好。对于其他 9 组优化方案来说，在同一蓄热温度下井深越深蓄热率越低，且蓄热温度 25℃的时候不同井深之间的蓄热率变化更加明显，井深 45m、70m 和 95m 之间的蓄热率差值达到了 5%。从图 6-17 也可看出在同一个蓄热温度下井深越深热损失率越大，这与在敏感性分析中得出的影响关系相符合。从蓄热率和热损失率的变化可知，井深 95m 时蓄热率最低、热损失率最高，而井深 45m 和 70m 的蓄热率相差只有 0.5%～7.5%，在蓄热温度 20℃和 25℃时二者热损失率几乎相同。从蓄热率和取热率变化中还可看出，蓄热温度为 15℃和 20℃时的设计方案其蓄热率明显高于蓄热温度 25℃时的设计方案蓄热率，而蓄热温度 20℃时的设计方案蓄热率整体要比蓄热温度 15℃时设计方案要高，且热损失率比蓄热温度 15℃设计方案要低，甚至在系统运行第 6 年之后比"15℃对比方案"的热损失率还低。

从图 6-16 和图 6-17 还可看出，蓄热温度低时虽然蓄热率高，但是热损失率也高，这是由于模拟中蓄热体与周围岩土温差高，蓄热体散热表面积大，导致热损失率大。正如图 6-15 所示，不同井深方案蓄热和取热阶段土壤平均温度差值随蓄热温度的增大而变得逐渐明显。在蓄热温度为 15℃时，95m 井深设计方案相比 45m 井深设计方案蓄热温度略高，二者蓄热温度最大差值维持在 0.1～0.3℃；而在蓄热温度为 25℃时，45m 井深相比 95m 井深设计方案要高，二者蓄热温度最大差值达到了 1.1～1.3℃。同时从表 6-6 可以看出，蓄热温度为 15℃时，不同井深对应的蓄热体体积最大相差 7220m³，相差约 11%；而蓄热温度为 25℃时，由于设计换热温差较大，总蓄热体体积明显下降，因此不同井深对应的蓄热体体积相差反而不大。由于蓄热量与蓄热温差以及蓄热体积直接相关，15℃时虽然 95m 井深设计方案蓄热温度略高，但蓄热体积相对较小，所以蓄热量要略小于 45m 设计方案；同理，25℃时虽然不同井深设计方案的蓄热体积大体相同，但 45m 设计方案下的蓄热温度要高于

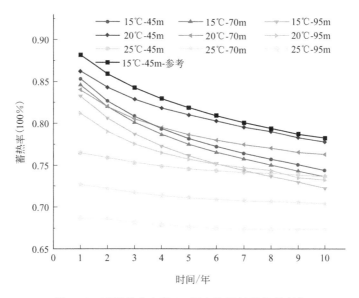

图 6-16 不同优化方案 10 年中的逐年蓄热率变化

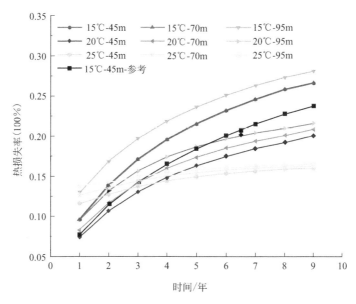

图 6-17 不同优化方案 10 年中的逐年热损失率变化

其他井深设计方案，所以其蓄热量要略高于 95m 设计方案。从模拟方案和结果还可以看出，随着换热温差的减小，理论上的蓄热体体积上升非常明显，同时考虑到保证地源热泵的运行效率，井间距也取相对较大值，导致蓄热体实际体积相对更大、不同设计方案的实际蓄热体体积差别越发明显，这也对小温差条件下的实际蓄热率产生比较明显的影响。

蓄热的最终目的在于供暖期提高热泵的运行效率，降低运行能耗。图 6-18 给出了 9 组不同优化方案在 10 年期间供暖期岩土平均温度变化。模拟结果表明"15℃对比方案"以及蓄热温度为 20℃时的优化设计方案在供暖期岩土平均温度最高，供暖运行 10 年后供暖期蓄热体平均温度提高到 18.2℃，比 15℃的其他 3 个设计方案最大高出 1.5℃。蓄热温度 25℃

时的优化设计方案虽设计温差大于15℃时的优化方案，但蓄热温度15℃时的优化设计方案在供暖期平均温度要高于蓄热温度为25℃时的优化设计方案，这也是蓄热温度为15℃时的优化设计方案蓄热率较高的同时热损失率也比蓄热温度为25℃时的方案大的原因之一。图6-19给出了不同优化设计方案10年运行期间地源热泵系统COP随岩土温度变化规律，可以看出地源热泵系统COP的提升率与岩土在供暖期的平均温度变化规律相符。

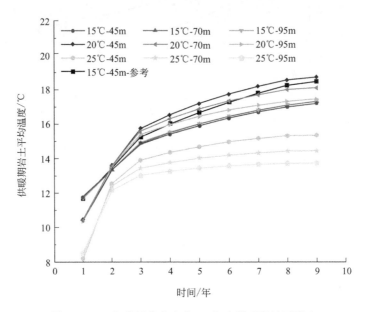

图 6-18   10 组模拟优化方案 10 年中供暖期地下岩土
逐年平均温度变化

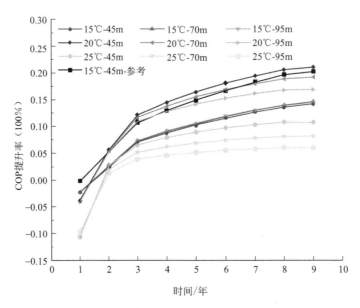

图 6-19   10 组模拟优化方案 10 年中供暖期系统
平均 COP 逐年变化

6.7.2 经济性能分析

表 6-7 给出了源端及机房相关设备的单位造价指标，表中主要数据来源于该项目公司前期的工程核算成本。基于前文相关公式及表 6-7，不同优化方案对应的地源热泵系统的投资和运行估算费用如表 6-8 所列。

表 6-7 源端及机房相关设备造价指标汇总表

设备名称	集热器	蓄热井	热泵机组	水泵
单价	360 元/m²	35 元/m	4100 元/kW	2500 元/台

表 6-8 不同优化方案地源热泵系统的投资和运行费估算表 单位：万元

方案	储能系统与相关机房设备费					年均运行费用			年均总费用
	集热器	地埋井	热泵机组	总计	年均费用	热泵	水泵	总计	设备+运行费用
25-45	9.00	6.62	14.67	30.28	1.21	3.00	0.77	3.77	4.98
25-70	9.00	6.86	14.90	30.76	1.23	3.05	0.78	3.83	5.06
25-95	9.00	6.98	15.10	31.08	1.24	3.09	0.79	3.88	5.12
20-45	10.08	10.40	13.45	33.92	1.36	2.81	1.06	3.87	5.23
20-70	10.08	10.29	13.52	33.89	1.36	2.83	1.06	3.88	5.24
20-95	10.08	9.98	13.70	33.76	1.35	2.86	1.03	3.90	5.25
15-45	11.52	17.33	13.77	42.61	1.70	2.88	1.32	4.20	5.90
15-70	11.52	17.15	13.74	42.41	1.70	2.87	1.31	4.18	5.88
15-95	11.52	16.63	13.74	41.89	1.68	2.87	1.28	4.16	5.83
GSHP	0.00	18.62	18.82	37.44	1.50	3.94	1.24	5.17	6.67

BTES 耦合热泵供暖系统相比基准设计方案要支出额外的集热系统费用，但前者可大幅降低相关设备的运行费用，9 组优化设计方案的年总运行费用要小于地源热泵的年总运行费用。由于蓄热温度的提升，所需蓄热井群打井数量也大幅下降，因而蓄热温度为 20℃和 25℃时的 6 组优化设计方案初始总投资费用反而要小于传统地源热泵系统。而蓄热温度为 15℃时的优化设计方案由于所需集热器面积较大，初始费用远大于传统地源热泵以及其他两组不同蓄热温度对应的 BTES 耦合热泵供暖系统，但其年均运行费用要明显小于传统地源热泵，因此在整个寿命周期内其初始设备费用和运行费用的年均值也低于地源热泵。

从表 6-8 中可知，年均总费用最低的"25-45"优化设计方案相比于传统地源热泵系统直接相关费用每年节省 1.7 万元左右。由于供热期间土壤平均温度要低于蓄热温度为 15℃和 20℃时的优化设计方案，因此蓄热温度为 25℃时的优化设计方案对应的热泵运行费用要高于 15℃和 20℃时的，但由于集热器和蓄热井群总延米数大幅下降，因此相关动力系统运行费较低，因此年运行总费用还是低于其他两组蓄热温度条件。

需要注意的是，在 3 组不同蓄热温度优化方案中蓄热温度越高投资费用和运行费用越低。投资费用随蓄热温度的升高而变低是由集热器面积和蓄热井群换热井总延米数减少导致的。蓄热温度为20℃和25℃时的优化设计方案相比15℃时的年均总费用降低了11.3%～15.6%，但蓄热温度从20℃上升至25℃时年均总费用增加幅度大幅下降，二者相差3.9%～5.1%。

6.7.3 优化方案结果

综合以上分析，在以供暖为主的农业大棚建筑中采用BTES与热泵耦合系统进行供暖是一种经济可行的设计方案。BTES与热泵耦合系统可以解决传统地源热泵系统冷热负荷失调造成的效率下降、钻孔需求量大的问题，同时其年均总费用相比传统地源热泵系统具有一定优势。从经济性角度来看随着换热温差越大的增大年均总费用越低，但减少幅度逐渐下降。但从技术角度来看换热温差过大将会导致地温波动随之增大，不利于地源热泵系统的安全稳定运行。因此，本章项目设计采用了蓄热温度为20℃、井深为70m的设计方案。该方案下土壤取热中期的地下35m处1/4截面地温云图逐年变化如图6-20所示（彩图见书后），可以看出经过几年的不断取热和蓄热循环，蓄热体可以维持较好的温度梯度，因此可以取得较好的蓄热率以及较低热损失率。其他典型优化设计方案，如"15-70""25-70"地下35m处1/4截面地温云图以及"15℃对比方案"22.5m处1/4截面地温云图分别如图6-21～图6-23所示（彩图见书后）。

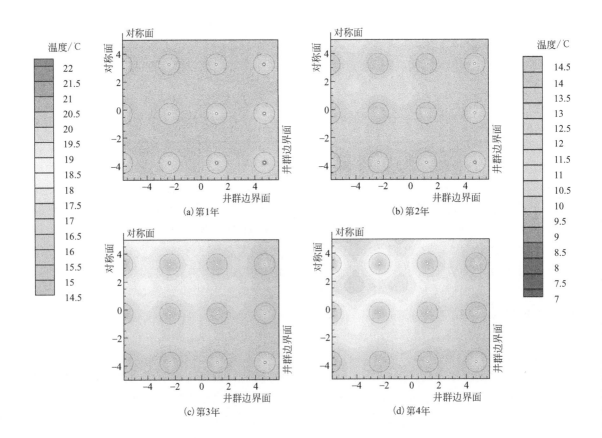

(a) 第1年　　(b) 第2年　　(c) 第3年　　(d) 第4年

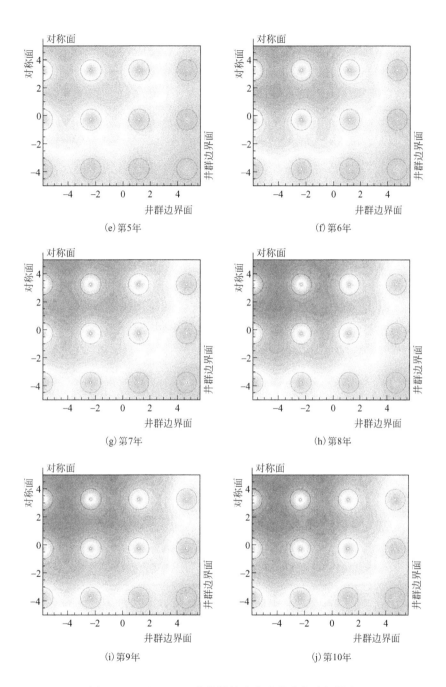

图 6-20　20℃、70m 优化设计方案取热中期中间深度
1/4 截面地温分布变化

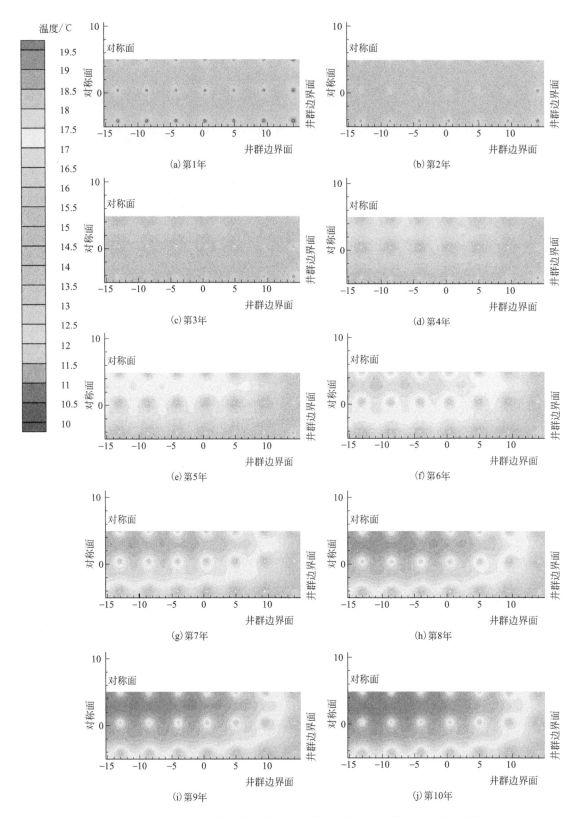

图 6-21　15℃、70m 优化设计方案取热中期中间深度 1/4 截面地温分布变化

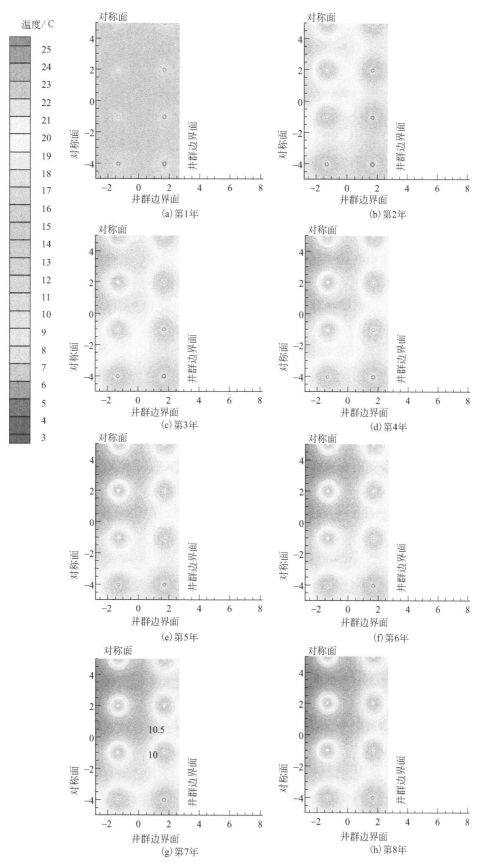

图 6-22

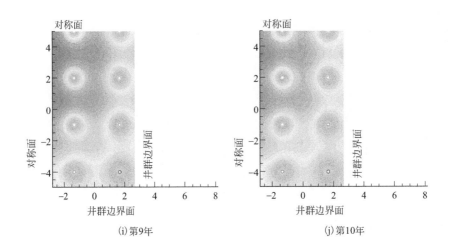

(i) 第9年   (j) 第10年

图 6-22　25℃、70m 优化设计方案取热中期中间深度
1/4 截面地温分布变化

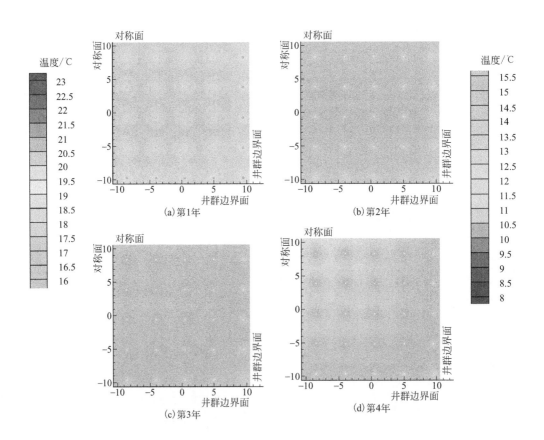

(a) 第1年   (b) 第2年

(c) 第3年   (d) 第4年

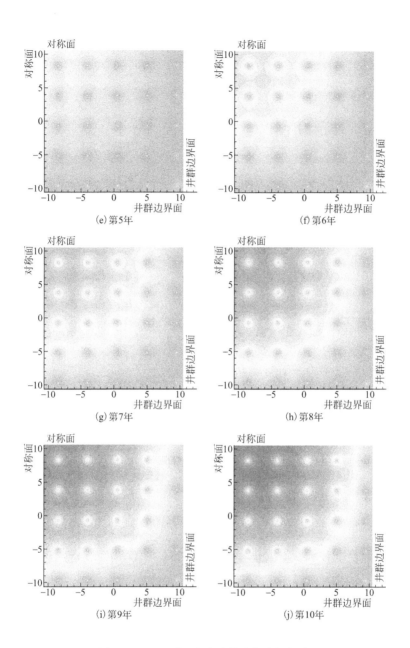

图 6-23　15℃ 对比方案取热中期中间深度
1/4 截面地温分布变化

　　本节对根据模拟优化设计结果对确定的优化设计方案（20℃、70m）进行了实际工程设计。图 6-24 所示为该方案下 BTES 与热泵耦合供暖系统源端机房流程图，图 6-25 所示为相应蓄热井群的布置图，其中每六口井设置一口检查井。

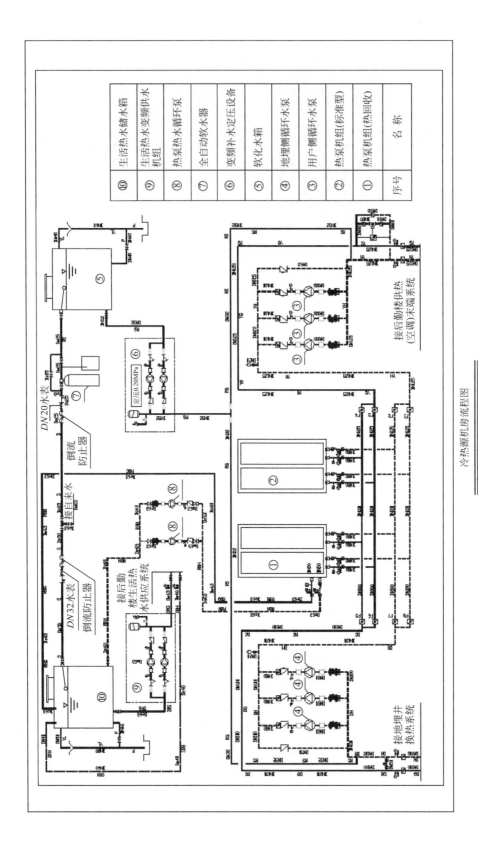

序号	名称
⑩	生活热水储水箱
⑨	生活热水变频供水机组
⑧	热泵热水循环泵
⑦	全自动软水器
⑥	变频补水定压设备
⑤	软化水箱
④	地埋侧循环水泵
③	用户侧循环水泵
②	热泵机组(标准型)
①	热泵机组(热回收)

冷热源机房流程图

图6-24　BTES与热泵耦合供暖系统源端机房流程图

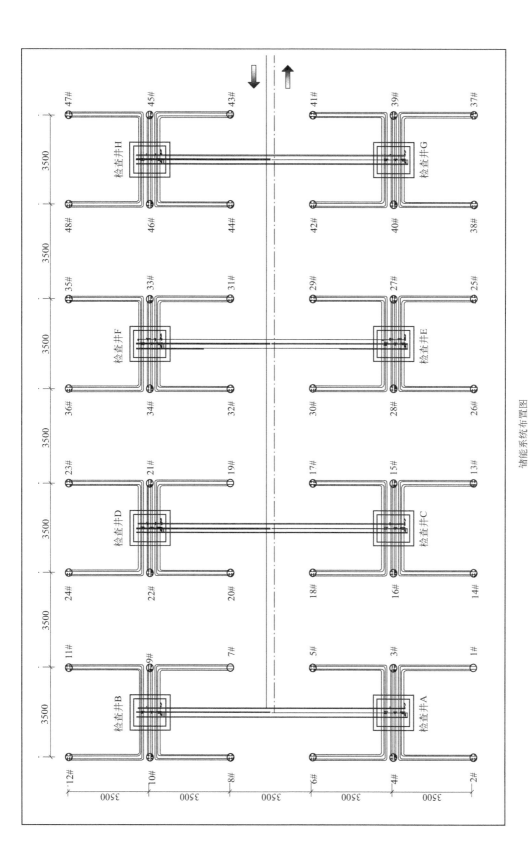

图6-25 BTES与热泵耦合供暖系统蓄热井群布置图（单位：mm）

该农业大棚 BTES 与热泵耦合供暖系统项目除监测系统外已施工完毕，其中 1#～3# 大棚已于 2018 年 12 月初正式开始供暖。1#～5# 农业大棚建筑在 2018 年 12 月 7～15 日期间室内温度初步监测结果如图 6-26 所示。由图 6-26 可以看出在室外温度处于－15℃ 左右条件下进行供暖的 1#～3# 大棚温度可以始终维持在 15℃ 以上，而未进行供暖的 4#～5# 大棚内部温度要明显低于 1#～3#，相差约为 5℃。由于大棚内部温度得到有效保障，1#～3# 大棚内部农作物生长情况良好，而 4#～5# 大棚内部植物由于温度较低而出现了明显的大面积死亡和枯萎情况。

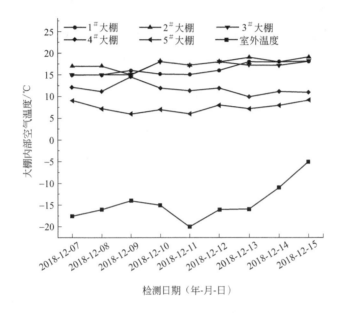

图 6-26　2018 年 12 月 7～15 日期间大棚内部空气温度监测变化

6.8 择优方案设计方法

① 采用 BTES 与热泵耦合供暖系统可以有效解决农业大棚建筑地下岩土因取排热量不平衡导致的地温逐渐下降的问题，在以供暖为主的农业大棚建筑中采用 BTES 与热泵耦合系统进行供暖是一种经济可行的设计方案。

② BTES 与热泵耦合供暖系统可以解决传统地源热泵系统冷热负荷失调造成的效率下降、钻孔需求量大的问题，同时其年均总费用相比传统地源热泵系统具有一定优势。

③ 从技术角度看，设计换热温差过大将会导致地温波动随之增大，不利于地源热泵系统的安全稳定运行；本章项目最终采用了蓄热温度为 20℃、井深为 70m 的设计方案，并根据设计结果进行了工程设计和项目施工，取得了较好的运行效果，初步监测结果显示大棚内部室温满足设计要求。

④ 对实际项目设计优化过程中系统的技术性能指标与不同设计方案之间的关系进一步验证了本章前面章节理论研究结果的可靠性和准确性，并通过此项目对 BTES 系统的实际应用提供了理论和实践指导。

参考文献

［1］ 李曙轩 . 中国农业百科全书：蔬菜卷［M］. 北京：中国农业出版社，1990.

［2］ 刘峥，扈志勇，杨超，等 . 银川市地埋管地源热泵热响应试验研究［J］. 宁夏工程技术，2013，12（3）：245-247，251.

［3］ 张方方 . 季节性蓄热的太阳能-地源热泵复合系统的研究［D］. 济南：山东建筑大学，2010.

［4］ 陈松 . 地源热泵空调能耗分析与节能运行方法研究［D］. 合肥：中国科学技术大学，2018.

第7章

跨季节蓄热研究展望与新型蓄能系统

7.1 BTES 蓄热技术研究展望

7.1.1 本书研究成果简述

BTES 建筑供热系统作为连接建筑用能端与可再生能源的天然缓冲和中继,在应对气候变化的"碳达峰碳中和"目标和我国清洁供暖大背景下,对于促进建筑学科尤其是建筑技术学科的发展和内涵丰富具有重要的理论研究和实践价值。BTES 系统不同类型因素与其性能间存在复杂的非线性关系,单井蓄热体间的热交互作用及井群蓄热体与周围传热边界的热交互也不可避免地影响着井群长期热特性。为了系统探索 BTES 系统设计、运行和岩土物性参数等复合影响因素对其性能的协同影响和作用机制,本书依次分析、建立并验证了单井蓄热体和井群蓄热体数学模型,结合数值模拟软件并利用定性和定量相结合的全局敏感性分析方法对单井和井群 BTES 系统在不同类型参数组合协同作用下的热特性进行了深入的探索研究,并结合严寒地区典型绿色农业大棚建筑 BTES 建筑供暖系统设计具体阐述 BTES 系统的应用和优化设计策略。主要研究成果如下。

1) 系统梳理、对比分析了不同地下跨季节蓄热技术国内外研究现状,并重点阐述和深入研究了 BTES 建筑供暖系统原理、组成和不同运行工作模式。

本书系统介绍了 BTES 系统的组成、埋管换热器的布置形式和类型。首先,对 4 种地下跨季节蓄热系统的原理以及建筑供暖系统进行了梳理和总结,从国内外的实际应用案例和研究中对比分析了每个系统的特征和优缺点。其次,从概念边界和技术边界两个层面对 BTES 系统与传统土壤源热泵系统进行了对比划分。在此基础上对 BTES 建筑供暖系统的模式进行了分类介绍,并分析了各种模式的应用条件以及运行机制。

2) 理论分析、建立并验证了 BTES 系统单井和井群蓄热体三维瞬态传热模型,并对不同蓄热运行条件下单井蓄热体以及不同因素协同影响下井群蓄热体的热特性进行了研究。

基于理论分析结果,依次递进建立了 BTES 系统单井和井群蓄热体三维瞬态传热数学模型;结合单井和井群几何模型的尺度、长宽比失调,给出了一种提高网格质量的划分和模型简化方法,并对其进行网格独立性和时间步长独立验证。为进一步确保所建立传热模型的鲁棒性，首先进行单井热响应测试并利用单井热响应测试实验数据与模拟所得进出口温度数据进行比对。随后为进一步扩展验证钻孔内部和外部的温度场，与著名的单井和井群沙箱实验公开数据进行深入比对，并最终验证了本书所建模型的准确性和可靠性。

本书研究了单井蓄热体在蓄热温度 30~50℃、循环流体流速 0.1~0.5m/s 和运行时间 50~200h 条件下的径向和轴向的传热特性、温度分布特性以及换热性能。初步研究结果表明：相同流速下，随蓄热温度升高换热量增加幅度较大，且基本相同，而在相同蓄热温度下，随流速增加换热量增加幅度则大幅度减小；蓄热温度对换热性能以及岩土温度变化影响最大，而流速应取临界流速周围的值，不宜过大或过小；不同运行条件下，径向方向上地下岩土温度梯度远大于轴向方向，蓄热过程中热损失主要发生在径向远边界；蓄热过程中热扩散半径主要随运行时间变化，且随运行时间变长热扩散速度趋于缓慢。

3）识别影响 BTES 系统热特性的关键设计、运行和岩土热物性参数，采用全局敏感性分析耦合数值模拟的方法探索不同类型总计 7 个影响因素对 BTES 系统热特性的非线性协同影响规律和交互作用机制，为 BTES 建筑供暖系统设计运行和优化奠定坚实理论基础。

采用了拉丁超立方抽样设计方法对 3 种类型总计 7 个影响因素进行了抽样组合设计，形成 50 组不同参数设计组合案例，在 ANSYS Workbench 中建立井群三维瞬态传热模型并利用 Fluent 求解器对 50 组设计案例进行数值求解。进一步，采用 SRC 和 TGP 两种全局敏感性分析方法对上述 50 组模拟结果进行全局敏感性分析。

主要结论如下：

① 所研究输入变量之间存在完全不相关或低相关，因素之间相互独立。鉴于一些输入变量与输出变量呈现出显著的非线性关系，采用 TGP 全局敏感性分析方法更加适于 BTES 系统热特性研究。

② 所研究影响因素中，蓄热温度、井深、井间距和岩土热导率的影响最关键，均不同程度和不同形式地影响着 BTES 的热特性。

③ 蓄热阶段，蓄热温度和井深是影响注入热量最关键的因素，与注入热量呈正相关；井间距和井深是影响蓄热量最重要的因素，蓄热温度其次，这 3 个因素也与蓄热量呈正相关；对于蓄热率来说，井间距和岩土热导率是最关键的影响因素，井间距与蓄热率呈正相关，而岩土热导率却与蓄热率呈负相关；蓄热时间和岩土热导率是影响热损失的重要因素，其次是蓄热温度；而对于热损失率，井间距是最关键的因素，随着井间距的变大热损失率变小，岩土热导率其次，与热损失率呈正相关。

④ 取热阶段，井深和井间距是影响取热量最重要的因素，取热量随井间距和井深的增大而增大；对于"取热率-1"（取热量与蓄热量之比），蓄热温度、井间距和蓄热时间是关键影响因素，其中蓄热温度和井间距与"取热率-1"呈负相关，蓄热时间与"取热率-1"呈正相关；对于"取热率-2"（取热量与注入热量之比），井间距和岩土热导率是最显著的影响因素，其中井间距与"取热率-2"呈正相关，岩土热导率与"取热率-2"呈负相关。

⑤ 蓄热温度是影响蓄热阶段能量密度和平均换热量的最突出因素。对于能量密度，井间距虽然影响程度不是很高，但是仅次于蓄热温度的影响，且与能量密度呈负相关。因此在 BTES 的实际设计中任一参数都不宜取过大或过小值，只有对各类影响参数进行合理设计才能使系统性能更优。

⑥ 蓄热时间与注入热量和热损失呈非线性关系，蓄热时间在 5～11.5h 和＞17.5h 时注入热量随蓄热时间变长而增大，当蓄热时间增大至 20h 时注入热量才与 11.5h 时的值相同。当蓄热时间在 11.5～15h 时热损失随蓄热时间变长而下降。当注入热量增大时热损失也在增大，且热损失增大幅度大于注入热量增大量，因此仅考虑换热性能的提高不利于 BTES 系统的蓄热率指标。

4）基于以上研究结果得出的设计和优化策略，以严寒气候区典型农业大棚建筑为案例载体，进行实际 BTES 建筑供暖系统设计，在提供优化设计思路的基础上验证了理论结果的实际指导意义，更多不同应用案例可参考第 1 章和第 2 章的案例汇总表格。

以内蒙古乌海市某现代农业大棚建筑为综合载体，依据所在项目场地综合条件进行了 BTES 系统适宜性设计应用与优化，得出以下结论：

① BTES 耦合热泵供暖系统设计方案是一种经济可行的供暖解决方案。且蓄热温度 20℃、井深 70m 的 BTES 耦合热泵供暖系统方案技术经济性指标较优，并可有效解决农业大棚建筑地下岩土因取排热量极度不平衡导致的地温逐渐下降、系统效率低下和钻孔需求量大等问题。

② 从技术角度来看，蓄热设计温差大虽然可以大幅减少蓄热体体积、打井数量，但也会导致地温波动的增大，不利于热泵系统的稳定、高效运行，影响蓄热系统性能。

③ 通过实际 BTES 建筑供暖项目的技术性能指标进一步验证了本书前面章节理论研究结果的可靠性和准确性。

7.1.2　BTES 系统存在的不足

国内外对于跨季节埋管蓄热建筑供热系统的深入研究一直在持续进行，技术创新也在不断发生。这也从侧面验证了 BTES 系统的研究复杂性和研究应用潜力还将长期并存。限于笔者及团队的时间和精力，未来对于 BTES 系统的潜在工作可从以下几方面展开：

① 首先，BTES 系统影响因素复杂繁多，总体上分设计、运行和岩土物性三类，但每一类中包含因素众多。本书中的研究虽考虑了 3 种类型中的全部主要影响因素，但限于工作量巨大并没有涵盖某一类的全部因素。因此，同一类型下全部因素影响以及多个类型多个不同因素对 BTES 系统影响有待进一步探究。

② 其次，本书对 BTES 系统供暖模式进行分类，每类模式有各自运行机制和应用条件，根据用能建筑不同需求可相应选择不同 BTES 建筑供暖系统模式。但 3 种 BTES 系统工作模式的技术经济性对比尚缺少深入的支撑数据。

③ 最后，利用数值模拟方法对严寒气候区典型农业大棚建筑 BTES 供暖系统进行了应用优化设计，并在实际项目中设计了实时监测系统。但限于时间、精力以及具体工程项目建设的复杂性和耗时，本书尚未对项目进行全面的实验检测。因此未来可对源端、储能端和末端等整个农业大棚 BTES 建筑供暖系统进行实验研究，得出进一步的实际与理论结合的研究结果，并进一步反向对相关理论进行校正。此外，还可通过对 5 种不同大棚末端形式的实际监测对比，探索出适用于乌海市某农业大棚建筑 BTES 供暖系统的末端形式。

④ 本书的研究以及现有的研究均是出于提高传统 BTES 系统效率和降低成本目的，设计的合理性直接与地下埋管布置数量和井深等参数紧密关联，从而影响初始建设成本和投资

成本，系统的运行模式以及效率也直接影响其生命周期内的运行费用，也反过来影响初始投资。传统 BTES 主要是通过水泵驱动循环流体（水）流经埋管的方式向地下注入/提取热量，属于主动式显热热交换系统，除了需要消耗大量的水泵输送功耗外，其储/释能能效比（储/释能量与储/释能功耗之比）也较低；同时，该系统中循环工质为非相变工质，地下换热储能过程以显热热交换方式完成，因此换热储能效率也较低、供给侧冷热源有效利用率低，并进一步增加了系统能耗，并造成储能能效比进一步下降。因而，工程设计人员不得不通过增加井群数量以维持整个系统的运行性能，而这也导致了当前 BTES 工程造价的居高不下，严重影响了 BTES 的大规模推广应用。为了解决上述存在的一系列传统 BTES 系统固有的技术缺陷，笔者及团队提出了不同结构和形式的被动式跨季节地下储能系统、主被动混合的跨季节地下储能系统以及建筑集成用跨季节地下储能系统，详见 7.2～7.4 部分相关内容。

7.2 被动式地下跨季节储能系统

为了有效提升 BTES 换热效率、降低工程造价和对周边地下生态环境的影响，当前技术人员主要采取了使用双 U 型管或其他异型管替代单 U 型管以提升埋管换热器单位延米换热量。虽然这一措施有助于减少井群数量和附属设备用量，但其施工难题随之而来。例如，双 U 型管/异型管在钻孔下管过程容易产生形变造成双 U 型管/异型管之间相互贴合（俗称"短路"），造成短路点以下的埋管部分甚至全部失效，使得整个 BTES 的实际可用容量严重偏离设计值。此外，填料回填过程也可能因钻孔情况不同和回填随机性操作而产生不均匀回填现象，造成不同位置钻孔的热扩散系数和换热效率的不同，不利于BTES 蓄热/取热过程的精细化管理。因此，传统主动式 BTES 中存在的上述弊端已成为相关技术人员亟须解决的工程技术难题，因此笔者及团队针对现有技术中存在的技术缺陷，采用了一种采用被动式潜热热交换方式，能够实现同一系统蓄能和供能的一体化切换的被动式跨季节供能蓄能系统。

7.2.1 被动式跨季节供能蓄能系统

图 7-1 为被动式跨季节供能蓄能系统装置结构示意。该装置主要由用于充注相变工质8 并埋于蓄能体中的密封容器 3、换热器 4、第一流体管 9-3 和第二流体管 10-3，第一流体管 9-3 的一端与换热器 4 的第一工质接口连通，另一端穿过密封容器 3 上端且管口端面位于密封容器 3 内上部。第二流体管 10-3 一端与换热器 4 的第二工质接口连通，另一端穿过密封容器 3 上端且管口下端浸入相变工质 8 内部。第二流体管 10-3 上安装有吸液控制单元 6。吸液控制单元 6 两侧的第二流体管内分别设置有吸液芯 5。吸液芯 5 中心设置有流体流道，其内壁上设置有多个肋状凸体和凹槽。吸液控制单元 6 用于切断或闭合吸液控制单元两侧吸液芯 5 的连接。根据实现功能的不同换热器 4 的换热流体接口与供能系统或蓄能系统连接。当换热器的换热流体接口与建筑物的供暖或供冷系统连接时，为建筑物供暖或供冷，当换热器的换热流体接口与蓄能装置连接时，在蓄能体中蓄热或蓄冷。

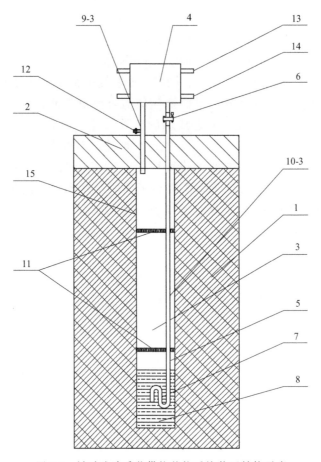

图 7-1 被动式跨季节供能蓄能系统装置结构示意

1—蓄能体；2—保温层；3—密封容器；4—换热器；5—吸液芯；6—吸液控制单元；7—弯管；

8—相变工质；9-3—第一流体管；10-3—第二流体管；11—固定支架；12—相变工质

充注口；13—热源供水管路；14—热源回水管路；15—预留钻孔

吸液控制单元的结构示意如图 7-2 所示，包括管体 6-1，管体 6-1 内设置有连接吸液芯 6-2，连接吸液芯 6-2 的内表面设置有与吸液芯 5（图 7-1）内表面的肋状凸体相对应的凸起 6-3。连接吸液芯 6-2 与旋转驱动机构连接，旋转驱动机构驱动连接吸液芯 6-2 转动使得其凸起 6-3 与吸液芯 5 的肋状凸体相接或分离。旋转驱动机构可以采用推杆、扳手、旋转液压缸等多种结构。在本系统中为了实现自动旋转，旋转驱动机构包括安装于管体 6-1 中部的空心阀座 6-4，空心阀座 6-4 内部设置有相啮合的从动齿轮 6-5 与主动齿轮 6-6，从动齿轮 6-5 与连接吸液芯 6-2 键连接，主动齿轮 6-6 与驱动电机 6-7 的输出轴连接。驱动电机 6-7 驱使主动齿轮 6-6 转动，并通过从动齿轮 6-5 带动连接吸液芯 6-2 转动一定角度（例如转动 30°），使得连接吸液芯 6-2 的肋状凸起 6-3 与第二流体管 10-3（图 7-1）中安装的吸液芯 5 的凹槽对齐，由此阻断连接吸液芯 6-2 的肋状凸起 6-3 与吸液芯 5 肋状凸体的连接，不能连续产生毛细力的作用。驱动电机 6-7 驱使主动齿轮 6-6 转动，并通过从动齿轮 6-5 带动连接吸液芯 6-2 再次转动一定角度（例如 30°），使得连接吸液芯 6-2 的肋状凸体 6-3 与第二流体管 10-3 内的吸液芯 5 的肋状凸起对齐，由此接通连接吸液芯 6-2 与吸液芯 5 的连接，产生持续的毛细力作用。

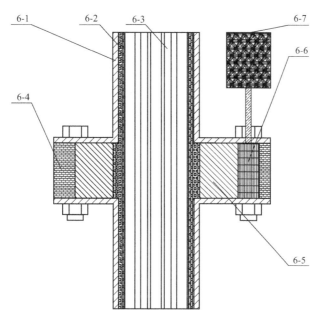

图 7-2　一种吸液控制单元结构示意

5—吸液芯；6-1—管体；6-2—连接吸液芯；6-3—凸起；6-4—空心阀座；

6-5—从动齿轮；6-6—主动齿轮；6-7—驱动电机

吸液控制单元可以有另一种不同运行方式下的结构，如图 7-3 所示，吸液控制单元包括设置于第二流体管 10-3（图 7-1）上的旁通管 6-8 和三通阀 6-9。旁通管 6-8 中不安装吸液芯，旁通管 6-8 用于连通第二流体管 10-3 的上段和下段。具体连接方式为：旁通管 6-8 的一端与三通阀的 B 接口连接，旁通管 6-8 的另一端与三通阀 6-9 的 A 接口并联后与第二流体管 10-3 的上段连接，三通阀 6-9 的 C 接口与第二流体管 10-3 的下段连接。三通阀 6-9 的 A 接口上段及 C 接口下段的第二流体管 10-3 中安装有吸液芯 5（图 7-1）。当三通阀 6-9 的 AC 通道开启 BC 通道关闭时，第二流体管 10-3 上段与下段的吸液芯 5 即互相连通，对内筒体内的相变工质 8 能够

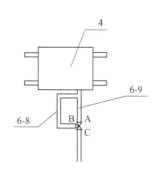

图 7-3　另一种吸液控制单元结构示意

4—换热器；6-8—旁通管；6-9—三通阀

产生毛细力作用。当三通阀的 BC 通道连通 AC 通道关闭时，通过旁通管 6-8 连接第二流体管 10-3 的上段与下段，第二流体管 10-3 上段与下段中的吸液芯 5 断开，不能产生毛细力作用。

第二流体管 10-3 由直管段和浸入相变工质 8 内的弯管 7 组成。为了便于充注相变工质 8 及密封容器 3 内抽真空，第一流体管 9-3 上设置有相变工质充注口 12。第二流体管 10-3 通过固定支架 11 固定在密封容器 3 内。

该被动式跨季节供能蓄能系统安装施工方式如下：首先，在蓄能体 1 上打预留钻孔 15。在此基础上，将密封容器 3 的筒体部分下沉至蓄热体的预留钻孔 15 中，并固定安装弯管 7 和第二流体管 10-3，随后通过焊接方式将密封容器 3 的上盖部分安装于密封容器 3 的筒体之上，形成密封容器 3。将第一流体管 9-3 穿过上盖插入筒体内，并与上盖做好密封。随后在蓄能体 1 和上盖上方铺设蓄能体保温层 2。在第二流体管 10-3 上安装吸液芯控制阀 6，随

后将第一流体管 9-3 和第二流体管 10-3 与换热器 4 连接。上述步骤完成后,通过相变工质充注口 12 进行抽真空并完成相变工质 8 的充注过程。

该系统装置的运行与控制方法通过冬季和夏季两个不同季节的运行方法进行说明。

(1) 冬季供热(蓄冷或取热)模式

调节吸液控制单元中的连接吸液芯 6-2 与第二流体管 10-3 中的吸液芯 5 的连接断开,不能连续产生毛细力作用。首先,密封容器 3 中的相变工质 8 吸收周边蓄能体 1 蓄存的热量相变蒸发成为汽态相变工质,随之在相变力的作用下聚集在密封容器 3 的上盖处,经第一流体管 9-3 进入换热器 4 中释放热量相变冷凝成为液态相变工质,并在重力作用下经第二流体管 10-3 回流至密封容器 3 中,完成相变工质 8 的循环过程。释放至换热器 4 中的热量经热源供水管路 13 和热源回水管路 14 带走供建筑冬季采暖使用。

(2) 夏季(蓄热或取冷)模式

调节吸液控制单元中的连接吸液芯 6-2 与第二流体管 10-3 中的吸液芯 5 相接,能连续产生毛细力作用。液态相变工质在毛细力作用下经弯管 7 和第二流体管 10-3 被吸至换热器 4 内;此时,由于热源供水管路 13 的换热介质温度较高,因此,被吸至换热器 4 处的液态相变工质受热相变蒸发成为汽态相变工质,在相变作用下通过第一流体管 9-3 进入密封容器 3 内,并在密封容器 3 中受到周围蓄冷体的冷却作用相变冷凝成为液态相变工质,并在重力作用下回流至密封容器 3 底部,完成相变工质 8 的循环过程。热源供水管路 13 中的循环工质经过冷却后经由热源回水管路 14 被输送至建筑端供建筑夏季制冷使用。

该系统被动式供热系统的结构示意如图 7-4 所示,包括用于充注相变工质的密封容器 3、

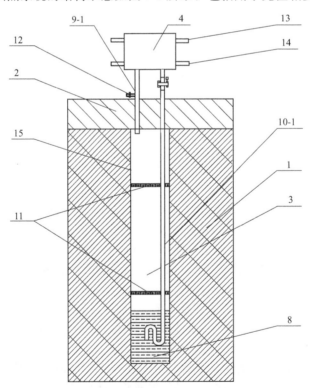

图 7-4 另一种吸液控制单元结构示意

1—蓄能体;2—保温层;3—密封容器;4—换热器;8—相变工质;9-1—取热管;
10-1—回流管;11—固定支架;12—相变工质充注口;13—热源供水管路;
14—热源回水管路;15—预留钻孔

换热器 4、取热管 9-1 和回流管 10-1。密封容器可以由筒体和上盖组成。取热管 9-1 的一端与换热器 4 的第一工质接口连通,另一端穿过密封容器 3 上端且下管口端面位于密封容器 3 内上部。回流管 10-1 一端与换热器 4 的第二工质接口连通,另一端穿过密封容器 3 上端且下管口端面位于密封容器 3 内下部,回流管 10-1 的下管口端面最好是浸入相变工质 8 内。

为了便于充注相变工质 8 及密封容器 3 内抽真空,在取热管 9-1 上设置有相变工质充注口 12。回流管 10-1 通过固定支架 11 固定在密封容器 3 内。使用时,在蓄能体 1 中打预留钻孔 15,将密封容器 3 下沉至预留孔钻 15 中。并在蓄能体 1 上安装保温层 2。密封容器 3 中的相变工质 8 吸收周边蓄能体 1 蓄存的热量相变蒸发成为汽态相变工质,随之在相变力的作用下聚集在密封容器 3 的上部,并经取热管 9-1 进入换热器 4 中释放热量相变冷凝成为液态相变工质,并在重力作用下经回流管 10-1 回流至密封容器 3 中,完成相变工质 8 的循环过程。相变工质释放至换热器 4 的热量经热源供水管路 13 和热源回水管路 14 带走供建筑冬季采暖使用。

该系统被动式供冷系统的示意如图 7-5 所示,包括用于充注相变工质的密封容器 3、换热器 4、取冷管 10-2 和流体下降管 9-2,取冷管 10-2 的一端与换热器 4 的第二工质接口连通,另一端穿过密封容器 3 上端且管口下端浸入相变工质 8 内部,取冷管 10-2 内设置有贯穿取冷管的吸液芯 5。流体下降管 9-2 一端与换热器 4 的第一工质接口连通,另一端穿过密封容器 3 上端且管口端面位于密封容器 3 内部。

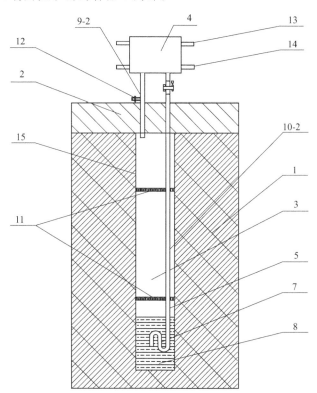

图 7-5 另一种吸液控制单元结构示意

1—蓄能体;2—保温层;3—密封容器;4—换热器;5—吸液芯;7—弯管;8—相变工质;
9-2—流体下降管;10-2—取冷管;11—固定支架;12—相变工质充注口;
13—热源供水管路;14—热源回水管路;15—预留钻孔

其中，取冷管 10-2 由直管段和浸入相变工质 8 内的弯管 7 组成。为了便于充注相变工质 8 及密封容器 3 内抽真空，流体下降管 9-2 上设置有相变工质充注口 12。取冷管 10-2 通过固定支架 11 固定在密封容器 3 内。使用时，在蓄能体 1 中打预留钻孔 15，将密封容器 3 下沉至预留钻孔 15 中。并在蓄能体 1 上安装保温层 2。首先，密封容器 3 内的液态相变工质在毛细力作用下经取冷管 10-2 进入换热器 4 中，此时，由于热源供水管路 13 的换热介质温度较高，因此进入换热器 4 中的液态相变工质受热相变蒸发成为汽态相变工质，即在相变力的作用下通过流体下降管 9-2 进入密封容器 3 内，由于受到周围蓄冷体的冷却作用相变冷凝成为液态相变工质，并在重力作用下回流至密封容器 3 底部，完成相变工质 8 的循环过程。热源供水管路 13 中循环工质经过冷却后经由热源回水管路 14 被输送至建筑端供建筑夏季制冷使用。

与现有技术相比，本系统的有益效果如下：

① 本系统采用了被动式潜热热交换方式，能够大幅降低系统的输送功耗，有效提升单位延米换热量，并减少 BTES 系统所需钻井数量和对蓄能体周边地下空间的生态影响。而且，可有效避免传统埋管式蓄能井"短路"现象的产生，系统运行的稳定性大大提高。

② 本系统地埋部分中的密封容器可以直接下沉至钻孔中，消除了传统 BTES 施工中填料回填步骤，因此可有效避免回填过程中不均匀回填的产生。

③ 本系统可以采用模块化设计、施工和拆解，只需预留好相应钻孔并在后期依次将地埋组件下沉至预留钻孔中即可完成大部分土建施工任务，可大幅降低施工复杂程度和所需施工周期，提升施工安装的模块化程度。

④ 本统中的第二流体管由直管段与弯管段组成，可以防止蓄冷或者供热过程中密封容器内的蒸汽倒灌现象的产生，提升系统的运行稳定性。

⑤ 本系统设有独特的吸液芯控制单元，通过吸液芯的阻断或连接，可以在同一系统中同时实现集热蓄热和集冷蓄冷双重功能的高度一体化集成。

7.2.2 被动式集能蓄能供能系统

图 7-6 为被动式集能蓄能供能系统装置结构示意，包括换热器 1、地埋装置、第一流体管 2 和第二流体管 3（包括直管段 3-1 和弯曲管段 3-2）。地埋装置包括外筒体 4 和用于充注相变工质的封闭的内筒体 5，内筒体 5 可转动地安装于外筒体 4 内部，内筒体 5 与外筒体 4 之间密封设置有润滑导热介质 6。第一流体管 2 一端与换热器 1 的第一工质接口连接，另一端穿过内筒体 5 上端进入其内部，且管口端面位于内筒体 5 内上部。第二流体管 3 一端与换热器 1 的第二工质接口连接，另一端穿过内筒体 5 上端进入其内部，且管口下端浸入相变工质 7 内部。第二流体管 3 上设置有吸液控制单元，吸液控制单元两侧的第二流体管 3 内分别设置有吸液芯 8。吸液芯 8 可以采用现有技术中的结构，吸液芯 8 中心设置有流体流道，内壁设置有沟槽。吸液控制单元用于切断或闭合吸液控制单元两侧吸液芯的连接。为了提高传热效率，内筒体 5 通过旋转驱动机构驱动。旋转驱动机构可以直接驱动内筒体 5，也可以通过与内筒体 5 连接的部件间接驱动内筒体。旋转驱动机构采用现有技术的方案。旋转驱动机构驱动内筒体 5 转动，内筒体 5 内的相变工质及内筒体与外筒体之间的润滑传热介质被扰动，提高了传热效率。为了实现换热器 1 的"追优"效果，本系统的被动式集能蓄能供能系统还包括多功能气象站 9、控制器 10 和驱动执行器 11。换热器 1 为平板式太阳能集热器，

夏季集热，冬季表面覆盖进行集冷。驱动执行器11用于驱动换热器1转动。控制器10分别与多功能气象站9的信号输出端和驱动执行器11的控制端连接，控制器10通过多功能气象站9收集的气象信息控制驱动执行器11动作，带动换热器1转动至目标位置。

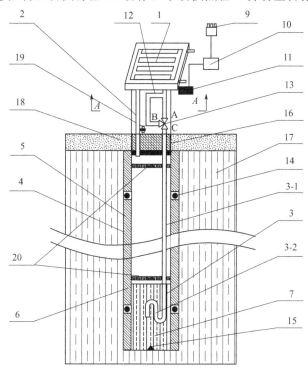

图 7-6　被动式集能蓄能供能系统装置结构示意

1—换热器；2—第一流体管；3—第二流体管；3-1—直管段；3-2—弯曲管段；4—外筒体；5—内筒体；

6—润滑导热介质；7—相变工质；9—多功能气象站；10—控制器；11—驱动执行器；12—旁通管；

13—三通阀；14—转动轴承；15—顶针；16—保护套筒；17—蓄能体；

18—保温层；19—工质注入口；20—支架

本系统中的吸液控制单元可以采用多种结构。本节介绍以下两种吸液控制单元的设置方式。

第一种吸液控制单元的结构如图 7-7 所示，具体结构为：吸液控制单元包括设置于第二流体管 3 上的旁通管 12 和三通阀 13（图 7-6），旁通管 12 中不安装吸液芯，旁通管 12 用于连通第二流体管 3 的上段和下段。如图 7-6、图 7-7 所示，具体连接方式为：旁通管 12 的一

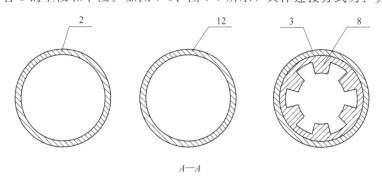

A—A

图 7-7　第一种吸液控制单元结构示意

2—第一流体管；3—第二流体管；8—吸液芯；12—旁通管

端与三通阀的 B 接口连接，旁通管 12 的另一端与三通阀 13 的 A 接口并联后与第二流体管的上段连接，三通阀 13 的 C 接口与第二流体管 3 的下段连接。三通阀 13 的 A 接口上段及 C 接口下段的第二流体管中安装有吸液芯。当三通阀 13 的 AC 通道开启 BC 通道关闭时，第二流体管 3 上段与下段的吸液芯 8 即互相连通，对内筒体 5 内的相变工质能够产生毛细力作用。当三通阀的 BC 通道连通 AC 通道关闭时，通过旁通管 12 连接第二流体管 3 的上段与下段，第二流体管 3 上段与下段中的吸液芯 8 断开，不能产生毛细力作用。

第二种吸液控制单元的结构如图 7-8 所示，具体结构为：吸液芯 8（图 7-6）内表面设置有多个肋状凸体，吸液控制单元包括管体 A-1，管体 A-1 内设置有连接吸液芯 A-2，连接吸液芯 A-2 的内表面设置有与吸液芯内表面的肋状凸体相对应的凸起 A-3，连接吸液芯 A-2 的剖面图如图 7-9 所示。连接吸液芯 A-2 与旋转驱动机构连接，旋转驱动机构驱动连接吸液芯 A-2 转动使其凸起与吸液芯的肋状凸体相接或分离。旋转驱动机构可以采用推杆、扳手、旋转液压缸等多种结构。本系统中，为了实现自动旋转，旋转驱动机构包括安装于管体 A-1 中部的空心阀座 A-4，空心阀座 A-4 内部设置有相啮合的从动齿轮 A-5 与主动齿轮 A-6，从动齿轮 A-5 与连接吸液芯 A-2 键连接，主动齿轮 A-6 与驱动电机 A-7 的输出轴连接。启动驱动电机 A-7 驱使主动齿轮 A-6 转动，并通过从动齿轮 A-5 带动连接吸液芯 A-2 转动一定角度（例如转动 30°），使得连接吸液芯 A-2 的肋状凸起 A-3 与第二流体管 3 中安装的吸液芯 8 的凹槽对齐，由此阻断连接吸液芯 A-2 的肋状凸起与吸液芯 8 肋状凸体的连接，不能连续产生毛细力的作用。启动驱动电机 A-7 驱使主动齿轮 A-6 转动，并通过从动齿轮 A-5 带动连接吸液芯 A-2 再次转动一定角度（例如 30°），使得连接吸液芯 A-2 的肋状凸体 A-3 与第二流体管 3（图 7-6）内的吸液芯 8 的肋状凸起对齐，由此接通连接吸液芯 A-2 与吸液芯 8 的连接，产生持续的毛细力作用。

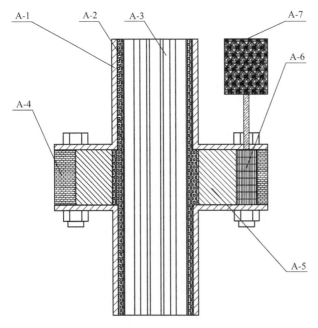

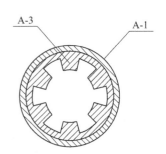

图 7-8　第二种吸液控制单元结构示意

A-1—管体；A-2—连接吸液芯；A-3—凸起；A-4—空心阀座；

A-5—从动齿轮；A-6—主动齿轮；A-7—驱动电机

图 7-9　连接吸液芯 A-2 的剖面图

外筒体 4 与内筒体 5 也可以采用多种可转动设置方式。如，外筒体 4 与内筒体 5 的可转动可设置为：内筒体 5 与外筒体 4 之间安装有转动轴承 14，内筒体 5 底部与外筒体 4 之间安装有顶针 15。当内筒体受到力的作用时，在顶针与周围的轴承的支撑作用下在外筒体 4 内部产生转动。

第二流体管 3 由直管段 3-1 和浸入相变工质内的弯曲管段 3-2 组成，第二流体管中的吸液芯延伸至弯曲管段 3-2。外筒体 4 上端面与换热器 1 之间的第一流体管 2 与第二流体管 3 外部安装有连接于换热器和内筒体之间的保护套筒 16，起到保护套筒内管道、控制机构及其他电气线路以及支撑换热器的作用，并能够传递驱动动作。使用时，在蓄能体 17 中钻孔，将外筒体 4 置于蓄能体 17 的钻孔中，蓄能体 17 上部设置有保温层 18。为了便于充注相变工质和对内筒体 5 内部抽真空，第一流体管 2 上设置有工质注入口 19。使用前，先通过工质注入口 19 抽真空，再注入相变工质。位于内筒体 5 内部的第二流体管 3 通过支架 20 固定。

本系统可以用于夏季集热蓄热和冬季供热模式以及冬季集冷蓄冷和夏季供冷模式。

（1）夏季集热蓄热和冬季供热模式

夏季集热蓄热时，首先开启三通阀 13 的 AC 通道并关闭 BC 通道，第二流体管 3 中的吸液芯 8 即互相连通；此时，液态相变工质在毛细力作用下经弯曲管段 3-2 和直管段 3-1 进入换热器 1 中，吸收来自太阳辐射和环境的热能从而相变蒸发成为汽态相变工质，随后汽态相变工质在相变力驱动下经第一流体管 2 进入地埋蓄能井的内筒体 5 内，在内筒体 5 壁面的冷却作用下冷凝为液态相变工质，最终滴落至内筒体 5 底部，完成相变工质 7 的循环过程；同时，释放至内筒体 5 壁面的热量在润滑导热介质 6 的传递下逐渐扩散至周边蓄能体 17 中，最终完成夏季集热和蓄热过程。

冬季供热时，将换热器 1 的循环流体接口与供热系统连接。首先开启三通阀 13 的 BC 通道并关闭 AC 通道，第二流体管 3 内的吸液芯 8 即互相断开无法产生连续毛细力。此时，在蓄能体 17 中夏季所蓄积热量的不断加热作用下，地埋蓄能井内筒体 5 底部的液态相变工质吸热相变蒸发成为汽态相变工质聚集在内筒体 5 上部，并在相变力驱动作用下经第一流体管 2 进入换热器 1 中；由于流体工质进口处温度较低，汽态相变工质随之受到冷却并向低温流体工质放热冷凝成为液态相变工质；在重力作用下，液态相变工质最终经第二流体管 3 上段、旁通管 12、第二流体管 3 下段和弯曲管段 3-2 回流至地埋蓄能井的内筒体 5 底部完成相变工质 7 的循环过程。在换热器 1 中，从流体工质进口流入换热器 1 的流体工质与相变工质进行热交换，温度升高后的流体工质从换热器的流体工质出口处流出并被输送至用能侧，最终完成冬季供热过程。

（2）冬季集冷蓄冷和夏季供冷模式

冬季集冷蓄冷时，将换热器 1 的循环流体接口与供冷系统连接。首先开启三通阀 13 的 BC 通道并关闭 AC 通道，第二流体管 3 内的吸液芯 8 即互相断开而无法产生连续毛细力。此时，由于蓄能体 17 的地温要明显高于室外环境温度，因此在蓄能体 17 的不断加热作用下，地埋蓄能井内的内筒体 5 底部的液态相变工质不断吸热相变蒸发成为汽态相变工质，在相变力驱动作用下经第一流体管 2 进入换热器 1，吸收来自环境的冷能从而相变冷凝成为液态相变工质，并在重力作用下经地第二流体管 3 上段、旁通管 12、第二流体管下段和弯曲管段 3-2 进入地埋蓄能井内的内筒体 5 底部，最终完成相变工质 7 的循环过程；同时，由于相变工质 7 持续不断的将蓄能体 17 中的热量向环境散失，因此环境冷能逐渐扩散至周边蓄能体 17 中，最终完成冬季集冷和蓄冷过程。

夏季供冷时，首先开启三通阀 13 的 AC 通道并关闭 BC 通道，第二流体管 3 内的吸液芯 8 即互相连通；液态相变工质在毛细力作用下经弯曲管段 3-2 和第二流体管 3 进入换热器 1；此时，由于流体工质进口处温度较高，液态相变工质随之从高温流体吸热并相变蒸发成为汽态相变工质；在相变力作用下，汽态相变工质最终经第一流体管 2 进入地埋蓄能井内的内筒体 5 中，并在内筒体 5 壁面的冷却作用下冷凝成为液态相变工质，最终滴落至地埋蓄能井内的内筒体 5 底部，完成相变工质 7 的循环过程。同时，受到冷却的流体工质从流体工质出口流出并被输送至用能侧，完成夏季供冷过程。

在上述两种运行模式下，为了实现换热器 1 的追优效果，由多功能气象站 9、控制器 10 和驱动执行器 11 组成追优设计结构，当太阳能辐射角度、环境温度、风速等因素发生变化时，多功能气象站将相关信息发送给控制器，控制器根据变化情况，通过驱动执行器带动化换热器 1 转动至目标位置，使得夏季的集热效率和冬季集冷效率随着环境因素的实时变化而变化，始终保持最优。

与现有技术相比，本系统的有益效果如下：

① 本系统采用了被动式潜热热交换方式，大幅降低 BTES 系统的输送功耗，有效提升单位延米换热量，并可有效减少 BTES 系统所需钻井数量和对蓄能体周边地下空间的不可逆生态影响。

② 本系统采用了外筒体与可转动内筒体及润滑导热介质相结合组成地埋结构的方式，通过润滑导热介质可以大大提高传热效率，从而提升了系统的换热量，而且可有效避免传统埋管式蓄能井"短路"现象的产生，系统运行的稳定性大大提高。

③ 本系统地埋部分中的外筒体可以直接下沉至钻孔中，消除了传统 BTES 施工中填料回填步骤，因此可有效避免回填过程中不均匀回填的产生。

④ 本系统可以采用模块化设计、施工和拆解，只需预留好相应钻孔并在后期依次将地埋组件下沉至预留钻孔中即可完成大部分土建施工任务，大幅降低了施工复杂程度和所需施工周期，提升了施工安装的模块化程度。

⑤ 本系统还可依据不同季节和不同气象参数实时计算调整位置，实现集能效率最大化，并在同一系统中实现跨季节集能、蓄能和供能等不同功能的一体化高度集成。

⑥ 本系统中的第二流体管由直管段与弯曲管段段组成，防止蓄冷或者供热过程中内筒体蒸汽倒灌现象的产生，提升系统的运行稳定性。

7.2.3 具有振动强化传热功能的被动式蓄能供能系统

图 7-10，图 7-11 为具有振动强化传热功能的被动式蓄能供能系统结构示意，包括换热器 1、第一流体管 2、第二流体管 3、线性振动发生装置和地埋装置。地埋装置包括内筒体 4 和外筒体 6，内筒体 4 和外筒体 6 之间设置有润滑导热介质 5。内筒体 4 包括用于充注相变工质的下筒体 4-1、上连接套筒 4-2、筛孔隔板 4-3、上封盖 4-4 和下连接套筒 4-5，上连接套筒 4-2 的下端与下筒体 4-1 之间通过第一弹性密封圈 7 密封，下筒体 4-1 上端面固定连接有筛孔隔板 4-3，上连接套筒 4-2 的上端面通过上封盖 4-4 密封。筛孔隔板 4-3 上部设置有设备腔 8，设备腔 8 内安装有线性振动发生装置。下筒体 4-1 的下端与下连接套筒 4-5 固定连接，下连接套筒 4-5 内形成弹簧腔，下筒体 4-1 下端设置有导向槽 4-6，导向槽 4-6 与安装于外筒

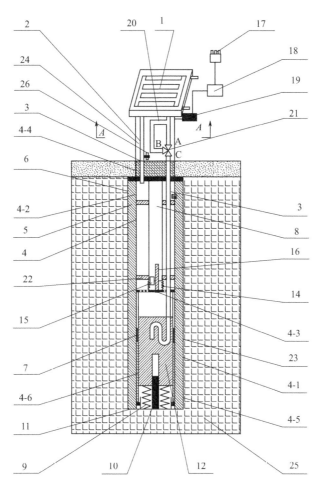

图 7-10 具有振动强化传热功能的被动式蓄能供能系统结构示意

1—换热器；2—第一流体管；3—第二流体管；4—内筒体；4-1—下筒体；4-2—上连接套筒；4-3—筛孔隔板；

4-4—上封盖；4-5—下连接套筒；4-6—导向槽；5—润滑导热介质；6—外筒体；7—第一弹性密封圈；

8—设备腔；9—弹簧；10—导向柱；11—密封槽；12—相变工质；14—伸缩管；15—振动驱动电机；

16—偏心凸轮；17—多功能气象站；18—控制器；19—驱动执行器；20—旁通管；

21—三通阀；22—支架；23—弯管；24—保护套筒；25—蓄能体；26—工质注入口

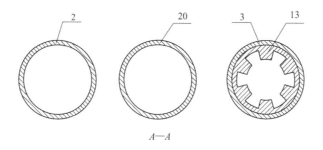

A—A

图 7-11 吸液控制单元结构示意

2—第一流体管；3—第二流体管；13—吸液芯；20—旁通管

体 6 与内筒体 4 之间的导向柱 10 滑动配合，弹簧腔内安装有弹簧 9。下连接套筒 4-5 下端与外筒体 6 底部之间设置有密封槽 11，密封槽 11 内安装有第二弹性密封圈。第一流体管 2 上端与换热器 1 的第一相变工质接口连接，第一流体管 2 的下端穿过上封盖 4-4 进入内筒体 4 的上连接套筒 4-2 内并开口于上连接套筒 4-2 上部。第二流体管 3 上端与换热器 1 的第二相变工质接口连接，第二流体管 3 的下端穿过上封盖 4-4 进入内筒体 4 的上连接套筒 4-2 内并开口于相变工质 12 液面下。第二流体管 3 内设置有吸液芯 13，吸液芯 13 可以采用现有技术中的结构，吸液芯 13 中心设置有流体流道，内壁设置有沟槽。第二流体管 3 上设置有吸液控制单元，吸液控制单元用于切断或闭合吸液控制单元两侧吸液芯的连接。线性振动发生装置驱动筛孔隔板 4-3 及下筒体 4-1 产生振动。设备腔 8 下端通过伸缩管 14 与筛孔隔板 4-3 固定连接。线性振动发生装置可以采用现有技术中的多种结构。本系统中线性振动发生装置包括振动驱动电机 15，振动驱动电机 15 的输出轴上安装有偏心凸轮 16，偏心凸轮 16 驱动筛孔隔板 4-3，从而带动与其连接的下筒体 4-1 一同发生振动，提高相变工质 12 及润滑导热介质 5 的传热效率。为了实现换热器 1 的"追优"效果，还包括多功能气象站 17、控制器 18 和驱动执行器 19。换热器 1 为平板式太阳能集热器。驱动执行器 19 用于驱动换热器 1 转动。控制器 18 分别与多功能气象站 17 的信号输出端和驱动执行器 19 的控制端连接，控制器 18 通过多功能气象站 17 收集的气象信息控制驱动执行器 18 动作，带动换热器 1 转动至目标位置。

本系统中的吸液控制单元可以采用多种结构。本节介绍以下两种设置方式。

第一种吸液控制单元的结构如图 7-10 所示，其具体结构为：吸液控制单元包括设置于第二流体管 3 上的旁通管 20 和三通阀 21，旁通管 20 与第一流体管 2 为不带内部吸液芯的光管，旁通管 20 用于连通第二流体管 3 的上段和下段。具体连接方式为：旁通管 20 的一端与三通阀 21 的 B 接口连接，旁通管 20 的另一端与三通阀 21 的 A 接口并联后与第二流体管 3 的上段连接，三通阀 21 的 C 接口与第二流体管 3 的下段连接。三通阀 21 的 A 接口上段及 C 接口下段的第二流体管 3 中安装有吸液芯 13。当三通阀 21 的 AC 通道开启、BC 通道关闭时，第二流体管 3 上段与下段的吸液芯 13 即互相连通，对下筒体 4-1 内的相变工质 12 能够产生持续的毛细力作用。当三通阀 21 的 BC 通道连通 AC 通道关闭时，通过旁通管 20 连接第二流体管 3 的上段与下段，第二流体管 3 上段与下段中的吸液芯 13 断开，不能产生持续的毛细力作用。

第二种吸液控制单元结构如图 7-12 所示，其具体结构为：吸液芯 13 内表面设置有多个肋状凸体，吸液控制单元包括管体 A-1，管体 A-1 内设置有连接吸液芯 A-2，连接吸液芯 A-2 的内表面设置有与吸液芯内表面的肋状凸体相对应的凸起 A-3，连接吸液芯 A-2 的剖面图如图 7-13 所示。连接吸液芯 A-2 与旋转驱动机构连接，旋转驱动机构驱动连接吸液芯 A-2 转动使得连接吸液芯 A-2 的凸起与吸液芯的肋状凸体相接或分离。旋转驱动机构可以采用推杆、扳手、旋转液压缸等多种结构。本系统中，为了实现自动旋转，旋转驱动机构包括安装于管体 A-1 中部的空心阀座 A-4，空心阀座 A-4 内部设置有相啮合的从动齿轮 A-5 与主动齿轮 A-6，从动齿轮 A-5 与连接吸液芯 A-2 键连接，主动齿轮 A-6 与驱动电机 A-7 的输出轴连接。启动驱动电机 A-7 驱使主动齿轮 A-6 转动，并通过从动齿轮 A-5 带动连接吸液芯 A-2 转动一定角度（例如转动 30°），使得连接吸液芯 A-2 的肋状凸起 A-3 与第二流体管 3 中安装的吸液芯 13 的凹槽对齐，由此阻断连接吸液芯 A-2 的肋状凸起与吸液芯 13 肋状凸体的连接，不能连续产生毛细力的作用。启动驱动电机 A-7 驱使主动齿轮 A-6 转动，并通过从动齿轮 A-5 带动连接吸液芯 A-2 再次转动一定角度（例如 30°），使得连接吸液芯 A-2 的肋状凸体 A-3 与第二流体管 3 内的吸液芯 13 的肋状凸起对齐，由此接通连接吸液芯 A-2 与吸液芯 13 的连接，产生持续的毛细力作用。

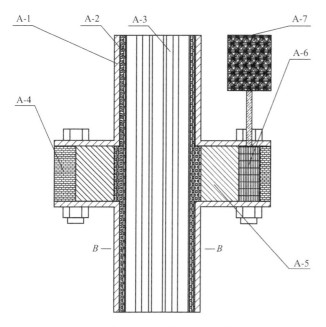 

图 7-12　第二种吸液控制单元结构示意
A-1—管体；A-2—连接吸液芯；A-3—凸起；A-4—空心阀座；
A-5—从动齿轮；A-6—主动齿轮；A-7—驱动电机

图 7-13　连接吸液芯 A-2 的剖面图
A-1—管体；A-3—凸起

为了结构更牢固，第二流体管 3 通过支架 22 安装于内筒体 4 内部。为了防止蓄冷或者供热过程中内筒体 4 蒸汽倒灌现象的产生，提升系统的运行稳定性，第二流体管 3 的下端连接有弯管 23。在外筒体 6 的外部设置有蓄能体 25，蓄能体 25 和上封盖 4-4 上部设置有保温层。在换热器 1 与上封盖 4-4 之间的第一流体管 2 和第二流体管 3 外部设置有保护套筒 24，起到保护套筒内管道、控制机构及其他电气线路的作用；同时，起到支撑换热器 1 的作用。为了便于充注相变工质 12 和对内筒体 4 内部抽真空，第一流体管 2 上设置有工质注入口 26。使用前，先通过工质注入口 26 抽真空，再注入相变工质 12。

本系统可以用于夏季集热蓄热和冬季供热模式以及冬季集冷蓄冷和夏季供冷模式(图 7-10)。

（1）夏季集热蓄热和冬季供热模式

夏季集热蓄热时，首先开启三通阀 21 的 AC 通道并关闭 BC 通道，位于第二流体管 3 上段和下段内的吸液芯 13 连成一体，随后启动振动驱动电机 15，则下筒体 4-1 在偏心凸轮 16 旋转的带动下上下振动。此时，液态相变工质在毛细力作用下经弯管 23 和第二流体管 3 进入换热器 1，吸收来自太阳辐射和环境的热能从而相变蒸发成为汽态相变工质，随后汽态相变工质在相变力驱动下经第一流体管 2 进入内筒体 4 的上连接套筒 4-2 部分，在其冷却作用下冷凝成为液态相变工质，最终在振动的促进作用下经筛孔隔板 4-3 快速滴落至下筒体 4-1 中，完成相变工质 12 的循环过程。同时，释放至内筒体 4 壁面的热量在润滑导热介质 5 的传递下逐渐扩散至蓄能体 25 中，最终完成夏季集热和蓄热过程。在此过程中，多功能气象站 17 将实时监测的太阳方位角、高度角以及环境风速和温度等气象参数，控制器 18 则据此计算并发出最佳位置指令至驱动执行器 19，并驱动换热器 1 转动至目标位置，使换热器 1 在最优集热效率下工作。

冬季供热时，将换热器 1 的换热流体接口与供暖系统连接。首先开启三通阀 21 的 BC 通道并关闭 AC 通道，位于第二流体管 3 上段和下段内的吸液芯 13 随即互相断开无法产生连续毛细力，随后启动振动驱动电机 15，则下筒体 4-1 在偏心凸轮 16 旋转的带动下上下振动。此时，在蓄能体 25 中夏季所蓄积热量的不断加热和振动的促进作用下，下筒体 4-1 底部的液态相变工质快速吸热相变蒸发成为汽态相变工质，并在相变力驱动作用下穿透筛孔隔板 4-3 进入上连接套筒 4-2 内，并经第一流体管 2 进入换热器 1 中。由于换热器 1 的换热流体进口处温度较低，汽态相变工质随之受到冷却并向低温流体放热冷凝成为液态相变工质；在重力作用下，液态相变工质最终经第二流体管 3、旁通管 20 和弯管 23 回流至下筒体 4-1 中完成相变工质 12 的循环过程；同时，受到加热的换热流体工质从换热流体出口流出并被输送至用能侧，最终完成冬季供热过程。

（2）冬季集冷蓄冷和夏季供冷模式

冬季集冷蓄冷时，首先开启三通阀 21 的 BC 通道并关闭 AC 通道，第二流体管 3 上段和下段内的吸液芯 13 随即互相断开而无法产生连续毛细力，随后启动振动驱动电机 15，则下筒体 4-1 在偏心凸轮 16 旋转的带动下上下振动。此时，由于蓄能体 25 的地温要明显高于室外环境温度，因此在蓄能体 25 的不断加热作用以及振动装置的振动强化促进下，下筒体 4-1 中的液态相变工质不断吸热相变蒸发成为汽态相变工质，在相变力驱动作用下穿透筛孔隔板 4-3 进入上连接套筒 4-2 并经第一流体管 2 进入换热器 1，吸收来自环境的冷能从而相变冷凝成为液态相变工质，并在重力作用下经第二流体管 3、旁通管 20 和弯管 23 进入下筒体 4-1 中，最终完成相变工质 12 的循环过程；同时，由于相变工质 12 持续不断的将蓄能体 25 中的热量向环境散失，因此环境冷能逐渐扩散至周边蓄能体 25 中，最终完成冬季集冷和蓄冷过程；在此过程中，多功能气象站 17 将实时监测的太阳方位角、高度角以及环境风速和温度等气象参数，智能控制器 18 则据此计算并发出最佳位置指令至驱动执行器 19，并驱动换热器 1 转动至目标位置，使换热器 1 在最优集冷效率下工作。夏季供冷时，将换热器 1 的换热流体接口与供冷系统连接。首先开启三通阀 21 的 AC 通道并关闭 BC 通道，第二流体管 3 上段和下段内的吸液芯 13 即互相连通，随后启动振动驱动电机 15，则下筒体 4-1 在偏心凸轮 16 旋转的带动下上下振动；液态相变工质在毛细力作用下经弯管 23 和第二流体管 3 进入换热器 1；此时，由于换热流体进口处温度较高，液态相变工质随之从高温流体吸热并相变蒸发成为汽态相变工质；在相变力作用下，汽态相变工质最终经第一流体管 2 进入上连接套筒 4-2 中，并在其冷却作用下冷凝成为液态相变工质，最终在振动的促进作用下经筛孔隔 4-3 快速滴落至下筒体 4-1 中，完成相变工质 12 的循环过程；同时，受到冷却的换热流体工质从换热流体出口流出并被输送至用能侧，完成夏季供冷过程。

与现有技术相比，本系统的有益效果如下：

① 本系统采用被动式潜热热交换方式，可大幅降低 BTES 系统的输送功耗，且其地埋部分由内筒体与外筒体组成，内筒体与外筒体之间设有润滑导热介质，内筒体上还设置有线性振动强化传热装置，可大幅提升内筒体中相变工质的热质传递效率以及内筒体与外筒体之间的传热效率，进一步提升系统的单位延米换热量指标，最终有效减少了 BTES 系统所需钻井数量和对蓄能体周边地下空间的生态影响。同时，能够有效避免传统埋管式蓄能井"短路"现象的产生，提高了系统运行的稳定性。

② 本系统中设置有"追优"结构，可依据不同季节和不同气象参数实时计算调整位置，

实现集能效率最大化，并在同一系统中实现跨季节集能、蓄能和供能等不同功能的一体化高度集成。

③ 本系统的地埋部分能够直接下沉至钻孔中，消除了传统 BTES 施工中填料回填步骤，因此可有效避免回填过程中不均匀回填的产生。

④ 本系统中的第二流体管下端连接有弯管，能够防止蓄冷或者供热过程中内筒体蒸汽倒灌现象的产生，提升了系统的运行稳定性。

7.2.4　具有双储液腔结构的地下储能系统

图 7-14 为具有双储液腔结构的地下储能系统结构示意，包括蓄能体 1、地埋储能腔 2、保温层 3、换热器 5、流体管路及相应数据监测与控制执行系统。蓄能体 1 上设有钻孔，地埋储能腔 2 安装于钻孔之中，蓄能体 1 和地埋储能腔 2 上部覆盖有保温层 3。地埋储能腔

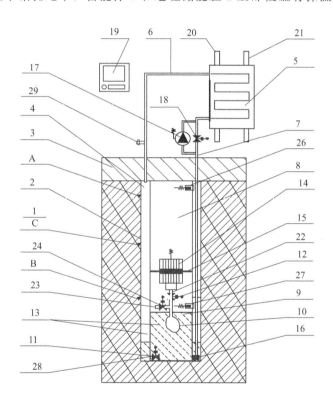

图 7-14　具有双储液腔结构的地下蓄能系统示意

1—蓄能体；2—地埋储能腔；3—保温层；4—第一腔体；5—换热器；6—第一流体管；
7—第二流体管；8—第二腔体；9—第三腔体；10—伸缩气腔；11—第一电磁阀；
12—第二电磁阀；13—工质；14—真空泵；15—支架；16—过滤器；
17—变频工质泵；18—第三电磁阀；19—控制器；20—换热器进口；
21—换热器出口；22—第一气体管；23—第二气体管；24—第四
电磁阀；26—第二温度传感器；27—第三温度传感器；
28—第三流体管；29—工质充注口；A—第一液位
传感器；B—第二液位传感器；C—第三液位传感器

2 为多腔体结构，在径向上由内外两层腔体构成，其中外层为第一腔体 4，而内层在轴向上进一步分为上下两层腔体，其中上层为第二腔体 8，下层为第三腔体 9。第二腔体 8 的内壁设有支架 15，支架上安装有真空泵 14，并通过第一气体管 22 与位于第三腔体 9 内的伸缩气腔 10 连通。第一气体管 22 主管路上设置有第二电磁阀 12，第二电磁阀 12 下方、第一气体管 22 上接有第二气体管 23 且安装有第四电磁阀 24。第一腔体 4 与第三腔体 9 之间通过第三流体管 28 连通，且第三流体管 28 上安装有第一电磁阀 11。第一腔体 4 外侧壁面自上向下依次设有第一液位传感器 A、第二液位传感器 B 和第三液位传感器 C。第一流体管 6 上设有工质充注口 29，第一流体管 6 一端与换热器 5 的第一工质接口连接，另一端穿过保温层 3 进入第一腔体 4 内部，其管口端面位于第一腔体 4 的上部并且高于第一液位传感器 A。第二流体管 7 一端与换热器 5 的第二工质接口连接，另一端穿过保温层 3 进入第一腔体 4 内部，其管口下端与过滤器 16 连接并浸入相变工质 13 液面以下且低于第二液位传感器 B。第二流体管 7 主管路上设有第三电磁阀 18，且其旁通管路上设置有变频工质泵 17。第一腔体 4 和第三腔体 9 内充注有相变工质 13。换热器 5 中间位置处设置有第一温度传感器 25，第一腔体 4 内侧壁面上部设置有第二温度传感器 26，下部设置有第三温度传感器 27。上述温度传感器、电磁阀、液位传感器和变频水泵均通过信号线与控制器 19 连接。

本系统可分为蓄冷模式、蓄热模式和运行过程中液量调控三种模式。

（1）蓄冷模式

控制器 19 发出储冷模式准备指令，依次打开图 7-15 蓄冷模式中第一电磁阀 11 和第四电磁阀 24，其他电磁阀保持关闭。在第二腔体 8 和第三腔体 9 之间压差的作用下，伸缩气腔 10 迅速膨胀并将第三腔体 9 内的工质 13 迅速挤压进入第一腔体 4 中。当液位达到第一液位传感器 A 处后，依次关闭第一电磁阀 11 和第四电磁阀 24，同时打开第三电磁阀 18，完成储冷模式准备。完成储冷模式准备后，由于第一腔体 4 空间狭小，第一腔体 4 中的所有相变工质 13 迅速受到外侧壁面处来自蓄能体 1 热量的加热作用。随后相变工质 13 在"受限空间"通过池沸腾相变换热方式吸热相变蒸发成为蒸汽，产生的蒸汽在第一腔体 4 的上部空间迅速聚集，并在相变力作用下经第一流体管 6 进入换热器 5 中。进入换热器 5 中的蒸汽在换热器进口 20 冷流体的冷却作用下发生相变冷凝成为液态工质，随后在重力的作用下经第二流体管 7 回流至第一腔体 4 中。上述过程中，控制器 19 实时通过第一温度传感器 25 和第二温度传感器 26 监测第一腔体 4 中工质蒸发温度和换热器 5 中工质冷凝温度之间的差值，二者之间的温差应保持在 $2.5 \sim 3.5\,℃$。若监测值大于此值，则相变工质 13 已充分相变冷凝并由饱和液态工质进一步被冷却成为过冷液态工质，说明换热器 5 冷流体回路流量过大、冷却能力过剩，应相应减小换热器冷流体回路水泵功率，减小换热器冷却能力；若监测值小于此值甚至接近于零，则相变工质 13 并未充分相变冷凝成为饱和液态工质甚至仍是汽态相变工质或是气液两相混合状态，说明换热器 5 冷流体回路流量过小、冷却能力不足，应相应提升换热器冷流体回路水泵功率，提升换热器冷却能力。

（2）蓄热模式

控制器 19 发出储热模式准备指令，依次打开图 7-15 蓄热模式中第一电磁阀 11 和第三电磁阀 12，其他电磁阀保持关闭，并启动真空泵 14。在真空泵 14 的作用下，伸缩气腔 10 迅速缩小，第一腔体 4 中的工质在重力以及第二腔体 8 和第三腔体 9 之间压差的共同作用下经第三流体管 28 回流至第三腔体 9 中。当液位达到第二液位传感器 B 处后，依次关闭第一电磁阀 11 和第三电磁阀 24，并启动变频工质泵 17，完成储热模式准备。完成储热模式准备

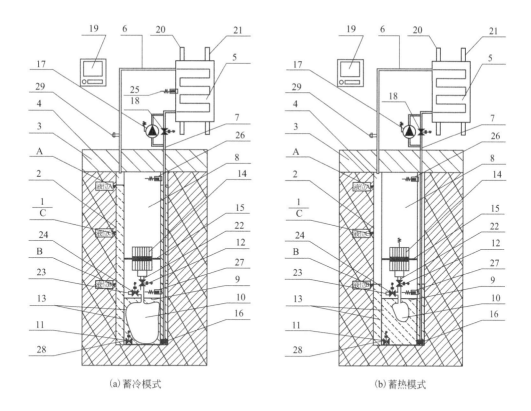

(a)蓄冷模式　　　　　　　　(b)蓄热模式

图 7-15　具有双储液腔结构的地下储能系统蓄冷蓄热运行原理

25—第一温度传感器

(其余图中数字含义同图 7-14)

后，在变频工质泵 17 的驱动下，第一腔体 4 中的相变工质 13 经第二流体管 7 被快速泵送至换热器 5 中，并在换热器进口 20 通入热流体的加热作用下吸热相变蒸发成为蒸汽，产生的蒸汽在相变力作用下经第一流体管 6 进入第一腔体 4 中。由于第一腔体 4 内外壁面空间狭小，蒸汽可以快速传递至整个第一腔体 4 中，并受到冷壁面的冷却在"受限空间"内发生迅速的相变冷凝成为液态工质，最终在重力作用下回流至第一腔体 4 底部。上述过程中，控制器 19 实时通过第一温度传感器 25 和第三温度传感器 27 监测第一腔体 4 中工质冷凝温度和换热器 5 中蒸发温度之间的差值，二者之间的温差应保持在 2.5～3.5 ℃。若监测值大于此值，则被泵送至换热器 5 中的相变工质 13 已充分相变蒸发并由饱和汽态工质进一步被加热成为过热汽态工质，说明换热器 5 热流体回路流量过大、加热能力过剩，应相应减小换热器 5 热流体回路水泵功率，减小换热器加热能力；若监测值小于此值甚至接近于零，则相变工质 13 并未充分相变蒸发成为饱和汽态工质甚至仍是液态相变工质或是气液两相混合状态，说明换热器 5 热流体回路流量过小、加热能力不足，应相应提升换热器 5 热流体回路水泵功率，提升换热器加热能力。

（3）液量调控模式

在上述储冷和储热模式运行过程中，还可根据需求侧的需求变化启动液量调控功能。若实际储冷模式进行过程中需要提升蓄冷品质（即进一步降低蓄能体蓄能温度），则本系统将进行系统液量调控并通过将冷量集中储存于蓄能体 1 下部的方式实现进一步降低蓄能体温度的目标。此时控制器 19 发出储冷液量控制指令，并依次打开图 7-15(a) 中第一电磁阀 11 和第二电磁阀 12，其他电磁阀保持关闭，并启动真空泵 14。在真空泵 14 的作用下，伸缩气腔 10 迅速缩小，第一腔体 4 中的工质将在重力以及第二腔体 8 和第三腔体 9 之间压差的共同作用下经第三流体管 28 回流至第三腔体 9 中。当液位由第一液位传感器 A 达到第三液位传感器 C 或者进一步达到第二液位传感器 B 处后，依次关闭第一电磁阀 11 和第二电磁阀 12，并启动变频工质泵 17，完成储冷液量调控准备。

类似的，若实际储热模式进行过程中需要进一步提升蓄热品质（即进一步提升蓄能体蓄能温度），则本系统将进行系统液量调控并通过将热量集中储存在蓄能体 1 上部的方式实现进一步提升蓄能体温度的目标。此时控制器 19 发出储热液量控制指令，并依次打开图 7-15(b) 中第一电磁阀 11 和第四电磁阀 24，其他电磁阀保持关闭。在第二腔体 8 和第三腔体 9 之间压差的作用下，伸缩气腔 10 迅速膨胀并将第三腔体 9 内的工质 13 迅速挤压进入第一腔体 4 中。当液位由第二液位传感器 B 达到第三液位传感器 C 或者进一步达到第一液位传感器 A 处后，依次关闭第一电磁阀 11 和第四电磁阀 24，完成储热液量调控。

与现有技术相比，本系统的有益效果如下：

① 本系统具有双储液腔结构的地下储能系统，地下储能腔体采用了内外双储液腔设计，外层储液腔（第一腔体）具有极高的"体积换热系数"（可提升 9.1～41 倍），可实现高效换热和储能，而内部储液腔（第三腔体）具有液量调控功能，可用于工质的储存以及储能过程中外层储液腔液量的调控。

② 本系统在蓄热与蓄冷过程中，相变工质与蓄能体的换热集中发生在高体积换热系数空间（第一腔体）内，大幅提升了单位体积工质传输能量的能力，由此大幅降低了系统所需的工质充注体积（可减少 56.75%～90.25%）。

③ 根据应用中需求侧需求（储能"量"或"质"）的不同，本系统在储能过程中可通过对外层储液腔工质液位进行动态调控，实现储能"量"和储能"质"等不同需求的智能切换，大幅提升了系统的应用推广价值。

7.2.5 具有分层结构特征的多用途地下储能系统

具有分层结构特征的多用途地下储能系统结构如图 7-16 所示，包括蓄能体 1、保温层 2、地埋储能腔 3、蒸汽腔 4、流体管路及相应控制系统。蓄能体 1 上设有钻孔，多层地埋储能腔 3 安装设置在上述钻孔中，蓄能体 1 和地埋储能腔 3 上部覆盖有保温层 2。地埋储能腔 3 在径向上划分为三个相互独立的区域，分别为蒸汽腔 4、液体腔 5 和换热腔 6。换热腔 6 在轴向上具有多层换热子腔结构。蒸汽腔 4 与底层的换热子腔通过子腔上部设置的蒸汽出口 7 和底部设置的液体出口 8 连通，除底层换热器腔子腔外，蒸汽腔 4 与其他换热子腔通过各层子腔上部设置的蒸汽出口 7 连通。液体腔 5 与底层换热子腔通过子腔底部设置的液体出口 8 连通，除底层换热器腔子腔外，液体腔 5 与其他换热子腔通过各层子腔下部靠上位置（非底部）设置的液体出口 8 连接通。各换热子腔液体出口 8 的位置与系统充注的工质体积相关，各换热子腔液体出口 8 以下的空间体积应不小于系统工质充注量的 1/2。第一流体管 9 一端与换热器 17 的第一工质接口连接，另一端穿过地埋储能腔 3 上端进入蒸汽腔 4 内部，且管口端面位于蒸汽腔 4 上部并高于最上层换热子腔的蒸汽出口位置。第二流体管 10 的一端接入第一流体管 9，另一端穿过地埋储能腔 3 上端进入并贯穿换热腔 6 各换热子腔，且第二流体管 10 在各换热子腔内均设有第二流体管支管 13 且出口位于各换热子腔的上部。第三流体管 11 一端与换热器 17 的第二工质接口连接，另一端穿过地埋储能腔 3 上端进入并贯穿换热腔 6 各换热子腔，且第三流体管 11 在各换热子腔内均设有第三流体管支管 15 且出口位于各换热子腔的下部。第一流体管 9 位于蒸汽腔 4 出口和第二流体管 10 接入口之间，并设有第一流体管电磁阀 16，第二流体管支管 13 末端设有第二流体管电磁阀 12，第三流体管支管 15 末端设有第三流体管电磁阀 14。第三流体管干管上设有第三流体管干管电磁阀 21，第三流体管干管电磁阀 21 旁通管路上设有变频工质泵 20。换热器 17 上部设有换热器进口 18 和换热器出口 19，蓄能体 1 中各层中间位置处设置有多个蓄能体温度传感器 24，换热腔各子腔中设有液位传感器 25。上述温度传感器、电磁阀和变频工质泵均通过信号线与控制器 22 连接。

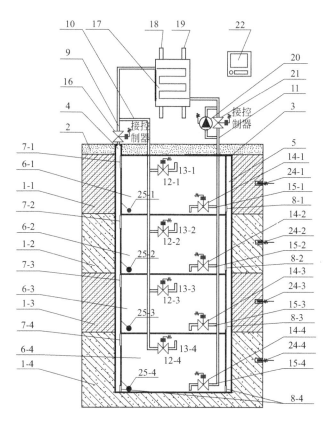

图 7-16 具有分层结构特征的多用途地下储能系统结构示意

1-1～1-4—蓄能体；2—保温层；3—地埋储能腔；4—蒸汽腔；5—液体腔；6-1～6-4—换热子腔；
7-1～7-4—蒸汽出口；8-1～8-4—液体出口；9—第一流体管；10—第二流体管；11—第三流体管；
12-1～12-4—第二流体管电磁阀；13-1～13-4—第二流体管支管；14-1～14-4—第三流体管
电磁阀；15-1～15-4—第三流体管支管；16—第一流体管电磁阀；17—换热器；
18—换热器进口；19—换热器出口；20—变频工质泵；21—第三流体管
干管电磁阀；22—控制器；24-1～24-4—蓄能体温度传感器；
25-1～25-4—液位传感器

如图 7-17 所示，以换热腔 6 内设有 4 层换热子腔为例，本系统的具有分层结构特征的多用途地下储能系统运行模式分为分层间歇储冷、分层间歇储热、集中储冷和集中储热四种模式，进一步对应的优选储能策略包括"第二、第三换热子腔和第一、第四换热子腔间歇储能""第一、第三换热子腔和第二、第四换热子腔间歇储能""第二和/或第三换热子腔集中储能"三种。

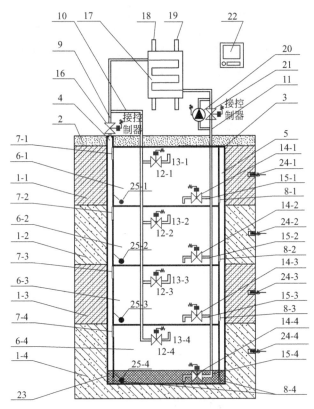

图 7-17   具有 4 层换热子腔的多用途地下储能系统结构示意

23—工质

（其余图中数字含义同图 7-16）

（1）分层间歇蓄冷模式

由于自然状态下工质 23 聚集在最底层（第四）换热子腔内，所以无论是以"第二、第三换热子腔和第一、第四换热子腔间歇储冷"还是"第一、第三换热子腔和第二、第四换热子腔间歇储冷"策略运行，控制器 22 均需首先向系统发出分层储冷模式准备指令。以"第二、第三换热子腔和第一、第四换热子腔间歇储冷"为例：首先打开第一流体管电磁阀 16 和第三流体管干管电磁阀 21 和第三流体管电磁阀 14-2 和 14-3，关闭其余电磁阀。在蓄能体 1 中热量的加热下，地埋储能腔 3 底部聚集的相变工质 23 通过池沸腾换热方式吸热相变蒸发成为蒸汽，蒸汽在第四换热子腔 6-4 上部空间逐渐聚集，并在相变力作用下经蒸汽出口 7-4 进入蒸汽腔 4 中，随后经第一流体管 9 进入换热器 17 中。蒸汽在换热器进口 18 冷流体的冷却作用下发生相变冷凝成为液态工质，由于第三流体管支管 15 上仅有电磁阀 14-2 和 14-3 开启，因此液态工质最终在重力的作用下回流至第二和第三换热子腔中。当液位传感器 25-2、25-3 监测到第二换热子腔 6-2 和第三换热子腔 6-3 中液位接近一致且第四换热子腔 6-4 中已基本无工质时，即完成"第二、第三换热子腔和第一、第四换热子腔间歇储冷"第一阶段准备过程。随后在蓄能体 1 中热量的加热下，第二和第三换热子腔中聚集的相变工质 23 通过池沸腾换热方式吸热相变蒸发成为蒸汽，蒸汽在对应换热子腔上部空间逐渐聚集，并在相变力作用下经蒸汽出口 7-2 和 7-3 进入蒸汽腔 4 中，随后经第一流体管 9 进入换热器 17 中。蒸汽在换热器进口 18 冷流体的冷却作用下发生相变冷凝成为液态工质，最终在重力的作用下回流至第二换热子腔 6-2 和第三换热子腔 6-3，完成"第二、第三换热子腔储冷"。

当蓄能体温度传感器 24-2 和 24-3 监测的平均值与 24-1 和 24-4 监测的平均值差值超过 0.5~1℃时，进行"第一、第四换热子腔储冷"准备。此时关闭第三流体管电磁阀 14-2 和 14-3，打开 14-1 和 14-4，经过换热循环后液态工质将回流至第一换热子腔 6-1 和第四换热子腔 6-4，当液位传感器 25-1 和 25-4 监测到第一换热子腔 6-1 和第四换热子腔 6-4 中液位接近一致且第二换热子腔 6-2 和第三换热子腔 6-3 中基本无工质时，即完成"第二、第三换热子腔和第一、第四换热子腔间歇储冷"第二阶段准备过程。随后在蓄能体 1 中热量的加热下，第一换热子腔 6-1 和第四换热子腔 6-4 中聚集的相变工质 23 通过池沸腾换热方式吸热相变蒸发成为蒸汽，蒸汽在换热子腔上部空间逐渐聚集，并在相变力作用下经蒸汽出口 7-1 和 7-4 进入蒸汽腔 4 中，随后经第一流体管 9 进入换热器 17 中。蒸汽在换热器进口 18 冷流体的冷却作用下发生相变冷凝成为液态工质，最终在重力的作用下回流至第一换热子腔 6-1 和第四换热子腔 6-4，完成"第一、第四换热子腔储冷"。当蓄能体温度传感器 24-1 和 24-4 监测的平均值与 24-2 和 24-3 监测的平均值差值超过 0.5-1℃时，再次进行"第二、第三换热子腔储冷"。上述过程不断重复，最终完成"第二、第三换热子腔和第一、第四换热子腔间歇储冷"。"第一、第三换热子腔和第二、第四换热子腔间歇储冷"类似，此处不再赘述。

（2）分层间歇蓄热模式

由于自然状态下工质 23 聚集在最底层（第四）换热子腔内，所以无论是以"第二、第三换热子腔和第一、第四换热子腔间歇储热"还是"第一、第三换热子腔和第二、第四换热子腔间歇储热"策略运行，控制器 22 均需首先向系统发出分层储热模式准备指令。以"第二、第三换热子腔和第一、第四换热子腔间歇储热"为例：打开第二流体管电磁阀 12-2、12-3 以及第三流体管电磁阀 14-4，其余电磁阀保持关闭状态。启动变频工质泵 20，在变频工质泵 20 的驱动下，地埋储能腔 3 底部聚集的相变工质 23 被迅速泵送至换热器 17 中并受到换热器进口 18 热流体的加热作用吸热相变蒸发成为蒸汽，随后蒸汽经第二流体管 10 进入地埋储能腔 3 中，由于第二流体管上仅有第二流体管电磁阀 12-2 和 12-3 打开，因此蒸汽经第二流体管支管 13-2 和 13-3 分别进入第二和第三换热子腔中。进入第二和第三换热子腔中的蒸汽在地埋储能腔 3 壁面的冷却作用下发生相变冷凝成为液态工质，并最终在重力的作用下回流至第二和第三换热子腔底部。当液位传感器 25-2、25-3 监测到第二和第三换热子腔中液位接近一致且第四换热子腔中工质已基本无工质时，即完成"第二、第三换热子腔和第一、第四换热子腔间歇储热"第一阶段准备过程。随后关闭第三流体管电磁阀 14-4 并打开 14-2 和 14-3，在变频工质泵的驱动下，第二和第三换热子腔底部聚集的相变工质 23 被泵送至换热器 17 中并受到换热器进口 18 热流体的加热作用吸热相变蒸发成为蒸汽,蒸汽经第二流体管 10 进入地埋储能腔 3 中,并经第二流体管支管 13-2 和 13-3 分别进入第二和第三换热子腔中随后在地埋储能腔 3 壁面的冷却作用下发生相变冷凝成为液态工质,并最终在重力的作用下回流至第二和第三换热子腔底部,完成"第二、第三换热子腔储热"。当蓄能体温度传感器 24-2 和 24-3 监测的平均值与 24-1 和 24-4 监测的平均值差值超过 0.5～1℃时,进行"第一、第四换热子腔储热"准备。此时关闭第二流体管电磁阀 12-2 和 12-3,打开 12-1 和 12-4,经过换热循环后蒸汽将进入第一和第四换热子腔中并发生相变冷凝,液态工质随之回流至第一和第四换热子腔底部,当液位传感器 25-1 和 25-4 监测到第一和第四换热子腔中液位接近一致且第二和第三换热子腔中无工质时,即完成"第二、第三换热子腔和第一、第四换热子腔间歇储热"第二阶段准备过程。随后打开第三流体管电磁阀 14-1 和 14-4,关闭 14-2 和 14-3,在变频工质泵的驱动下,第一和第四换热子腔底部聚集的相变工质 23 被泵送至换热器 17 中并受到换热器进口 18 热流体的加热作用吸热相变蒸发成为蒸汽,蒸汽经第二流体管 10 进入地埋储能腔 3 中,并经第二流体管支管 13-1 和 13-4 分别进入第一和第四换热子腔中随后在地埋储能腔 3 壁面的冷却作用下发生相变冷凝成为液态工质,并最终在重力的作用下回流至第一和第四换热子腔底部,完成"第一、第四换热子腔储热"。当蓄能体温度传感器 24-1 和 24-4 监测的平均值与 24-2 和 24-3 监测的平均值差值超过 0.5～1℃时,再次进行"第二、第三换热子腔储热"准备。上述过程不断重复,最终完成"第二、第三换热子腔和第一、第四换热子腔间歇储热"。"第一、第三换热子腔和第二、第四换热子腔间歇储热"类似,此处不再赘述。

(3)集中蓄冷模式

同样,由于自然状态下工质 23 聚集在最底层(第四)换热子腔内,所以无论是以"2 集中储冷""3 集中储冷"还是"2 和 3 集中储冷"等策略运行,控制器 22 均需首先向系统发出集中储冷模式准备指令。以"2 集中储冷"为例:首先打开第一流体管电磁阀 16 和第三流体管干管电磁阀 21 和第三流体管电磁阀 14-2,关闭其余电磁阀。在蓄能体 1 中热量的加热下,地埋储能腔 3 底部聚集的相变工质 23 通过池沸腾换热方式吸热相变蒸发成为蒸汽,蒸汽在第四换热子腔上部空间逐渐聚集,并在相变力作用下经蒸汽出口 7-4 进入蒸汽腔 4 中,随后经第一流体管 9 进入换热器 17 中。蒸汽在换热器进口 18 冷流体的冷却作用下发生相变冷凝成为液态工质,由于第三流体管支管 15 上仅有电磁阀 14-2 开启,因此液态工质最终在重力的作用下回流至第二换热子腔中。当液位传感器 25-2 和 25-4 监测到工质全部进入第二换热子腔中时,即完成"2 集中储冷"准备过程。随后在蓄能体 1 中热量的加热下,第二换热子腔中聚集的相变工质 23 通过池沸腾换热方式吸热相变蒸发成为蒸汽,蒸汽在对应换热子腔上部空间逐渐聚集,并在相变力作用下经蒸汽出口 7-2 进入蒸汽腔 4 中,经第一流体管 9 进入换热器 17 中。蒸汽在换热器进口 18 冷流体的冷却作用下发生相变冷凝成为液态工质,最终在重力的作用下回流至第二换热子腔,完成"第二换热子腔集中储冷"。"第三换热子腔集中储冷"以及"第二和第三换热子腔集中储冷"类似,此处不再赘述。

(4)集中蓄热模式

同样,由于自然状态下工质 23 聚集在最底层(第四)换热子腔内,所以无论是以"第二换热子腔集中储热""第三换热子腔集中储热"还是"第二换热子腔和第三换热子腔集中储热"等策略运行,控制器 22 均需首先向系统发出集中储热模式准备指令。以"2 集中储热"为例:打开第二流体管电磁阀 12-2 以及第三流体管电磁阀 14-4,其余电磁阀保持关闭状态。启动变频工质泵 20,在变频工质泵 20 的驱动下,地埋储能腔 3 底部聚集的相变工质 23 被泵送至换热器 17 中并受到换热器进口 18 热流体的加热作用吸热相变蒸发成为蒸汽,随后蒸汽经第二流体管 10 进入地埋储能腔 3 中,由于第二流体管上仅有第二流体管电磁阀 12-2 打开,因此蒸汽经第二流体管支管 13-2 进入第二换热子腔中。进入第二换热子腔中的蒸汽在地埋储能腔 3 壁面的冷却作用下发生相变冷凝成为液态工质,并最终在重力的作用下回流至第二换热子腔底部。当液位传感器 25-2 监测到工质全部进入第二换热子腔中时,即完成"2 集中储热"准备过程。随后关闭第三流体管电磁阀 14-4 并打开 14-2,在变频工质泵的驱动下,第二换热子腔底部聚集的相变工质 23 被泵送至换热器 17 中并受到换热器进口 18 热流体的加热作用吸热相变蒸发成为蒸汽,蒸汽经第二流体管 10 进入地埋储能腔 3 中,并经第二流体管支管 13-2 进入第二换热子腔中随后在地埋储能腔 3 壁面的冷却作用下发生相变冷凝成为液态工质,并最终在重力的作用下回流至第二换热子腔底部,完成"第二换热子腔集中储热"。"第三换热子腔集中储热"以及"第二换热子腔和第三换热子腔集中储热"类似,此处不再赘述。

与现有技术相比,本系统的有益效果如下:可有效克服地下储能系统中普遍存在的"热堆积"现象对系统注能和储能过程的不利影响,既可实现"分层间歇储能"也可实现"中间层集中储能"功能。其中"分层间歇储能"可大幅降低"所需储能量"条件下系统的功耗或者大幅提升"给定注能量"条件下系统的储能效率;而"中间层集中储能"则可大幅提升蓄能体的储能品位和能量密度。因此,本系统既可实现提升储能"量"的应用目的,也可实现提升储能"质"的应用目的,有效提升了地下储能系统应用的灵活度和扩展性。

7.3 多模驱动的地下跨季节储能系统

多模驱动地下储能系统如图 7-18,图 7-19 所示,包括地下储能系统、液量调控系统、换热器 4、第一流体管 5 和第二流体管 6 等连接管路。地下储能系统包括蓄能体 1、保温层 2 和地埋储能腔 3,蓄能体 1 上设有钻孔,地埋储能腔 3 安装在上述钻孔中,保温层 2 覆盖在蓄能体 1 和地埋储能腔 3 上部。地埋储能腔 3 的上部设置有第一液位传感器 8,下部设置有第二液位传感器 9,第一流体管 5 上设有工质充注口 20,第一流体管 5 一端与换热器 4 的第一工质接口连接,另一端穿过保温层 2 进入地埋储能腔 3 内部,且管口端面位于地埋储能腔内上部且高于第一液位传感器 8。第二流体管 6 一端与换热器 4 的第二工质接口连接,另一端穿过保温层 2 进入地埋储能腔 3 内部与过滤器 10 连接,且管口端面位于地埋储能腔内下部并低于第二液位传感器 9。换热器 4 上部设有换热器进口 18 和换热器出口 19。第二流体管 6 上安装有第一电磁阀 7,第二流体管 6 的旁通管路上设置有液量调控系统,液量调控系统包括第一旁通管路 25、第二旁通管路 26、第三旁通管路 27、第二电磁阀 12、第三电磁阀 13、第四电磁阀 15、第五电磁阀 16、变频工质泵 11 以

及储液器 14；储液器 14 中充注有相变工质 21。第一旁通管路 25 的一端与第二流体管
6 以及第二工质接口连接，第一旁通管路 25 的另一端与储液器 14 的上口连接，第二电磁阀
12 和第四电磁阀 15 依次安装在第一旁通管路 25 上；第二旁通管路 26 的一端与第二流体
管 6 连接，第一电磁阀 7 位于第一旁通管路 25 和第二旁通管路 26 之间的第二流体管 6 上，
第二旁通管路 26 的另一端与储液器 14 的下口连接，第三电磁阀 13 和第五电磁阀 16 依次安
装在第二旁通管路 16 上，第三旁通管路 27 的一端与第二电磁阀 12 和第四电磁阀 15 之间的
第一旁通管路 25 连接，第三旁通管路 27 的另一端与第三电磁阀 13 和第五电磁阀 16 之间的
第二旁通管路 26 连接，变频工质泵 11 安装在第三旁通管路 27 上；第一、第二工质接口处
分别设有换热器第一温度传感器 22 和换热器第二温度传感器 23，中间设置有换热器第三温
度传感器 24；换热器第一～第三温度传感器、第一和第二液位传感器、第一～第五电磁阀
以及变频工质泵 11 均通过信号线与控制器 17 连接。

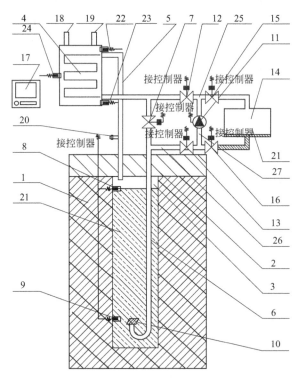

图 7-18 多模驱动地下储能系统蓄冷季运行示意

1—蓄能体；2—保温层；3—地埋储能腔；4—换热器；5—第一流体管；6—第二流体管；
7—第一电磁阀；8—第一液位传感器；9—第二液位传感器；10—过滤器；
11—变频工质泵；12—第二电磁阀；13—第三电磁阀；14—储液器；
15—第四电磁阀；16—第五电磁阀；17—控制器；18—换热器
进口；19—换热器出口；20—工质充注口；21—相变工质；
22—第一温度传感器；23—换热器第二温度传感器；
24—换热器第三温度传感器；25—第一旁通管路；
26—第二旁通管路；27—第三旁通管路

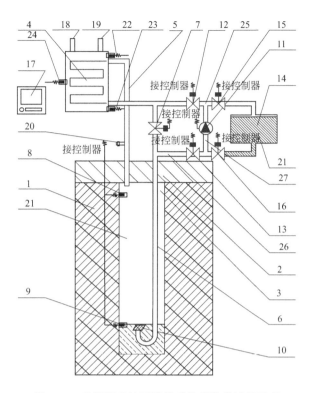

图 7-19　多模驱动地下储能系统蓄热季运行示意
（图中数字含义同图 7-18）

第一液位传感器 8 的安装位置确定方法如下：首先定义地埋储能腔 3 的"充液率"为地埋储能腔 3 中"相变工质体积"与"地埋储能腔体积"之比。根据储冷温度的高低，第一液位传感器 8 所处位置以下腔体体积与整个地埋储能腔 3 的体积之比不同，储冷温度越低则第一液位传感器 8 位置越低（即系统所定充液率越小）、储冷温度越高则第一液位传感器 8 位置越高（即系统所定充液率越大），但整体充液率不应低于 40%。

第二液位传感器 9 的安装位置确定方法如下：根据储热温度的高低，第二液位传感器 9 所处位置以下腔体体积与整个地埋储能腔 3 的体积之比不同，储热温度越低则第一液位传感器 9 位置越低（即系统所定充液率越小）、储热温度越高则第二液位传感器 9 位置越高（即系统所定充液率越大），但整体充液率不应高于 60%。

多模驱动地下储能系统分为蓄冷模式、蓄热模式和运行过程中液量调控三种模式。

（1）蓄冷模式

控制器 17 向系统发出储冷控制指令，打开图 7-18 中第二至第五电磁阀，保持第一电磁阀 7 关闭。在自身重力作用下，储液器 14 中的相变工质 21 逐渐进入地埋储能腔 3 中，此时通过液位传感器监控地埋储能腔 3 内液位变化。当相变工质 21 的液位达到第一液位传感器 8 所在位置处时，控制器 17 即发出指令关闭第二至第五电磁阀，同时打开第一电磁阀 7。上述即为储冷季初始液量调控方法及准备过程。完成储冷季初始液量调控及准备过程后，在蓄能体 1 中热量的加热下，地埋储能腔 3 中的相变工质 21 通过池沸腾换热方式吸热相变蒸发成为蒸汽，产生蒸汽在第一液位传感器 8 以上空间逐渐聚集，并在相变力作用下经第一流体管 5 进入换热器 4 中，进入换热器 4 中的蒸汽在换热器进口 18 冷流体的冷却作用下放热相变冷凝成为液态工质，并在重力的作用下经第二流体管 6 最终回流至地埋储能腔 3 中。在此过程中，通过换热器温度传感器实时监测相变工质进出口温度和换热器自身温度，换热器第一温度传感器 22 和换热器第二温度传感器 23 之间的温度差应保持在 2.0℃ 以内。若监测值大于此值，则认为相变工质已充分相变冷凝并由饱和液态工质进一步被冷却成为过冷液态工质，说明换热器冷流体回路流量过大、冷却能力过剩，应相应减小换热器冷流体回路水泵功率，减小换热器冷却能力；若监测值小于此值甚至接近于零，则认为相变工质并未充分相变冷凝成为饱和液态工质甚至仍是汽态相变工质或是气液两相混合状态，说明换热器冷流体回路流量过小、冷却能力不足，应相应提升换热器冷流体回路水泵功率，提升换热器冷却能力。

（2）蓄热模式

控制器 17 向系统发出储热控制指令，打开图 2 中第二至第五电磁阀，保持第一电磁阀 7 关闭。在自身重力作用下，储液器 14 中的相变工质 21 逐渐进入地埋储能腔 3 中，此时通过液位传感器实时监控地埋储能腔 3 内液位变化。当相变工质 21 的液位达到第二液位传感器 9 所在位置处时，控制器 17 即发出指令关闭第四和第五电磁阀，保持第一电磁阀 7 关闭，启动变频工质泵 11。上述即为储热季初始液量调控方法及准备过程。完成储热季初始液量调控及准备过程后，在变频工质泵 11 的驱动下，地埋储能腔 3 中相变工质 21 依次经第二流体管 6、第二旁通管路 26、第三旁通管路 27、第一旁通管路 25 和第二流体管 6 被泵送至换热器 4 中，在换热器进口 18 中通入的热流体加热作用下，相变工质 21 吸热相变蒸发成为蒸汽，产生的蒸汽在相变力作用下经第一流体管 5 进入地埋储能腔 3 中，高温蒸汽接触到地埋储能腔 3 内壁面后放热并相变冷凝成为液态工质，最终在重力作用下最终回流至地埋储能腔 3 中。在此过程中，通过换热器温度传感器实时监测相变工质进出口温度和换热器自身温度，换热器第一温度传感器 22 和换热器第二温度传感器 23 之间的温度差应保持在 2.0℃ 以内。若监测值大于此值，则认为被泵送至换热器 4 中的相变工质 21 已充分相变蒸发并由饱和汽态工质进一步被加热成为过热汽态工质，说明换热器热流体回路流量过大、加热能力过剩，应相应减小换热器热流体回路水泵功率，减小换热器加热能力；若监测值小于此值甚至接近于零，则认为相变工质 21 并未充分相变蒸发成为饱和汽态工质甚至仍是液态相变工质或是气液两相混合状态，说明换热器热流体回路流量过小、加热能力不足，应相应提升换热器热流体回路水泵功率，提升换热器加热能力。

（3）运行过程中液量调控模式

运行过程中若发现地埋储能腔 3 中相变工质液位发生变化导致实际充液率低于或高于所定充液率，应通过控制器 17 发出液量调控指令。若地埋储能腔 3 中实际充液率大于所定充液率，则打开第三和第四电磁阀，保持第一、第二和第五电磁阀关闭，并启动变频工质泵 11，将地埋储能腔 3 中多余相变工质泵送至储液器 14 中，保持地埋储能腔 3 中充液率始终维持在设定值；若地埋储能腔 3 中实际充液率小于所定充液率，则打开第二至第五电磁阀，保持第一电磁阀关闭，在重力作用下通过储液器 14 向地埋储能腔 3 补充相变工质，保持地埋储能腔 3 中充液率始终维持在设定值如此，储冷模式下可保持液态相变工质与地埋储能腔 3 内壁的接触面积，维持储冷效率；储热模式下也可维持汽态相变工质与地埋储能腔 3 内壁的接触面积，维持储热效率。

与现有技术相比，本系统的有益效果如下：

① 采用了被动蓄冷和主被动复合蓄热方式，在大幅降低系统运行能耗的同时能够大幅提升系统的运行可靠性和响应速度。

② 本系统可调节并保持地埋储能腔中工质液位始终处于最佳位置，确保地埋储能腔内工质始终与内壁处于最佳高效换热状态，提升储能系统不同季节的有效储能率。

③ 本系统还能调节储能回路变频工质泵使换热器中工质流量始终处于最优值，在维持换热器储能回路工质的高效换热的同时，大幅减少系统运行能耗，提升系统的储能能效比值。

7.4 建筑集成储能系统

众所周知，建筑行业实际上是最大的非可再生能源使用者之一，占世界主要经济体一次能源消费的 40％ 左右。光伏幕墙由于可以解决建筑的部分用电负荷，因此在办公建筑中的应用逐渐兴起。但光伏幕墙建筑因其自身属于轻质围护结构的特点，能耗一直居高不下，且光伏幕墙中太阳能电池由于无法得到有效冷却而严重制约其光电转化效率的提升。事实上，围护结构是影响建筑能耗的主要因素，夏季建筑冷负荷主要来自围护结构太阳得热、冬季建筑热负荷主要来自围护结构环境冷量渗透。当前，重质墙体和轻质光伏幕墙在办公建筑中均得到广泛应用。当前，对于北墙应用重质围护结构的办公建筑来说，降低建筑负荷的主要措施就是使用保温材料。虽然保温材料已成熟应用数十年之久，但保温材料在使用过程中也暴露出诸多问题，例如：占用了大量建筑空间、使用寿命低于建筑寿命、具有火灾安全隐患等。而对南向大量应用光伏幕墙的办公建筑来说，保温材料的应用则受到限制，使用高性能玻璃则是目前较为常见的幕墙节能措施之一。但由于玻璃属于轻质围护结构，自身存在较为严重的隔热和太阳辐射得热问题，使得室内环境容易产生较为严重的热不舒适问题，因此建筑能耗并未有效得到降低。事实上，从办公建筑冷热负荷形成的角度来看，夏季南墙幕墙的太阳辐射、南墙光伏幕墙的光电转化余热以及冬季北墙环境冷量渗透是造成办公建筑能耗较高的主要因素。从能源利用角度来看，它们都属于未被建筑有效利用的、就地的且广泛存在的低品位可再生能源。鉴于此，笔者及团队针对现有典型南墙为轻质玻璃幕墙设计、北墙为重质围护结构设计的办公建筑提出了一种集成跨季节储能系统的一体化能源系统解决方案。

如图 7-20 所示为集成蓄热系统的低能耗一体化建筑能源系统，包括蓄能系统 3、第一换热系统 1 和第二换热系统 2，以及位于南侧、西侧和东侧中的至少一侧的光伏幕墙 4 和北侧的重质墙体 5，光伏幕墙 4 内设置有第一换热系统 1，重质墙体 5 内设置有第二换热系统 2，蓄能系统 3 通过水泵 7 分别为第一换热系统 1 和第二换热系统 2 进行流体输送，实现冷量或热量的交换和蓄存。为了春季和秋季的蓄能，还包括补热/补冷装置 6，补热/补冷装置 6 通过水泵 7 与蓄能系统 3 进行流体输送，实现冷量或热量的补充蓄存。补热/补冷装置可采用辐射板，也可以采用热泵等现有设备。为了实现自动控制，还包括控制系统和检测系统，检测系统用于检测太阳照度、室外温度和土壤温度。检测系统包括太阳辐照度传感器 9、室外温度传感器 10 和土体温度传感器 11。控制系统根据检测系统的检测数据控制集热隔热模式、集冷保温模式、补热模式或补冷模式的实现。光伏幕墙 4 由室外向室内依次为光伏玻璃组件 4-1、膜层 4-2、幕墙外侧基底玻璃层 4-3、空气层 4-4、幕墙内侧基底玻璃层 4-5。第一换热系统 1 安装于膜层 4-2 与幕墙外侧基底玻璃层 4-3 之间。重质墙体 5 可以采用现有技术中的结构，由室外到室内依次为外抹灰层 5-5、保温层 5-4、基础墙体层 5-2，填充材料层 5-3 位于保温层 5-4 与基础墙体层 5-2 之间，或位于基础墙体层 5-2 靠近室内一侧，第二换热系统 2 安装于填充材料层 5-3 内。第一换热系统 1 包括第一流体换热管路，第二换热系统 2 包括第二流体换热管路。第一流体换热管路的上端设置有第一流体出口，第一流体换热管路的下端设置有第一流体进口，第二流体换热管路的上端设置有第二流体进口，第二流体换热管路的下端设置有第二流体出口。蓄能系统 3 包括地埋换热装置 3-1、回流管路 3-2 和出流管路 3-3，出流管路 3-3 的流体出口通过水泵 7 和阀门分别与第一流体换热管路的第一流体进口和第二换热管路的第二流体进口连接，回流管路 3-2 一端与地埋换热装置 3-1 的流体进口连接，回流管路 3-2 的另一端分别与第一流体换热管路的第一流体出口和第二流体换热管路的第二流体出口连接，出流管路 3-3 的流体出口与水泵 7 的进口连接。

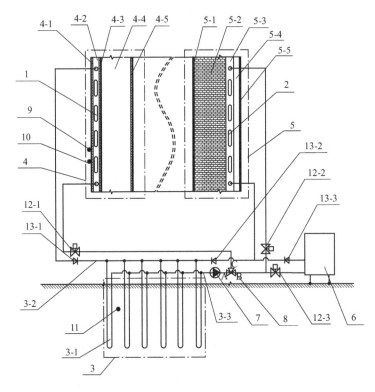

图 7-20 低能耗一体化建筑能源系统的结构示意

1—第一换热系统；2—第二换热系统；3—蓄能系统；3-1—地埋换热装置；3-2—回流管路；
3-3—出流管路；4—光伏幕墙；4-1—光伏玻璃组件；4-2—膜层；4-3—幕墙外侧基
底玻璃层；4-4—空气层；4-5—幕墙内侧基底玻璃层；5—重质墙体；5-1—内抹
灰层；5-2—基础墙体层；5-3—填充材料层；5-4—保温层；5-5—外抹灰层；
6—补热/补冷装置；7—水泵；8—三通阀；9—太阳辐照度传感器；
10—室外温度传感器；11—土体温度传感器；
12-1~12-3—电磁阀；13-1~13-3—单向阀

为了实现春季和秋季的蓄能，还包括补热/补冷装置 6，补热/补冷装置 6 通过水泵 7 与蓄能系统 3 进行流体输送，实现冷量或热量的补充蓄存。具体结构为：补热/补冷装置的流体出口通过单向阀 13-3 与蓄能系统的回流管路 3-2 连接，补热/补冷装置的流体进口通过电磁阀 12-3 与水泵 7 的出口连接。为了便于实现控制，在系统中设置单向阀及电控阀门，其设计结构为：在第一换热系统 1 与回流管路 3-2 连接的管路上安装有单向阀 13-1，在第二换热系统 2 与回流管路连接的管路上安装有单向阀 13-2，在出流管路 3-3 与第一换热系统 1 连接的管路上安装有电磁阀 12-1，在出流管路 3-3 与第二换热系统 2 连接的管路上安装有电磁阀 12-2。水泵 7 出口处设置三通阀 8，三通阀 8 的 A 口与水泵 7 的出口连接，三通阀 8 的 B 口一路通过电磁阀 12-2 与第二流体换热管路的第二流体进口连接，另一路通过电磁阀 12-3 与补热/补冷装置 6 的流体进口连接，三通阀 8 的 C 口通过电磁阀 12-1 与第一流体换热管路的第一流体进口连接。

本系统主要有夏季运行模式(集热隔热模式)、冬季运行模式(集冷保温模式) 和补冷运行模式三种运行控制模式。

(1) 夏季运行模式(集热隔热模式)

夏季，控制系统根据太阳辐照度传感器和室外温度传感器的检测结果，按照常规方法计算出室外综合温度，从而判断光伏幕墙是否需要进行集热或降低建筑围护结构冷负荷。当控制系统判断得出室外综合温度处于 25～35℃ 范围时，控制系统控制并打开三通阀的 AC 通道、电磁阀 12-1，并启动水泵 7。此时，水泵 7 驱动来自地埋管蓄能系统的低温流体工质(经过冬季集冷运行，土体温度一般维持在 15～25℃，相对环境温度可称为"低温流体工质")流经光伏幕墙，将光伏幕墙中未被光伏玻璃组件电池有效转化的太阳能以及光伏玻璃组件自身吸收的太阳辐射得热带走并蓄存至蓄能系统中，在大幅降低光伏幕墙冷负荷的同时也完成夏季低品位可再生能源的蓄存以便供冬季使用。当控制系统判断得出室外综合温度处于大于 35℃ 时，控制系统控制并打开三通阀的 AC 通道、AB 通道、电磁阀 12-1 和电磁阀 12-2，并启动水泵 7。此时，水泵 7 驱动来自蓄能系统的低温流体工质分别流经光伏幕墙和北侧重质墙体，带走南侧光伏幕墙热量并降低北侧墙体温度，大幅降低通过围护结构冷负荷，并回流至蓄能系统。

(2) 冬季运行控制模式(集冷保温模式)

冬季，控制系统根据室外温度传感器和太阳辐照度传感器的检测结果，按照常规方法计算综合室外温度，判从而断北侧重质墙体是否需要进行集冷或降低建筑围护结构热负荷。当室外综合温度处于 5～15℃ 时，控制系统控制并打开三通阀的 AB 通道和第二电磁阀，并启动水泵。此时，水泵驱动来自蓄能系统的高温流体工质(经过夏季集热运行，土体温度一般维持在 20～30℃，相对环境温度可称为"高温流体工质")流经北侧重质墙体，将北侧重质墙体冷量带走并回流至蓄能系统，在大幅降低通过北侧重质墙体的热负荷的同时也完成冬季冷量蓄存供夏季使用。当室外综合温度小于 5℃ 时，控制系统控制并打开三通阀的 AB 通道、AC 通道、第一和第二电磁阀，并启动水泵。此时，水泵驱动来自蓄能系统的高温流体工质(经过夏季集热运行，土体温度一般维持在 20～30℃，相对环境温度可称为"高温流体工质")流经南侧光伏幕墙和北侧重质墙体，降低通过建筑围护结构的热负荷，并回流至蓄能系统。

(3) 补冷运行模式

在春季，若土体温度传感器检测值显示土壤温度高于 25℃，通过控制系统控制并打开三通阀的 AB 通道和第三电磁阀，并启动水泵。此时，水泵驱动来自蓄能系统的流体工质流经补热/补冷装置，通过补热/补冷装置降低流体工质的温度并回流至蓄能系统，完成蓄能系统的补冷，满足夏季使用。补热运行模式：在秋季，若土体温度传感器检测值显示土壤温度低于 20℃，通过控制系统控制并打开三通阀的 AB 通道和第三电磁阀，并启动水泵。此时，水泵 7 驱动来自蓄能系统的流体工质流经补热/补冷装置，通过补热/补冷装置提升流体工质的温度并回流至蓄能系统，完成蓄能系统的补热，满足冬季使用。

附　录

附录1　主要符号

d_1	U 型管外径，m
d_2/d_w	钻孔直径，m
d_3	虚拟边界直径，m
d_4/d_s	径向远边界直径，m
d_i	U 型管内径，m
h_1	U 型管之间间距，m
Pr	普朗特数
Re	雷诺数
T_f	循环流体温度，℃
T_c	空气综合温度，℃
T_e	环境温度，℃
T_w	填料温度，℃
T_s	岩土温度，℃
R	太阳水平面辐射，W/m²
h_f	表面传热系数，W/(m²·℃)
v_a	室外空气流速，m/s
t_{max}	最大蓄热时间，s
r_{max}	径向远边界最大半径，m
p	压力项
v	流体流速，m/s
R^2	决定系数
S_j	一阶效应指数
I	太阳辐射强度，W/m²

λ	热导率，W/(m·℃)
Q	传热量，W
ρ_f	流体密度，kg/m³
ρ_s	岩土密度，kg/m³
c_f	流体比热容，J/(kg·℃)
c_s	岩土比热容，J/(kg·℃)
σ_ε	ε 的普朗特数
μ	分子黏度
μ_T	湍流黏度
a_s	岩土热扩散率，m²/s
a_u	U 型管热扩散率，m²/s
a_w	填料热扩散率，m²/s
ε	湍流能量耗散率
k	湍流动能
σ_k	k 的逆有效普朗特数
σ_ε	ε 的逆有效普朗特数
S_k, S_ε	源项
C_1, C_2	经验常数
G_k, G_b	由平均速度梯度和浮力产生的湍流动能
Y_M	不可压缩湍流对总耗散率的贡献
λ	流体热导率，W/(m·℃)
ρ_r	吸收系数
T_j	全效应指数
SRCs	标准回归系数
α_c	对流换热系数，W/(m²·℃)
α_r	辐射换热系数，W/(m²·℃)

附录2 缩略语

（1）全局敏感性分析方法

SA	Sensitivity Analysis，敏感性分析
GSA	Global Sensitivity Analysis，全局敏感性分析
LSA	Local Sensitivity Analysis，局部敏感性分析
LHS	Latin Hypercube Sampling，拉丁超立方抽样
MC	Monte Carlo Method，蒙特卡洛方法
TGP	Treed Gaussian Process，树状高斯过程
SRC	Standardized Regression Coefficients，标准回归系数法
PCC	Partial Correlation Coefficients，偏相关系数法

CA	Correlation Analysis，相关系数
PCC	Pearson Correlation Coefficient，皮尔逊相关系数法
SD	Standard Deviation，标准差
CV	Coefficient of Variation，变异系数

（2）热特性评价指标简称

IH	Injected Heat，注入热量
SH	Stored Heat，蓄热量
HL	Heat Loss，热损失
SE	Percentage of Heat Stored，蓄热率
HLP	Percentage of Heat Loss，热损失率
ED	Energy Density，能量密度
HE	Heat Extracted，取热量
EP	Percentage of Heat Extracted，取热率
HTR	Heat Transfer Rate，平均换热量

（3）3种类型7个因素简称

CT	Charging Time，蓄热时间间隔
HT	Halting Time，停止时间间隔
Sp	Spacing，井间距
Dp	Depth，井深
Sc	Soil Thermal Conductivity，岩土热导率
Uc	Thermal Conductivity of Top Surface，顶部保温层热导率
Ti	Charging Temperature，蓄热温度

（4）其他名称简称

STES	Seasonal Thermal Energy Storage，跨季节蓄热系统
BTES	Borehole Thermal Energy Storage，埋管蓄热系统
UTES	Underground Thermal Energy Storage，地下蓄热系统
WTES	Water Tank Energy Storage，水箱热水蓄热系统
GWTS	Gravel-Water Pit Thermal Storage，砾石-水深坑蓄热系统
ATES	Aquifer Thermal Energy Storage，含水层蓄热系统
GSHP	Ground Source Heat Pump，地源热泵
TRT	Thermal Response Test，热响应测试
UDF	User Defined Function，用户自定义函数
CFD	Computational Fluid Dynamics，计算流体力学
ASHRAE	American Society of Heating Refrigerating and Air Conditioning Engineers，美国采暖、制冷与空调工程师学会
IGSHPA	International Ground Source Heat Pump Association，国际地源热泵协会
HDPE	High-Density Polyethylene，高密度聚乙烯
DeST	Designer's Simulation Toolkit，设计人员模拟工具包

附录3 UDF 程序

1. Fluent 软件程序（部分）

（1）用户自定义程序（UDF）

```
#include"udf.h"
DEFINE_PROFILE(ambient_Temperature,t,i)/*赋予环境温度*/
{
face_t f;
int index;
real outdoor_Temperature[980]={4.70 ,2.97 ,2.76 ……};
real current_time;
real current_T;
current_time=RP_Get_Real("flow-time");
begin_f_loop(f,t)
{
index=current_time/3600/6;
while(index>979)
index+=-980;
current_T=outdoor_Temperature[index]+273.15;
F_PROFILE(f,t,i)=current_T;
}
end_f_loop(f,t)
}
DEFINE_PROFILE(convection_coefficiency,t,i)/*赋予对流换热系数*/
{
face_t f;
int index;
real outdoor_convection[980]={9.5,50.2,35.4,24.3,……};
real current_time;
real current_h;
current_time=RP_Get_Real("flow-time");
begin_f_loop(f,t)
{
index=current_time/3600/6;
while(index>979)
index+=-980;
```

```
current_h=outdoor_convection[index];
F_PROFILE(f,t,i)=current_h;
}
end_f_loop(f,t)
}
DEFINE_PROFILE(sol_air_t,t,i)/*赋予室外综合温度*/
{
face_t f;
int index;
real outdoor_convection[8760]={265.45,263.55,261.85,260.85,……};
real current_time;
real current_h;
current_time=RP_Get_Real("flow-time");
begin_f_loop(f,t)
{
index=current_time/3600;
while(index>8759)
index+=-8760;
current_h=outdoor_convection[index];
F_PROFILE(f,t,i)=current_h;
}
end_f_loop(f,t)
```

（2）间歇运行过程批处理程序（Journal 语句）
（cx-gui-do cx-activate-item "Run
Calculation * Table1 * PushButton22(Calculate)"）
（cx-gui-do cx-activate-item "Information * OK"）
（cx-gui-do cx-set-real-entry-list "Run
Calculation * Table1 * Table7 * RealEntry1(Time Step Size)"'(1700))
（cx-gui-do cx-activate-item "Run Calculation * Table1 * Table7 * RealEntry1(Time Step
Size)"）
（cx-gui-do cx-set-integer-entry "Run
Calculation * Table1 * Table7 * IntegerEntry2(Number of Time Steps)" 1)
（cx-gui-do cx-activate-item "Run
Calculation * Table1 * Table7 * IntegerEntry2(Number of Time Steps)"）
（cx-gui-do cx-activate-item "Run
Calculation * Table1 * PushButton22(Calculate)"）
（cx-gui-do cx-activate-item "Information * OK"）
（cx-gui-do cx-set-real-entry-list "Run
Calculation * Table1 * Table7 * RealEntry1(Time Step Size)"'(20))

（cx-gui-do cx-activate-item "Run Calculation * Table1 * Table7 * RealEntry1（Time Step Size）"）

（cx-gui-do cx-activate-item "Run Calculation * Table1 * PushButton22（Calculate）"）

（cx-gui-do cx-activate-item "Information * OK"）

（cx-gui-do cx-set-list-tree-selections "NavigationPane * List_Tree1" （list "Setup|Boundary Conditions"））

（cx-gui-do cx-set-list-selections "Boundary Conditions * Table1 * List2（Zone）"（0））

（cx-gui-do cx-activate-item "Boundary Conditions * Table1 * List2（Zone）"）

（cx-gui-do cx-activate-item "Boundary Conditions * Table1 * Table3 * Table4 * ButtonBox1 * PushButton1（Edit）"）

（cx-gui-do cx-set-real-entry-list "Velocity Inlet * Frame3 * Frame1（Momentum） * Table1 * Table8 * RealEntry2（Velocity Magnitude）"（0. 27））

… …

（cx-gui-do cx-set-real-entry-list "Velocity Inlet * Frame3 * Frame1（Momentum） * Table1 * Table8 * RealEntry2（Velocity Magnitude）"（0. 24））

… …

（cx-gui-do cx-set-real-entry-list "Velocity Inlet * Frame3 * Frame1（Momentum） * Table1 * Table8 * RealEntry2（Velocity Magnitude）"（0. 21））

… …

（cx-gui-do cx-set-real-entry-list "Velocity Inlet * Frame3 * Frame1（Momentum） * Table1 * Table8 * RealEntry2（Velocity Magnitude）"（0. 18））

… …

（cx-gui-do cx-set-real-entry-list "Velocity Inlet * Frame3 * Frame1（Momentum） * Table1 * Table8 * RealEntry2（Velocity Magnitude）"（0. 14））

… …

（cx-gui-do cx-set-real-entry-list "Velocity Inlet * Frame3 * Frame1（Momentum） * Table1 * Table8 * RealEntry2（Velocity Magnitude）"（0. 1））

… …

（cx-gui-do cx-set-real-entry-list "Velocity Inlet * Frame3 * Frame1（Momentum） * Table1 * Table8 * RealEntry2（Velocity Magnitude）"（0. 05））

… …

（cx-gui-do cx-set-real-entry-list "Velocity
Inlet * Frame3 * Frame1(Momentum) * Table1 * Table8 * RealEntry2(Velocity
Magnitude)"'(0.01))

     … …

（cx-gui-do cx-set-real-entry-list "Velocity
Inlet * Frame3 * Frame1(Momentum) * Table1 * Table8 * RealEntry2(Velocity
Magnitude)"'(0.001))

（cx-gui-do cx-activate-item "Velocity Inlet * PanelButtons * PushButton1(OK)"）

（cx-gui-do cx-activate-item "Boundary
Conditions * Table1 * Table3 * Table4 * Table2 * ButtonBox1 * PushButton1(Copy)"）

（cx-gui-do cx-set-list-selections "Copy Conditions * Table1 * List1(From
Cell Zone)"'(1))

（cx-gui-do cx-activate-item "Copy Conditions * Table1 * List1(From Cell
Zone)"）

（cx-gui-do cx-set-list-selections "Copy Conditions * Table1 * List2(To Cell
Zones)"'(0 1 2 3 4 5 6 7 8 9 10 11 12))

（cx-gui-do cx-activate-item "Copy Conditions * Table1 * List2(To Cell
Zones)"）

（cx-gui-do cx-activate-item "Copy
Conditions * PanelButtons * PushButton1(OK)"）

（cx-gui-do cx-activate-item "Question * OK"）

（cx-gui-do cx-activate-item "Copy
Conditions * PanelButtons * PushButton2(Cancel)"）

（cx-gui-do cx-set-list-tree-selections "NavigationPane * List_Tree1"
(list "Solution|Run Calculation"))

（cx-gui-do cx-activate-item "Run
Calculation * Table1 * PushButton22(Calculate)"）

（cx-gui-do cx-activate-item "Information * OK"）

（cx-gui-do cx-set-list-tree-selections "NavigationPane * List_Tree1"
(list "Setup|Boundary Conditions"))

（cx-gui-do cx-set-list-tree-selections "NavigationPane * List_Tree1"
(list "Solution|Run Calculation"))

（cx-gui-do cx-set-real-entry-list "Run
Calculation * Table1 * Table7 * RealEntry1(Time Step Size)"'(1700))

（cx-gui-do cx-activate-item "Run Calculation * Table1 * Table7 * RealEntry1(Time Step
Size)"）

（cx-gui-do cx-activate-item "Run
Calculation * Table1 * PushButton22(Calculate)"）

（cx-gui-do cx-activate-item "Information * OK"）

（cx-gui-do cx-set-real-entry-list "Run

Calculation * Table1 * Table7 * RealEntry1(Time Step Size)"（1800))

（cx-gui-do cx-activate-item "Run Calculation * Table1 * Table7 * RealEntry1(Time Step Size)")

（cx-gui-do cx-set-integer-entry "Run

Calculation * Table1 * Table7 * IntegerEntry2(Number of Time Steps)" 18)

（cx-gui-do cx-activate-item "Run

Calculation * Table1 * Table7 * IntegerEntry2(Number of Time Steps)")

（cx-gui-do cx-activate-item "Run

Calculation * Table1 * PushButton22(Calculate)")

（cx-gui-do cx-activate-item "Information * OK")

（cx-gui-do cx-set-real-entry-list "Run

Calculation * Table1 * Table7 * RealEntry1(Time Step Size)"（1700))

（cx-gui-do cx-activate-item "Run Calculation * Table1 * Table7 * RealEntry1(Time Step Size)")

（cx-gui-do cx-set-integer-entry "Run

Calculation * Table1 * Table7 * IntegerEntry2(Number of Time Steps)" 1)

（cx-gui-do cx-activate-item "Run

Calculation * Table1 * Table7 * IntegerEntry2(Number of Time Steps)")

（cx-gui-do cx-activate-item "Run

Calculation * Table1 * PushButton22(Calculate)")

（cx-gui-do cx-activate-item "Information * OK")

（cx-gui-do cx-set-real-entry-list "Run

Calculation * Table1 * Table7 * RealEntry1(Time Step Size)"（20))

（cx-gui-do cx-activate-item "Run Calculation * Table1 * Table7 * RealEntry1(Time Step Size)")

（cx-gui-do cx-activate-item "Run

Calculation * Table1 * PushButton22(Calculate)")

（cx-gui-do cx-activate-item "Information * OK")

… …

（cx-gui-do cx-set-real-entry-list "Velocity

Inlet * Frame3 * Frame1(Momentum) * Table1 * Table8 * RealEntry2(Velocity Magnitude)"（0.01))

… …

（cx-gui-do cx-set-real-entry-list "Velocity

Inlet * Frame3 * Frame1(Momentum) * Table1 * Table8 * RealEntry2(Velocity Magnitude)"（0.05))

… …

（cx-gui-do cx-set-real-entry-list "Velocity

Inlet * Frame3 * Frame1(Momentum) * Table1 * Table8 * RealEntry2(Velocity Magnitude)"（0.1))

··· ···

(cx-gui-do cx-set-real-entry-list "Velocity
Inlet * Frame3 * Frame1(Momentum) * Table1 * Table8 * RealEntry2(Velocity
Magnitude)"(0. 14))

··· ···

(cx-gui-do cx-set-real-entry-list "Velocity
Inlet * Frame3 * Frame1(Momentum) * Table1 * Table8 * RealEntry2(Velocity
Magnitude)"(0. 18))

(cx-gui-do cx-set-real-entry-list "Velocity
Inlet * Frame3 * Frame1(Momentum) * Table1 * Table8 * RealEntry2(Velocity
Magnitude)"(0. 21))

··· ···

(cx-gui-do cx-set-real-entry-list "Velocity
Inlet * Frame3 * Frame1(Momentum) * Table1 * Table8 * RealEntry2(Velocity
Magnitude)"(0. 24))

··· ···

(cx-gui-do cx-set-real-entry-list "Velocity
Inlet * Frame3 * Frame1(Momentum) * Table1 * Table8 * RealEntry2(Velocity
Magnitude)"(0. 27))

··· ···

(cx-gui-do cx-set-real-entry-list "Velocity
Inlet * Frame3 * Frame1(Momentum) * Table1 * Table8 * RealEntry2(Velocity
Magnitude)"(0. 3))

(cx-gui-do cx-activate-item "Velocity Inlet * PanelButtons * PushButton1(OK)")

(cx-gui-do cx-activate-item "Boundary
Conditions * Table1 * Table3 * Table4 * Table2 * ButtonBox1 * PushButton1(Copy)")

(cx-gui-do cx-set-list-selections "Copy Conditions * Table1 * List1(From
Cell Zone)"(0))

(cx-gui-do cx-activate-item "Copy Conditions * Table1 * List1(From Cell
Zone)")

(cx-gui-do cx-set-list-selections "Copy Conditions * Table1 * List2(To Cell
Zones)"(0 1 2 3 4 5 6 7 8 9 10 11 12))

(cx-gui-do cx-activate-item "Copy Conditions * Table1 * List2(To Cell
Zones)")

(cx-gui-do cx-activate-item "Copy
Conditions * PanelButtons * PushButton1(OK)")

(cx-gui-do cx-activate-item "Question * OK")

(cx-gui-do cx-activate-item "Copy
Conditions * PanelButtons * PushButton2(Cancel)")

```
(cx-gui-do cx-set-list-tree-selections "NavigationPane * List_Tree1"
(list "Solution|Run Calculation"))
    (cx-gui-do cx-activate-item "Run
Calculation * Table1 * PushButton22(Calculate)")
    (cx-gui-do cx-activate-item "Information * OK")
    ……
    (cx-gui-do cx-activate-item "MenuBar * WriteSubMenu * Case &
Data...")
    (cx-gui-do cx-set-file-dialog-entries "Select File"( "Casexxx. cas")
"Case/Data Files（ *. cas * *. pdat * )")
```

2. R 语言程序（部分）
（1）拉丁超立方抽样（LHS）

```
setwd("G:/LHS")
library(lhs)
input <- 7 ##变量数量
xinput <- 50 ##抽样次数
range <-
matrix(c(5,25,5,25,40,70,1.5,5,30,100,0.66,3.84,0.03,0.80),nrow=input,ncol=2,
byrow=TRUE)##设定变量上下限
    range
    rangeresult <- matrix(0, nrow=xinput, ncol=input)##创建空白矩阵以放入计算后
的范围变量
    set. seed(20150)
    modelinput <- randomLHS(xinput,input)
    ## modelinput
    ## convert original unit to actual unit for all the inputs
    for (i in 1:input){
    rangeresult[,i] <- qunif(modelinput[,i], min=range[i,1],max=range[i,2])
    }
    rangeresult
    summary(rangeresult)
    setwd('C:/Users/user/Desktop/data')
```

（2）皮尔逊相关系数

```
alldata1 <- read. csv("BTES-MGX1. csv", header = TRUE,sep=",")
alldata<-alldata1[,1:7]
library(corrplot)
M <- cor(alldata)
corrplot(M, method = "circle")
```

```
corrplot(M, type = "upper", order = "hclust",
col = c("♯7F0000", "red", "♯FF7F00", "yellow", "white",
"cyan", "♯007FFF", "blue","♯00007F"), bg = "lightblue")
corrplot(M, add = TRUE, type = "lower", method = "number", order = "AOE",
col = "black", diag = FALSE, tl. pos = "n", cl. pos = "n",cex=10)
```

（3）标准差、R^2 和 P-value
```
setwd('C:/Users/DELL/Desktop')
alldata <- read. csv("BTES-MGX1. csv", header = TRUE,sep=",")
names(alldata);dim(alldata)♯♯ show data information
summary(alldata)
apply(alldata, 2, sd)♯求标准差 sd
lmxy <- lm(IH~CT+HT+Ti+Sp+Dp+Sc+Uc,data=alldata)♯求 R² 和 P-value
summary(lmxy)
```

（4）概率密度曲线
```
setwd('C:/Users/DELL/Desktop')
indata<- read. csv('BTES-MGX1. csv',header = TRUE,sep=",")
indata
x<- as. data. frame(indata[,c(1:7)])
x
ED<-indata[,c(13)]♯♯应变量的改变
ED
windows()
xr=c(min(ED),max(ED))
♯par(mfrow=c(2,2))
par(fig=c(0,0.8,0,0.8))
par(mfrow = c(1,1),cex. main = 2.2,cex. axis = 1.5,cex. lab = 1.5,lwd = 2, ann =
FALSE)
hist(ED, freq=FALSE,
col="pink",breaks=20,xlim=c(29,101),ylim=c(0,0.045),xlab="Energy
density",ylab="Density",main="")
lines(density(ED),col="red",xlim=xr,lwd=2)
box()
par(fig=c(0,0.8,0.59,0.99),new=T)♯在上方添加箱线图
boxplot(ED,horizontal=T,col="green", outer=F,axes=F)
summary(ED)
abline(h=0.3,col="red",lty=5)
abline(h=2,col="blue")
```

（5）SRC 敏感性分析方法

```
library('sensitivity') ## load sensitivity package
setwd('C:/Users/DELL/Desktop')
alldata <- read. csv("BTES-MGX1. csv", header = TRUE,sep=",")
names(alldata);dim(alldata) ## show data information
str(alldata);summary(alldata) ## get some information for data
## define inputs and outputs
newx <- alldata[,c(1:7)] # inputs
newy <- alldata[13] # January heating as output
## Standardized Regression Coefficients
sensrc <- src(newx, newy,conf=0.95,nboot=1000) ## run SRC method
print(sensrc)  ## show results
##jpeg(file="src-btes11. jpeg",width=550 * 12,height=550 * 6,res=72 * 6)
##windowsFont(A=windowsFont("Times New Roman"))
par(mfrow=c(1,1),mai=c(1.5,1.5,1,1),cex. main=2.2,cex. axis=1.6,cex. lab=
1.7,lwd=2,tck=0.01, ann=FALSE)
plot(sensrc,horiz=T,xlab="",ylab="")  ## plot results
abline(h=c(0.2,0.9),col="red",cex=2,lty=2,lwd=2)
abline(h=c(-0.1,-0.2),col="green",cex=2,lty=2,lwd=2)
abline(h=c(0),col="black",cex=2,lty=2,lwd=2)
title(xlab="Input variables",ylab="SRC")
```

（6）TGP 敏感性分析方法

```
library('sensitivity') ## load sensitivity package
library('tgp') ## load tgp package
## read the inputs and outputs data from txt file
setwd('C:/Users/DELL/Desktop')
alldata <- read. csv("BTES-MGX1. csv", header = TRUE,sep=",")
names(alldata);dim(alldata) ## show data information
str(alldata);summary(alldata) ## get some information for data
## define inputs and outputs
newx <- alldata[,c(1:7)] # inputs
newy <- alldata[13] # January heating as output
set. seed(123)
restgp <- suppressWarnings(sens(X=newx, Z=newy, nn. lhs=1000, model=btgp))
par(fig=c(0,0.8,0,0.8))
par(mfrow=c(1,1),cex. main=2.5,cex. axis=2.3,cex. lab=3,lwd=2,tck=0.01)
plot(restgp, ylab="Response",layout="sens",legendloc = "top")
title(xlab="Input variables",ylab="TGP"
```

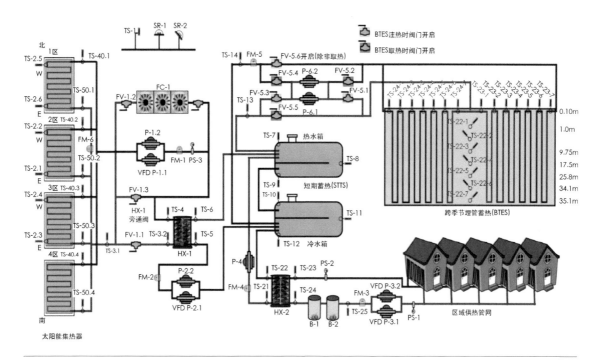

图 2-7 BTES 系统直供模式系统示意

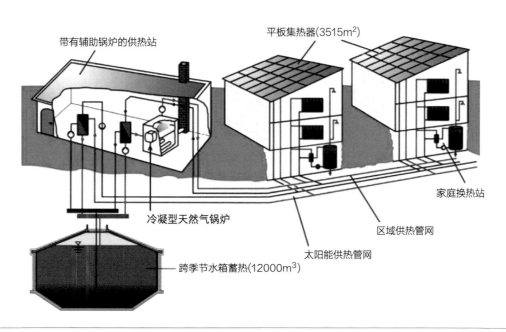

图 2-12 WTES 区域建筑供暖系统原理示意

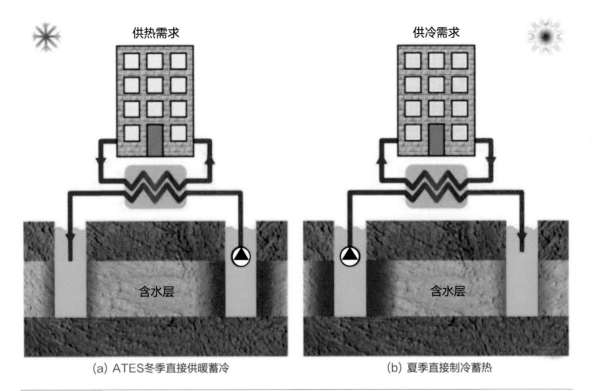

(a) ATES冬季直接供暖蓄冷

(b) 夏季直接制冷蓄热

图 2-14 ATES 冬季直接供暖蓄冷与夏季直接制冷蓄热模式

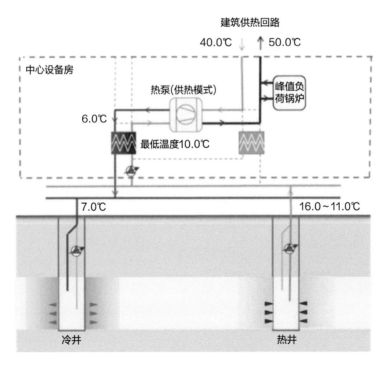

(a) ATES冬季间接供暖蓄冷模式

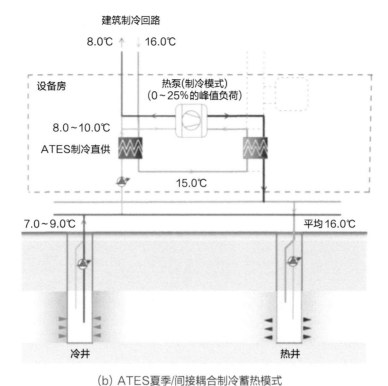

（b）ATES夏季/间接耦合制冷蓄热模式

图 2-15　ATES 不同季节运行模式示意

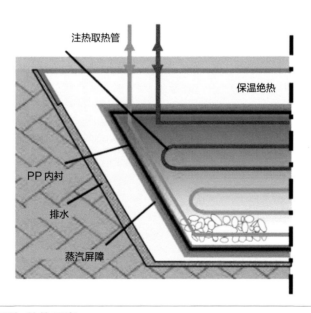

图 2-16　GWES 系统原理与结构示意

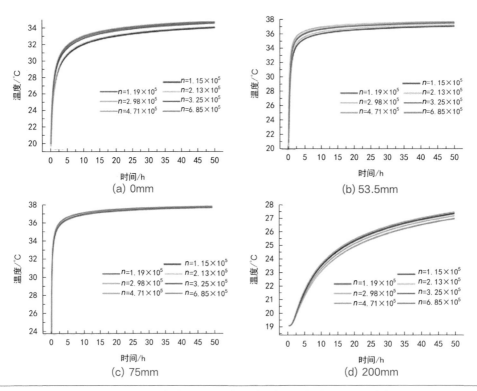

图 3-10 不同网格划分在不同径向方向上的温度分布对比分析（z=35m 处）

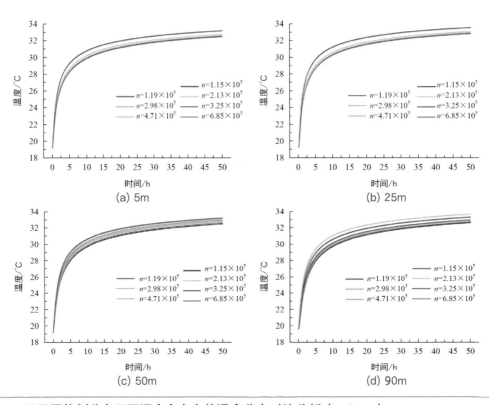

图 3-11 不同网格划分在不同深度方向上的温度分布对比分析（r=0.1m）

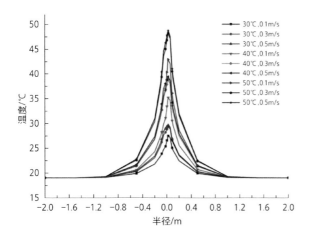

图 3-24 不同温度和流速条件下井深 35m 处半径 2m 内岩土温度分布

图 4-5 LHS 设计组合后影响因素的相关系数图

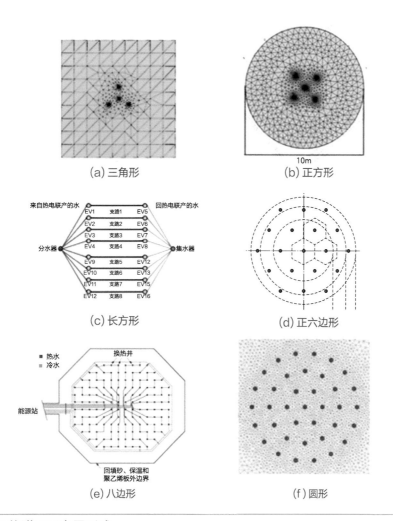

(a) 三角形

(b) 正方形

(c) 长方形

(d) 正六边形

(e) 八边形

(f) 圆形

图 5-1 BTES 井群不同布置形式

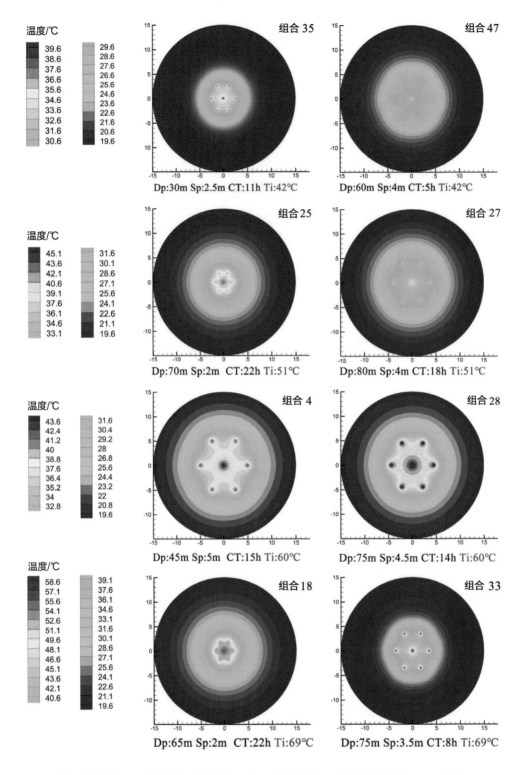

(a) 蓄热体在不同蓄热模式下蓄热结束后的径向温度分布云图(坐标轴单位为m，后同)

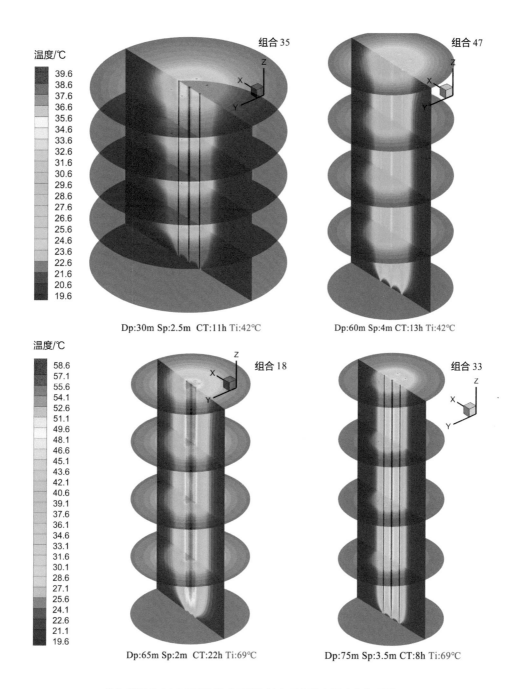

温度/℃

39.6
38.6
37.6
36.6
35.6
34.6
33.6
32.6
31.6
30.6
29.6
28.6
27.6
26.6
25.6
24.6
23.6
22.6
21.6
20.6
19.6

组合 35

Dp:30m Sp:2.5m CT:11h Ti:42℃

组合 47

Dp:60m Sp:4m CT:13h Ti:42℃

温度/℃

58.6
57.1
55.6
54.1
52.6
51.1
49.6
48.1
46.6
45.1
43.6
42.1
40.6
39.1
37.6
36.1
34.6
33.1
31.6
30.1
28.6
27.1
25.6
24.1
22.6
21.1
19.6

组合 18

Dp:65m Sp:2m CT:22h Ti:69℃

组合 33

Dp:75m Sp:3.5m CT:8h Ti:69℃

(b) 蓄热体在不同蓄热模式下蓄热结束后的轴向温度分布云图

图 5-33 蓄热体在不同蓄热模式下蓄热结束后的温度分布云图

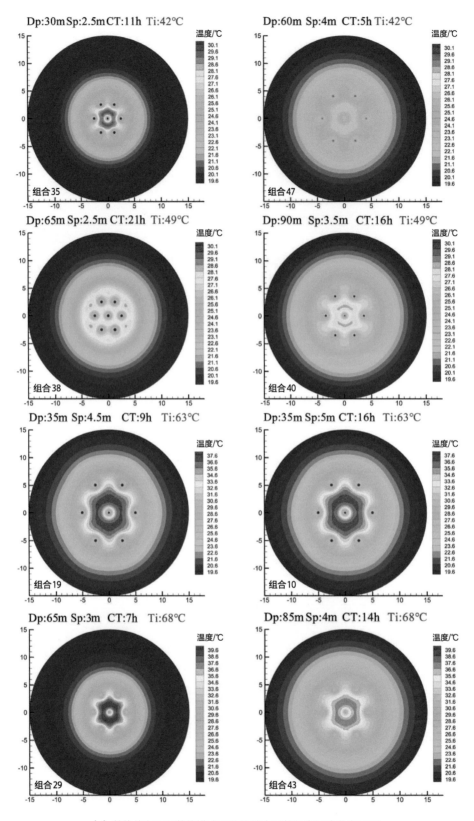

(a) 蓄热体在不同蓄热模式下取热结束后的径向温度分布云图

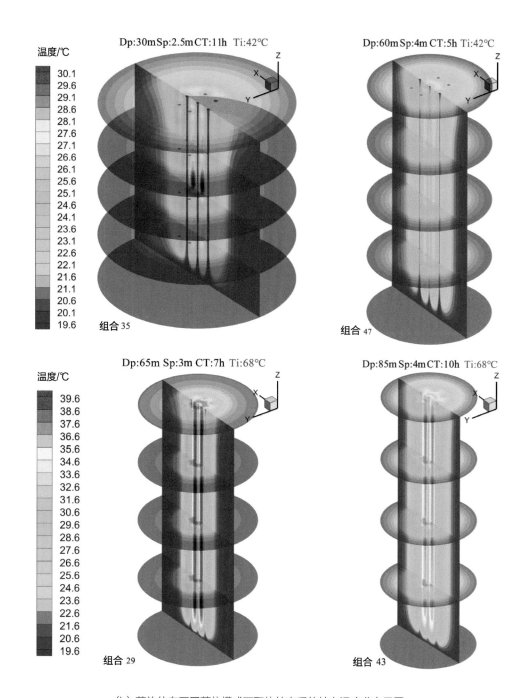

（b）蓄热体在不同蓄热模式下取热结束后的轴向温度分布云图

图 5-50 蓄热体在不同蓄热模式下取热结束后的温度分布云图

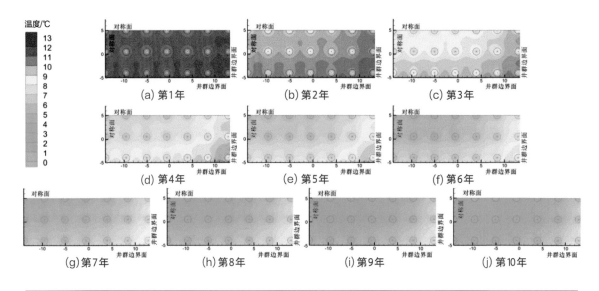

图 6-13 基准供暖设计方案取热中期井群中间深度 1/4 截面地温分布变化

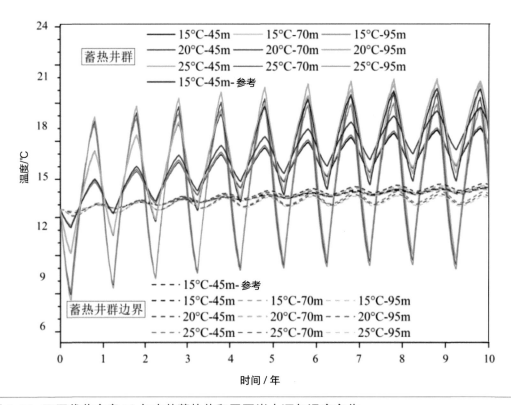

图 6-15 不同优化方案 10 年中的蓄热体和周围岩土逐年温度变化

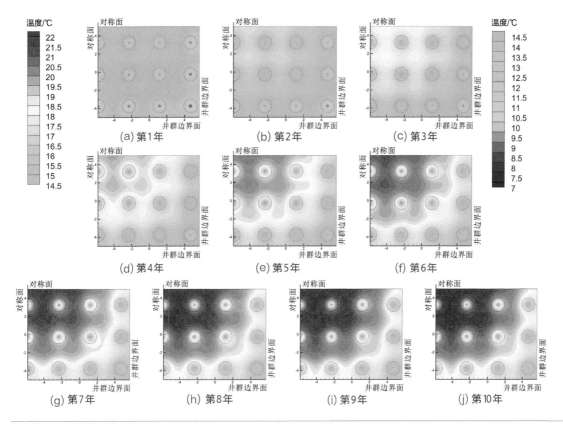

图 6-20 20℃、70m 优化设计方案取热中期中间深度 1/4 截面地温分布变化

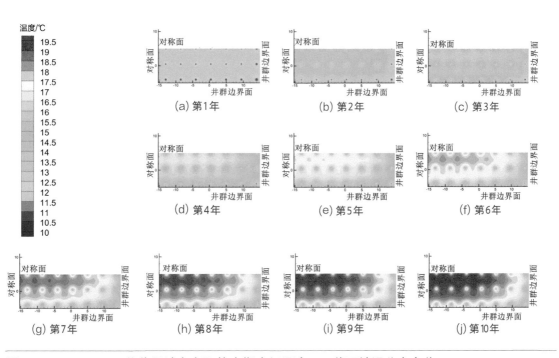

图 6-21 15℃、70m 优化设计方案取热中期中间深度 1/4 截面地温分布变化

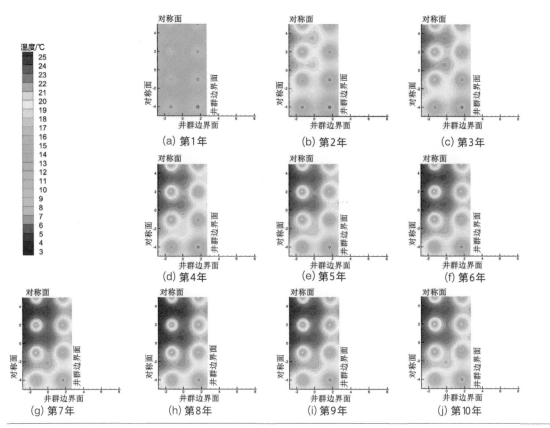

图 6-22　25℃、70m 优化设计方案取热中期中间深度 1/4 截面地温分布变化

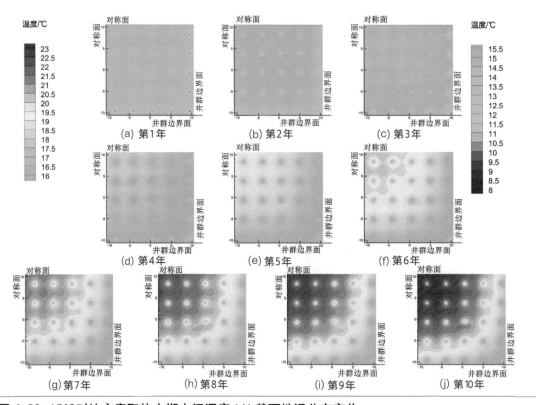

图 6-23　15℃对比方案取热中期中间深度 1/4 截面地温分布变化